地下空間・ライブラリー 第 1 号

地下構造物の
アセットマネジメント
― 導入に向けて ―

土木学会

Underground Space Library 1

The Guideline of Infrastructure Asset Management Techniques for the Underground Structures

- Current State of Affairs in Civil Engineering -

February, 2015

Japan Society of Civil Engineers

まえがき

　高度成長期に整備が図られた社会資本もすでに建設されて 50 年以上が経ち，いよいよ老朽化や劣化が進み，これまで集中的に蓄積してきた社会資本が一斉に更新時期を迎えることとなる．
　このまま手をこまねいていると「1980 年代の荒廃するアメリカ」になりかねない．そうならないためにも維持管理を適切に行ない長寿命化を図ることが非常に重要なテーマになってきている．
　社会基盤施設は，次世代以降の人々にまで永く使われるもので，いわば次世代への「贈り物」である．しかし，少子・高齢化が進み，熟練工や経験豊かな人の確保が困難となりつつあるため，持続可能な社会を維持するための社会基盤施設のメンテナンスを継続して，次世代へと引き継いでいくことも難しくなってきた．また，従来は，軽微な補修程度で機能を維持できていたし，経営にインパクトを与えるようなレベルの費用も掛からなかった．しかし，近年，社会基盤施設のストックが増えてきたことと軽微な補修では機能が維持できなくなってきた．しかも単なる現状維持のメンテナンスではなく，大規模補修や更新を選択せざるを得なくなってきた．したがって，社会基盤施設全体の維持管理費用が増大し，経営に与えるインパクトが大きくなってきた．そこで，社会基盤施設を社会の資産（アセット）として位置づけ，効率的な維持管理を行うための手法ということでアセットマネジメントが考え出された．アセットマネジメントを取り入れて，長期的に機能保全するためのプランを策定し，経営判断に必要な情報を提供する必要が生じ，アセットを運営する多くの国，自治体，公益企業においてその導入が検討されている．
　我が国における土木構造物に対するアセットマネジメントの導入は，国土交通省が，2002 年（平成 14 年）6 月に「道路構造物の今後の管理・更新等のあり方に関する委員会」（委員長：岡村甫高知工科大学学長）を設置したのがその始まりであると考えられる．この委員会では，2003 年（平成 15 年）4 月に「道路構造物の今後の管理・更新等のあり方に関する提言」を公表した．
　また，同年，土木学会全国大会において，建設マネジメント委員会主催の研究討論会"アセットマネジメント導入への挑戦"～新たな社会資本マネジメントシステムの構築に向けて～」が開催され，アセットマネジメントに関する研究成果が報告され，広く関心を呼ぶこととなった．
　今ではライフラインにおいて大きな比重を占める地下構造物においても，その維持管理の重要性はますます高まる一方，適用には，まだまだ不明確な点も多々あり，研究も緒についたばかりだが，適確な予防保全型管理を行えるアセットマネジメントの確立を目指す必要があるため，土木学会地下空間研究委員会維持管理小委員会でも 2005 年度より，地下構造物へのアセットマネジメント手法の適用化検討を実施することとした．
　以来，10 年の月日が経つが，第 4 期（2005 年度～2007 年度）においては，アセットマネジメントを地下構造物へ導入する際の課題抽出等に取り組み，維持管理の現況とアセットマネジメントを導入することとの間に，まだまだ隔たりがあることも認識した．しかし，地下構造物にもアセットマネジメント手法の適用は不可能ではないということも分かってきた．
　そこで，第 5 期（2008 年度～2010 年度）では，この 7 年間における自治体およびインフラ企業におけるアセットマネジメントの進展度合いとトンネルの維持管理の現況について把握するため，150 か所の事業者にアンケート調査を実施したり，地方自治体や主な企業のホームページから，道路・橋梁を中心とした公共土木施設を対象とした「長寿命化修繕計画」等と題した維持管理計画書の策定状況や導入時期についても調査した．
　さらには，道路，橋梁，地下鉄，大学，下水道，電力，通信分野における維持管理の現況に関する話題提供を通して，課題の確認なども実施した．
　国や自治体では，道路・橋梁のマネジメントを重点的に導入しており，トンネルには手をつけ

ていないことが多く，また，ライフライン施設を運用する企業においても，通常のメンテナンスは実施しているが，アセットマネジメントに関しては，検討段階か初期段階のところが多かった．

こういう状況の中で，発生したのが，2012年12月の中央自動車道笹子トンネル事故であった．この事故を契機として，社会基盤施設の老朽化と戦略的な維持管理・更新への取り組みが脚光を浴びることになったわけである．

しかし，国交省では，それより前から，「社会資本メンテナンス戦略小委員会」が平成24年8月に設置されており，今後の社会資本の維持管理・更新の在り方について審議が行われていた．

また，笹子事故を受けて，矢継ぎ早に，日本建設業連合会が「インフラ再生委員会」，国交省が「社会資本の老朽化対策会議」，土木学会が「社会インフラ維持管理・更新検討タスクフォース」などを立ち上げ，インフラ老朽化への対処方法を検討し始めた．

そして，12月には，国交省から答申も出された．この答申では，維持管理・更新に関する「現状と課題」や「方向性」「基本的な考え方」「重点的に講ずべき施策」などが提言されている．

さらには，平成26年4月には，「道路の老朽化対策の本格実施に関する提言」（社会資本整備審議会道路分科会）の中で，「最後の警告―今すぐ本格的なメンテナンスに舵を切れ」とか「すでに警鐘は鳴らされている」とか「行動を起こす最後の機会は今」といったいささか過激なコミットメントも出されている．

以上のような社会背景の中で，少しでも地下構造物へのアセットマネジメント適用が進展することを願って，本ライブラリーでは，我が国における維持管理・更新におけるアセットマネジメントの現状の紹介やケーススタディを通しての「劣化予測」の一例を紹介した．

また，モニタリングにも若干触れることとした．

本ライブラリーが，今後の社会基盤施設（特に，地下構造物）へのアセットマネジメント適用の際の一助となれば，幸いである．

地下空間研究委員会　維持管理小委員会
委員長　大塚正博

地下空間研究委員会　維持管理小委員会　委員構成

(敬称略・50音順)

委員長	大塚正博	鹿島建設（株）　土木管理本部
幹事兼委員	池尻　健	（株）セントラル技研　地盤技術部
幹事兼委員	大野弘城	東京電力（株）　建設部　管路技術グループ
委員	石田滋樹	中電技術コンサルタント（株）　道路・臨海本部
委員	岩波　基	長岡工業高等専門学校　環境都市工学科
委員	岡嶋正樹	パシフィックコンサルタンツ（株）　プロジェクト事業本部　鉄道部
委員	岡本慎一	鉄建建設（株）　土木本部　土木営業部
委員	岡本直樹	パシフィックコンサルタンツ（株）　交通基盤事業本部　トンネル部
委員	亀村勝美	（公財）深田地質研究所
委員	岸田　潔	京都大学　大学院工学研究科　都市社会工学専攻
委員	木原晃司	東京ガスパイプライン（株）　千葉幹線管理事業所
委員	木村定雄	金沢工業大学　環境・建築学部　環境土木工学科
委員	京谷孝史	東北大学　大学院工学研究科　土木工学専攻
委員	串戸　均	首都高速道路（株）　経営企画部　グループ経営管理課
委員	小山倫史	関西大学　社会安全学部
委員	三枝　勉	ＮＴＴインフラネット（株）　設備部
委員	坂巻和男	東京都　下水道局　中部下水道事務所　お客さまサービス課
委員	笹尾春夫	（公財）深田地質研究所
委員	佐藤元紀	応用地質（株）　エンジニアリング本部　ジオマネジメントセンター
委員	蒋　宇静	長崎大学　大学院工学研究科　システム科学部門
委員	関　繭果	（株）竹中土木　技術・生産本部　技術開発部
委員	新才浩之	東京地下鉄（株）工務部　軌道課
委員	長崎昭一郎	鉄建建設（株）　大阪支店　那智湯川作業所
委員（旧幹事）	中島　陽	東京電力（株）　茨城支店　工務サポートグループ
委員	堀内浩三郎	（株）ロード・エンジニアリング
委員	堀地紀行	国士舘大学　理工学部・工学研究科　建設工学専攻
委員	宮沢一雄	東日本高速道路（株）　東北支社　会津若松管理事務所　工務
委員	森　康雄	（株）熊谷組　土木事業本部　インフラ再生事業部
委員	森山　守	中日本高速道路（株）　金沢支社　保全・サービス事業部
委員	焼田真司	（公財）鉄道総合技術研究所　構造物技術研究部　トンネル研究室
委員	山田浩幸	（株）鴻池組　大阪本店　八幡トンネル工事事務所
旧幹事兼委員	江森吉洋	東京電力（株）
旧委員	荒田正司	ＮＴＴインフラネット（株）
旧委員	葛城真治	東京電力（株）
旧委員	重清浩司	（株）ドーコン
旧委員	白子哲夫	サンコーコンサルタント（株）
旧委員	新谷康之	東京都
旧委員	高橋　晃	東京電力（株）
旧委員	田中康弘	（株）ダイヤコンサルタント
旧委員	田辺正樹	東京地下鉄（株）
旧委員	藤岡崇晃	東京地下鉄（株）
旧委員	藤巻幸彦	（株）近代設計
旧委員	柳　雄	東京都

地下空間・ライブラリー 第 1 号

地下構造物のアセットマネジメント －導入に向けて－

目　　次

1. はじめに ………………………………………………………………………………… 1
　1.1 本委員会（地下空間研究委員会 維持管理小委員会）での発刊趣旨 ………… 1
　1.2 委員会及び WG 構成 ………………………………………………………………… 1
　1.3 本書の構成 …………………………………………………………………………… 2

2. 我が国におけるアセットマネジメントの歴史と現状 …………………………… 4
　2.1 トンネル構造物の供用年数の推移 ………………………………………………… 4
　　2.1.1 道路トンネル …………………………………………………………………… 5
　　2.1.2 鉄道トンネル …………………………………………………………………… 7
　　2.1.3 水路トンネル …………………………………………………………………… 9
　　2.1.4 送電用トンネル ………………………………………………………………… 9
　　2.1.5 アセットマネジメントの必要性 …………………………………………… 10
　2.2 アセットマネジメントの歴史 …………………………………………………… 11
　　2.2.1 舗装 …………………………………………………………………………… 12
　　2.2.2 橋梁 …………………………………………………………………………… 12
　　2.2.3 トンネル ……………………………………………………………………… 13
　2.3 アセットマネジメントとは ……………………………………………………… 14
　　2.3.1 定義 …………………………………………………………………………… 14
　　2.3.2 導入効果 ……………………………………………………………………… 18
　　2.3.3 形態 …………………………………………………………………………… 19
　2.4 アセットマネジメント導入の現状 ……………………………………………… 24
　　2.4.1 アセットマネジメントの土木構造物への適用状況 ……………………… 24
　　2.4.2 トンネルの維持管理に関するアンケート調査結果 ……………………… 29
　2.5 アセットマネジメントの地下構造物への適用について ……………………… 33
　　2.5.1 地下構造物への適用の課題 ………………………………………………… 33
　　2.5.2 トンネルの維持管理のシナリオ …………………………………………… 35
　　2.5.3 長寿命化のシナリオ ………………………………………………………… 38

3. 山岳トンネルにおけるアセットマネジメント …………………………………… 44
　3.1 山岳トンネルの健全度評価法の現状 …………………………………………… 44
　　3.1.1 道路トンネル ………………………………………………………………… 46
　　3.1.2 鉄道トンネル ………………………………………………………………… 56

       3.1.3 電力トンネル ･･･ 63
       3.1.4 まとめ ･･ 66
　　3.2 山岳トンネルの健全度評価と保有性能評価 ････････････････････ 67
       3.2.1 山岳トンネルの健全度評価と予測 ････････････････････････ 67
       3.2.2 性能規定に基づく保有性能評価と予測 ････････････････････ 83

4. シールドトンネルにおけるアセットマネジメント ･･････････････････ 101
　　4.1 シールドトンネルの維持管理の現状 ････････････････････････ 101
       4.1.1 シールドトンネルの維持管理の事例 ･･････････････････････ 101
       4.1.2 シールドトンネルにおけるアセットマネジメントの導入に向けて ･･････ 112
　　4.2 シールドトンネルの保有性能評価 ････････････････････････ 114
       4.2.1 シールドトンネルの要求性能 ････････････････････････ 115
       4.2.2 鉄道トンネルにおける要求性能の再整理 ････････････････ 117
       4.2.3 モデルトンネルにおける保有性能の評価 ････････････････ 119
　　4.3 まとめ ･･ 127

5. アセットマネジメントの導入事例 ････････････････････････････ 129
　　事例-1　寒地土木研究所におけるトンネルマネジメント手法 ････････ 130
　　事例-2　青森県における橋梁アセットマネジメントの取組み ････････ 136
　　事例-3　新潟県の道路施設維持管理計画 ････････････････････ 143
　　事例-4　静岡県における社会資本長寿命化の取組について ･･････････ 153
　　事例-5　長崎県におけるマネジメント手法 ････････････････････ 160
　　事例-6　鉄道総合技術研究所におけるトンネルマネジメントの適用に向けて ･･ 168
　　事例-7　首都高速道路における維持管理の現状とアセットマネジメント ････ 178
　　事例-8　中日本高速道路におけるトンネルマネジメントについて ･････ 184
　　事例-9　東京電力における地中送電ケーブル用洞道の維持管理方法について ･ 195
　　事例-10　NTT の開削トンネルにおける予防保全に向けた取組みについて ･･ 199
　　事例-11　地下街におけるアセットマネジメント ･････････････････ 204
　　事例-12　東京都下水道局におけるアセットマネジメントの導入事例 ･････ 216

6. 新技術と今後の展望 ･･･････････････････････････････････････ 223
　　6.1 維持管理における新技術の動向 ････････････････････････ 223
       6.1.1 新技術の動向 ････････････････････････････････････ 223
       6.1.2 点検履歴に基づく確率を用いた劣化予測手法による LCC の試算 ･････ 228
       6.1.3 劣化予測に向けた実験的取り組み ････････････････････ 238
       6.1.4 新技術「走行型計測」の維持管理への適用 ････････････････ 242
　　6.2 今後の展望 ･･ 256
       6.2.1 これからの維持管理 ････････････････････････････････ 256

6.2.2 国際的な動向 ･･･ 258
　　　6.2.3 土木学会の役割 ･･･ 263
　　6.3 地下構造物におけるアセットマネジメントの方向性 ･･････････････････ 264

7. おわりに ･･ 268

参考資料 ･･･ 参考資料-1

1. はじめに

1.1 本委員会（地下空間研究委員会維持管理小委員会）での発刊趣旨

　土木学会地下空間研究委員会・維持管理小委員会では，地下構造物の維持管理に関して早くから問題意識を持ち，1996年度から今まで様々な取り組みを行ってきている．1996～1998年には，それまで急ピッチで進められてきた社会資本整備の中で造られてきた様々な地下構造物の維持管理がどのように行われており，どのような問題があるのかを把握することを目的として，研究活動を行った．具体的には地下街，地下駐車場，各種都市地下トンネル，各種山岳トンネル等を取り上げ，それらが供用後どのように点検・検査されどう評価されているのか，その結果どう補修されているのか，またそのような維持管理の考え方の基礎となる設計はどうなっているのか，について調査した．

　次に1999年からは，地下空間を活用するにあたっては単に維持管理するだけでなく，寿命のきた構造物や当初の使用目的が社会状況の変化により陳腐化した施設を如何に再生させるかについても具体的なイメージを持つことが必要と考え，地下構造物の再生技術に関して調査研究を行った．その結果，地下構造物についても他の構造物と同様ライフサイクルコストの概念を適用し，維持管理や再生，更新を考えていくことが重要であることが明らかとなった．そこでライフサイクルコストを考えるにあたって基本となる構造物に対する要求性能と，その性能を保つための延命化技術の観点から，維持再生に関わる技術の現況を調査し，新たな維持再生の在り方について検討した．そして最終的に，様々な技術的な課題はあるものの地下構造物についてもアセットマネジメントの概念を適用した上で，維持管理あるいは再生・更新を考える必要があるとして調査研究を続け，現在に至ったので．その内容について，学会員に報告し，広くアセットマネジメント研究の一助となることを願って発刊することにした次第である．

1.2 委員会及びWG構成

　本書は，地下空間研究委員会 維持管理小委員会のメンバーにて3つのWGを担当，原稿を分担し，第4期（2005年度～2007年度）および第5期（2008年度～2010年度）の成果をもとに第6期（2011年度～2013年度）にまとめたものである．

　WG1（主査：笹尾委員，幹事：森委員）は，アセットマネジメントの現状調査と2章，5章，6章の取りまとめ，WG2（主査：山田委員，幹事：石田委員）は，山岳トンネルのデータを使っての健全度・性能評価および劣化予測ケーススタディーの試みと3章の取りまとめ，WG3（主査：中島委員，幹事：岡本委員）は，都市シールドトンネルのデータを使っての性能評価ケーススタディー試みと4章の取りまとめを実施した．

　また，これらのWGとは別に，大塚維持管理小委員会 5期,6期委員長（鹿島建設）を主査とし，亀村委員（深田地質研究所），笹尾委員（深田地質研究所），森委員（熊谷組），山田委員（鴻池組），石田委員（中電技術コンサルタント），中島委員（東京電力），大野委員（東京電力），池尻委員（セントラル技研）で編成された編集WGにより，全体の研究成果を取りまとめた．

　各WGの委員構成を**表-1.2.1**に示す．

表-1.2.1 各 WG の委員構成

(敬称略・50音順)

氏名	勤務先名称	所属WG	氏名	勤務先名称	所属WG
大塚正博	鹿島建設(株)	1, 編集*	坂巻和男	東京都	3
池尻 健	(株)セントラル技研	2, 編集	笹尾春夫	(財)深田地質研究所	1*, 編集
石田滋樹	中電技術コンサルタント(株)	2**, 編集	佐藤元紀	応用地質(株)	1
岩波 基	長岡工業高等専門学校	3	蒋 宇静	長崎大学	2
大野弘城	東京電力(株)	3*, 編集	関 繭果	(株)竹中土木	3
岡嶋正樹	パシフィックコンサルタンツ(株)	3	新才浩之	東京地下鉄(株)	3
岡本慎一	鉄建建設(株)	3	高橋 晃	東京電力(株)	3
岡本直樹	パシフィックコンサルタンツ(株)	3**	長崎昭一郎	鉄建建設(株)	2
亀村勝美	(財)深田地質研究所	3, 編集	中島 陽	東京電力(株)	3*, 編集
岸田 潔	京都大学	1	堀内浩三郎	(株)ロード・エンジニアリング	2
木原晃司	東京ガスパイプライン(株)	1	堀地紀行	国士舘大学	3
木村定雄	金沢工業大学	2, 3	宮沢一雄	東日本高速道路(株)	1
京谷孝史	東北大学	1	森 康雄	(株)熊谷組	1**, 編集
串戸 均	首都高速道路(株)	1	森山 守	中日本高速道路(株)	2
小山倫史	関西大学	2	焼田真司	(公財)鉄道総合技術研究所	3
三枝 勉	NTTインフラネット(株)	3	山田浩幸	(株)鴻池組	2*, 編集

＊WG主査，＊＊WG幹事

1.3 本書の構成

2章「我が国におけるアセットマネジメントの歴史と現状」では，トンネルの供用年数の実状を紹介し，一般的な社会資本のアセットマネジメントに関する歴史，定義，導入効果，形態などについて述べている．

また，全国の自治体や公共構造物を整備する事業主体に対して，アセットマネジメントの進展度合いとトンネルの維持管理の現況について把握するため，150か所の事業者にアンケート調査を実施した．さらには，道路，橋梁，地下鉄，下水道，電力，通信分野における維持管理の現況に関する話題提供を通して，課題の確認なども実施した．

アンケートは115の事業者から回答があり，1事業者の複数部局からの回答も入れると，総回答数は171となった．この種のアンケートとしては，75％もの回答率をいただき，関心の深さをうかがわせた．

その分析から，アセットマネジメントの地下構造物への適用における課題を挙げた．

3章「山岳トンネルにおけるアセットマネジメント」では，道路トンネルを題材にして，その要求性能を明確にするとともに点検結果をもとに劣化を判断する現状の方法に加えて，点検結果を定量的な判定指標としてとらえる方法と劣化予測のための判定項目を抽出し，判定項目ごとに劣化度を定量化した健全度判定法（保有性能評価法）を提案している．そして，マルコフ過程を用いて，対象トンネルの劣化変状要因ごとに生起確率を求め，将来時点の発生確率を予測する方法を紹介している．

4章「シールドトンネルにおけるアセットマネジメント」では，シールドトンネルへのアセットマネジメントの導入に向けて，維持管理の効率化および性能評価手法の適用に関する基礎的な検討を実施した．維持管理については，シールドトンネルの施工技術の変遷と変状現象との関係を示した．性能評価手法については，山岳トンネルと同様の手法によりモデルトンネルの評価を実施して，今後の検討における課題を示した．

5章「アセットマネジメントの導入事例」では，トンネルに限らずに比較的アセットマネジメントの適用が進んでいると見られる自治体とトンネルを維持管理している企業体における導入事

例を紹介している．なお，地下空間利用で身近な施設としての地下街については，「地下街の安心避難対策ガイドライン」（国土交通省）で，ようやく定期点検を義務付けている状況だが，地下街の現状を知っていただくために報告することとした．

6章「新技術と今後の展望」では，維持管理における新技術の動向とその具体的な事例を紹介したうえで，維持管理における今後の方向性や国際的な動向，土木学会としての役割などについて展望を述べている．

2. 我が国におけるアセットマネジメントの歴史と現状

　本章は地下構造物だけでなく広く社会資本を対象としてアセットマネジメントの概要とその導入状況について述べるものである．

　平成24年度国土交通白書によると，我が国の高度経済成長期に集中的に整備された社会資本は，既に建設後30～50年以上を経過し，今後その老朽化が急激に進行することが想定されている．建設後50年以上経過した社会資本の割合を**表-2.1**に示す．これによると，2032年3月において道路橋では約65％，河川管理施設では約62％，下水道管渠では約23％，港湾岸壁では約56％の施設が建設後50年以上経過することになる．

表-2.1　主な社会資本の老朽化状況[1]

社会資本	2012年3月	2022年3月	2032年3月
道路橋（橋長2m以上）	約16%	約40%	約65%
トンネル	約18%	約31%	約47%
河川管理施設（国管理の水門等）	約24%	約40%	約62%
下水道管渠	約2%	約7%	約23%
港湾岸壁（水深-4.5m以深）	約7%	約29%	約56%

　そこで本章では，まず，このような状況における地下構造物の現状として道路トンネル，鉄道トンネル（JR），水路トンネル，送電用トンネルの供用年数の推移を示し，地下構造物においても他の社会資本と同様に老朽化は着実に進行しつつある現状を明らかにしている．さらに，少子高齢化の進行による税収不足や社会保障費の増大が予想される中，社会資本の維持管理費の確保が困難な状況が考えられることから，地下構造物（トンネル）でも劣化に起因した事故が発生して社会的問題となっており，安全性を確保するためにも長期的な視点で合理的な維持管理すなわちアセットマネジメントの導入が求められていることを述べる．

　次に，アセットマネジメントの歴史について，舗装，橋梁そしてトンネルを中心とした動向について概説する．

　そして，アセットマネジメントの概念を明確にするため，社会資本とそれ以外における場合の定義と導入効果，形態について述べており，アセットマネジメントに対する理解を深めることに参考となるものとしている．

　また，現状を把握するためにアセットマネジメントとトンネルの維持管理に関するアンケートを行い，結果を分析して掲載する．なお，このアンケートは，国，地方自治体，鉄道，道路，エネルギー，通信等の150団体に対して行ったものであり，ほぼ日本における全ての状況を網羅しているものと考えている．

　本章でのまとめは，アセットマネジメントの地下構造物への適用について，課題と維持管理のシナリオ，劣化予測のシナリオを述べて結びとしている．

2.1 トンネル構造物の供用年数の推移

　我が国のトンネルは，道路や鉄道のような交通に使用されているもの，上下水道等の水路トンネルとして利用されているもの，通信に用いられているもの，そして，電力やガスなどの都市施設として供せられているトンネルなど，その用途は多種にわたる．

2. 我が国におけるアセットマネジメントの歴史と現状

本節では，これらのトンネルの維持管理を行う上で，基礎的なデータとなる供用年数を把握するために，利用目的別の年代ごとの保有延長をまとめて示す．

2.1.1 道路トンネル

道路トンネルの供用延長の推移を示したグラフが**図-2.1.1**である．道路トンネルは1980年代以降に建設されたものが多く，1982年に1,000kmを超えてから100km程度が新たに供用される年が多く，供用延長は2009年現在で約3,600kmに達している．しかし，現在，50年以上供用し

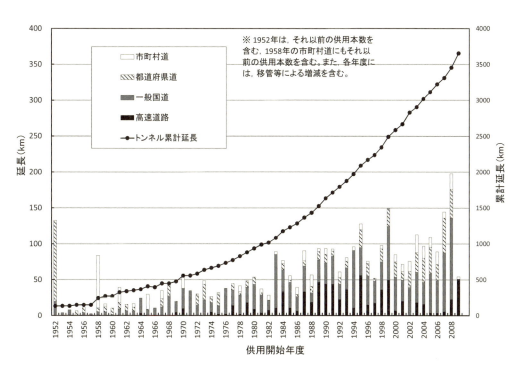

図-2.1.1 道路トンネルの供用延長の推移

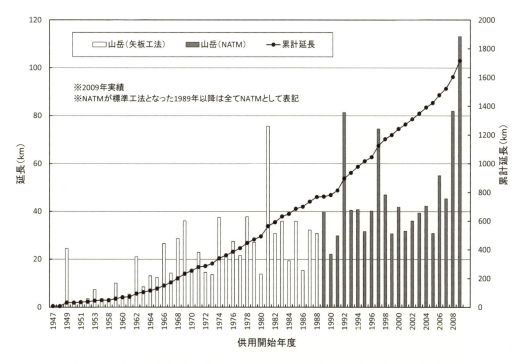

図-2.1.2 一般国道におけるトンネル構造別の供用延長の推移

ているトンネルは，10%に満たない．なお，現在供用しているトンネルの50%が供用50年を超えるのは30年後である．

古くからトンネルが建設されて供用されてきた一般国道の供用トンネル延長推移を**図-2.1.2**に示す．1950年には総延長が約20kmであったが，1963年以降は年間20〜40kmのトンネルが供用されて現在の約1,700kmとなった．なお，1988年までは矢板工法により施工されたトンネルがほとんどであり，それ以降は，NATMでほとんど建設されている．矢板工法により建設されたトンネルは25年以上供用されており，維持管理において覆工コンクリートの剥落等に注意が必要である．

日本高速道路株式会社3社が管理する高速自動車国道は，2012年末で1,642.7kmである．なお，**図-2.1.3**に日本高速道路株式会社3社におけるトンネル構造種別および供用開始年ごとの延長推移を示す．高速道路のトンネルは，山岳工法で97%が構築されており，そのうち20%が矢板工法である．また，矢板工法は，一般国道と同時期の1988年に矢板工法からNATMへ変更されている．高速道路では，開削トンネルやシールドトンネルも3%程度であるが採用されている．

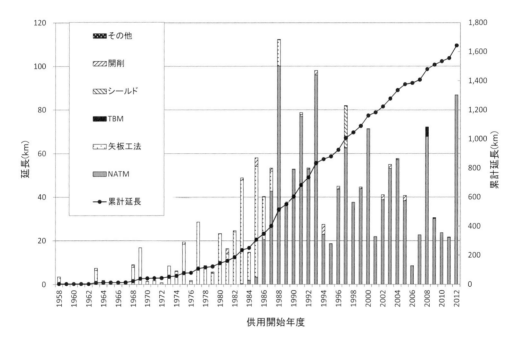

図-2.1.3 高速道路株式会社3社のトンネル構造別の供用延長の推移

首都高速道路株式会社が供用しているトンネル延長は2013年現在で30km程度であるが，建設中のトンネルが多い．その構造は，**図-2.1.4**に示すように開削トンネルが全体の60%を占めている．

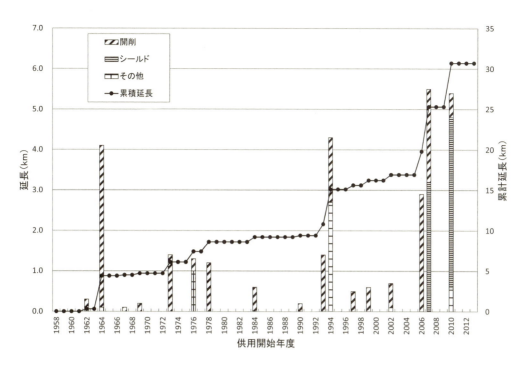

図-2.1.4 首都高速道路株式会社のトンネル構造別の供用延長の推移

2.1.2 鉄道トンネル

　我が国の鉄道トンネルは，明治初期から建設され，それ以後も現在まで積極的に鉄道建設が進められた経緯がある．

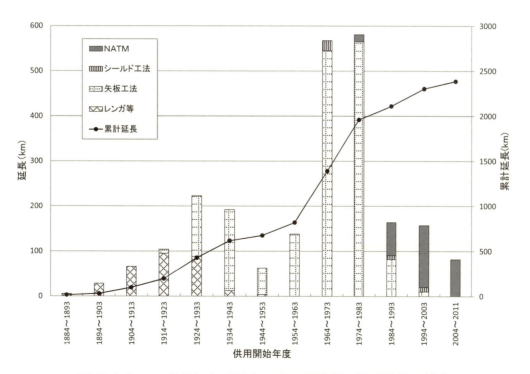

図-2.1.5 JR各社におけるトンネル構造別の供用延長の推移

図-2.1.5はJR各社合計のトンネル供用延長の推移とその覆工の材料種別を示した図である．JR各社が保有するトンネルは在来線と新幹線を併せて約2,400kmあり，そのうち200km程度が戦前に建設されたものである．そのため，覆工には煉瓦積みや石積みものほとんどである．戦後は，覆工にコンクリートを用いることが一般的となった．1980年代の末からNATMが主流となり，一部，シールド工法も採用されている．1960年代から1980年代の高度経済成長期には，東海道，山陽，東北，上越新幹線等の建設が行われ，トンネル延長が飛躍的に増加した．そのため，現在のトンネル延長における約35％で供用年数が50年を超え，さらに，10年後には供用年数50年以上のトンネル延長が50％を超える．現在も北陸新幹線と北海道新幹線が建設されており，トンネル延長が伸びているが，それを超えるペースで補修・補強が必要なトンネルが増加することが予想される．

JRの一例として，JR東日本の管理しているトンネルの構造と，供用開始年ごとの延長推移を図-2.1.6に示す．また，東京地下鉄における同様のグラフを図-2.1.7に示す．

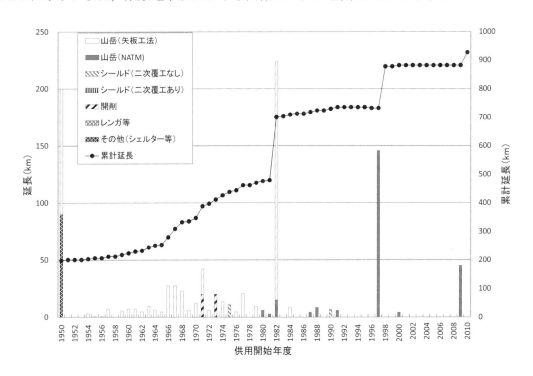

図-2.1.6　JR東日本におけるトンネル構造別の供用延長の推移

JR東日本では，現在，約900kmのトンネルを管理しており，そのうち，1950年より前に建設されたトンネルが約200kmある．1960年代後半から1970年代にかけてJRの他社と同様にトンネル延長が増加している．さらに，1980年前半に東北新幹線と上越新幹線の開通でトンネル延長が200km以上のトンネルが一度に供用されている．そのため，JR東日本では，20年後にトンネルの約75％が供用年数50年を超えることとなる．

東京地下鉄は，総延長が約200kmであり，その約70％を開削工法で，約30％をシールド工法で建設している．現在，供用年数が50年を超えているトンネルの延長は約25％であるが，10年後にトンネルの約50％が供用年数50年を超える．

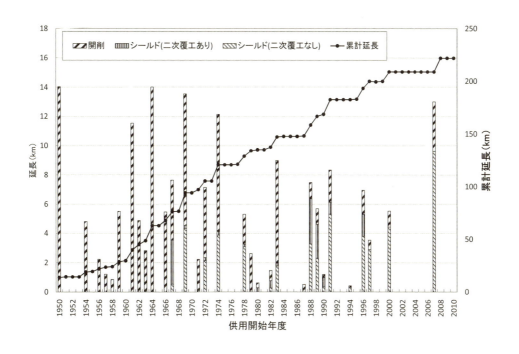

図-2.1.7 東京地下鉄におけるトンネル構造別の供用延長の推移

2.1.3 水路トンネル

水路トンネルでもっとも供用延長が長いのは下水道のトンネルであるが，全国の下水道管渠の総延長は360,000kmで，東京都下水道局の管理管渠だけでも約15,000kmを管理している．このうち，トンネルの範疇に入る径の幹線は1,500km程度あるといわれている．そして，下水道全体の維持管理費用は，すでに，60%を占めている．この中で，小口径管渠の再構築がもっとも大きな割合となっている．

また，事業用水力発電に必要となる発電用水路トンネルは，明治中期から建設が始まり，大正末期から昭和初期にピークを迎え，その総延長は約4,700kmに達している．このほとんどが供用期間50年を超えている．

2.1.4 送電用トンネル

東京における地下空間の電力設備には，地中送電線，地中配電線および地下変電所といった設備がある．電力需要は，1964年の東京オリンピックを契機にして，大幅に増加した．それに対応するため，電力設備の本格的な建設が積極的に進められた．東京では，設備の地下化が必要とされ，シールド工法などのさまざまな地下空間利用の技術を取り入れて現在に至っている．

東京電力管内では約40,000kmの送電線延長を管理しており，そのうち都内では90%以上が地下化されているが，トンネル延長（マンホール区間を除く）としては約420kmである．**図-2.1.8**

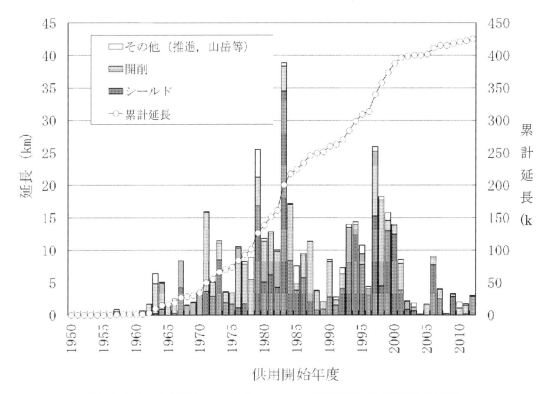

図-2.1.8 東京電力におけるトンネル構造別の供用延長の推移

にトンネルの構造と供用開始年ごとの延長推移を示す．1960年代までは開削トンネルが多く，1990年代以降はシールドトンネルが多いが，全体延長の約40%が開削工法で構築されており，約50%がシールド工法で建設されている．現在，供用50年以上のトンネルはごくわずかであるが，20年後には約50%のトンネルが供用50年以上となる．

2.1.5 アセットマネジメントの必要性

現在，わが国は社会・経済の成熟化と共に経済的には低成長時代に入った．即ち，社会資本の増大は緩やかになってきたものの，戦後から高度経済成長期に整備された膨大な社会資本の老朽化は着実に進行しつつあり，その中に占める老朽化構造物の割合は，今後時間の経過と共に飛躍的に増加する．

一方，少子高齢化による税収減少や社会保障費用の増大により，今後アセット整備の財源確保が一層困難になることが予想される．

昨今では維持管理の重要性への認識は高まっているものの，公共機関における現行の予算執行制度のもとでは社会資本の資産評価が考慮されていないため，適切な維持補修を行うための財源が必ずしも確保されているとは言えない状況にある．

したがって社会資本の管理者は限られた予算を何のために，どのように使うのかについての説明責任（アカウンタビリティー）は果たさねばならない．

すなわち「必要なものにコストをかけて造る」から「本当に必要なものを造り合理的に長く使う」へと時代は変化しつつある．社会資本についてもこのような新たな価値観に基づく機能や性

能を明らかにして維持管理することが求められている．

このような問題認識のもとに国，地方自治体，民間企業をはじめとしてアセットマネジメントに対する理解が深まり，すでにアセットマネジメントが導入されている事例も多くなってきた．しかし，いまだ限られた分野への適用にとどまっており，アセットマネジメントに対して適切な財源が確保されているとは限らず多くの制度的な欠陥や課題も顕在化している．

社会資本の機能を維持・向上するためには新規の社会資本整備のニーズに答えつつ，既存の社会資本の維持・補修，更新をより効率的に実施していかなければならない．

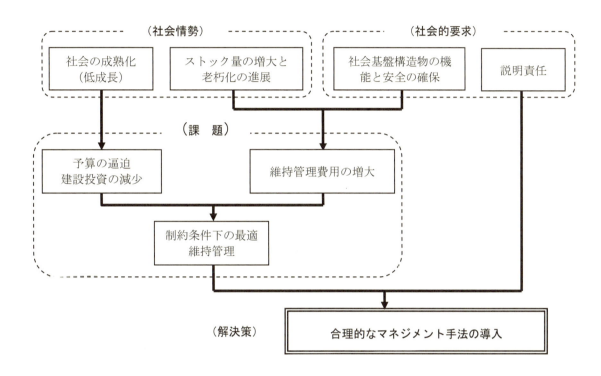

図-2.1.9 これからの時代に求められる維持管理

既に整備された膨大な量の社会資本の維持管理においては，図-2.1.9に示すように経済の低成長時代における財政的制約条件と相まって，如何に合理的に安全を保ちつつ維持管理するかが問題となっている．こうしたことから社会資本の安全と機能を維持しつつ，社会資本の長寿命化による更新需要の平準化，補修・更新の効率化によるLCCの削減（最小化），補修・更新需要の把握と長期的マネジメント戦略の策定を目的とした合理的な維持管理（アセットマネジメント）を導入することが求められている．

2.2 アセットマネジメントの歴史

1956年の経済白書に「戦後は終わった」と述べられてから1973年までのいわゆる高度成長期とその後の安定成長期には，鉄道，道路，空港・港湾施設，ダム，ライフライン施設（電気，ガス，上下水道）などの社会基盤構造物が数多く建設された．

その当時は，新たな施設，構造物によってもたらされる利便性，高い生産性，快適な環境などを如何に実現するかが第一義であり，「必要なものはコストを掛けて造る」ことが優先された．その結果，我が国は世界に伍する経済大国へと成長することができた．高度成長期に建設された社会資本は文字通りそうした成長を支える役割を果たしてきた．

しかし，それから50年近い時間を経て，様々な社会資本の機能に様々な支障が出始めた．例えば，1999年の新幹線トンネルにおける覆工コンクリート片の剥落や2002年の高速道路橋梁にお

ける部材の破損，あるいは毎年のように発生する下水管の損傷による道路の陥没などである．これらはその構造物の機能を脅かすだけでなく，ひとつ間違えると大きな事故につながるような事象であり，重要な課題であるにもかかわらず，これらについては発生当時に大きな問題として取り上げられたものの，抜本的な対策は講じられることなく，結果的に問題は先送りされてきた．

このような状況のもと，2003年3月に策定された公共事業コスト構造改革プログラム（2003～2007年）の中で「アセットマネジメント手法等，ライフサイクルコストを考慮した計画的な維持管理を行う必要があること」が提言され，具体事例として道路管理におけるアセットマネジメントシステムの構築，運用が記載された．

さらに，2004年7月には地方自治体の戦略的維持管理の普及を目的にアセットマネジメント担当者会議幹事会の設立協議会を開催し，現在の状況・今後の運営方針について意見交換を行った．第1回目の担当者会議が2004年10月に開催され，その後1年に2回会議を開催しており，アセットマネジメントの普及展開に向けて情報交換が行なわれている．

以下に，社会資本の維持管理やアセットマネジメントにかかわる最近の動向を構造物ごとに述べる．

2.2.1 舗装

米国では，社会基盤構造物の荒廃が大きな社会問題となってきた1970年代，舗装マネジメントの考えが導入された．この舗装マネジメントは，「良質の管理を行うことにより，舗装の品質と性能を保ち，コストの最小化を図る」もので，建設後の道路状況の観察，予防的措置と改修工事の実施時期の決定，代替案の経済評価などから構成されている．1978年にはPavement Management System(PMS)が構築され，1979年その第一号としてカルフォルニア州で適用された．このPMSは，大型コンピュータを用い，膨大なデータベースに基づいて長期間にわたる維持管理予算を決定するもので，十分な予算措置が講じられない場合の道路システムに与える影響を検討できるものであった．そして翌年には全ての州に対しPMSの開発が連邦道路局から要請され，1989年にはPMSの開発と実施が義務付けられ，本格的な運用が開始された．

各種土木構造物の中でも舗装の寿命は10～20年と比較的短いため，パフォーマンスの把握や費用，便益の計算が容易であり，国内においてもマネジメントシステムの適用が早かった．

1979～1981年：舗装の維持修繕の計画に関する調査研究
  舗装の総合管理水準である維持管理指数（MCI）が作られた
1985～1987年：舗装の管理水準維持修繕工法に関する総合研究
  舗装の設計・施工管理を合理的に実施する舗装運営システム（PMS）が導入された．

PMSは1978年アメリカで誕生し，日本語版は1989年に出版された．

現在では，国土交通省，NEXCO，首都高速道路，各都道府県でPMSが導入されているが，公共工事コスト構造改革プログラム（2003年）の策定を受けてアセットマネジメントシステムとして改良，普及が図られている．

2.2.2 橋梁

土木構造物の中で舗装の次にアセットマネジメントが導入されたのが橋梁である．1980年代には橋梁診断のシステム化に関する基礎研究への取り組みが始められ，1990年代にはBMS（Bridge Management System）として開発に着手された．橋梁は作用荷重や設計手法が明確であるため外的要因による構造的な劣化予測などに科学的な手法が導入しやすく，合理的な維持管理が容易である．1990年末にはかなり橋梁支援維持管理システムとして実用性が高いことが確認されていたが，さらに実用性を向上させるために実際に供用されているコンクリート橋梁に適用しシステムの有効性を検証された．

2002 年：「道路構造物の今後の管理・更新等のあり方に関する検討委員会」（岡村委員長：高知工科大学学長）を設置した．
2003 年：その委員会の提言を受けて橋梁，トンネル等構造物の総合的なマネジメントに寄与する点検システムの構築を行った．
2004 年：国土交通省で「橋梁定期点検要領（案）」を策定
2005 年：各地方整備局等で橋梁マネジメントシステムを試行運用
2007 年：地方公共団体が管理する橋梁についても長寿命化および修繕・架け替えに係る費用の縮減に向けた取組を促進するため，長寿命化修繕計画の策定費用への補助が実施され，ほとんど全ての都道府県で橋梁の長寿命化計画が策定された．
2008 年：「道路橋の予防保全に向けた提言」がまとめられ，同提言を踏まえて点検の制度化，点検及び診断の信頼性の確保等の点検体制が強化されることとなった．
2008 年：地方公共団体が管理する橋梁の点検がほとんど進んでいなかった状況を踏まえ，地方公共団体に対し点検費用に対する補助が実施された．

2.2.3 トンネル

(1) 鉄道トンネル

1999 年 6 月 27 日に新幹線（新大阪発博多行き）が小倉～博多間にある福岡トンネルを走行中，トンネル天井部にあったコンクリートの一部分（2m×50cm×50cm）が落下し，架線を切断するとともに「ひかり 351 号」を直撃した．

原因は矢板工法によるトンネル掘削において逆打ちコンクリート打設工法によってスプリングラインに生じるコンクリートの凸部であった．新幹線の通過による振動や風圧の作用によりこの凸部とコンクリート覆工の境界にひび割れが発生して凸部が落下した．

対策として逆打ち工法により生じるコンクリートの凸部を除去した．いったんは安全宣言が出されたが，同年 10 月 9 日に同じく小倉～博多間の北九州トンネルで始発前点検を行った際，側壁部から約 226kg ものコンクリート塊が 5 つに分かれて落下しているのが発見された．

鉄道トンネルに関しては，これらの一連の事故を踏まえて 2000 年 2 月に運輸省トンネル安全問題検討会によって「トンネル保守管理マニュアル」が策定された．さらに，2007 年 1 月に「鉄道構造物等 維持管理標準・同解説（構造物）トンネル」が発行された．この中では，「構造物の生涯ストーリー」すなわち，構造物の供用年数と維持すべき性能，それに基づいた維持管理方法を決めることが求められている．

(2) 道路トンネル

福岡トンネルのはく落事故に伴い，道路トンネルについては，国土交通省から 2002 年 4 月に道路トンネル定期点検要領（案）が発行され，同年 8 月から全国の道路トンネルを対象に一斉に定期点検等が実施された．

2012 年 12 月 2 日，山梨県大月市笹子町の中央自動車道上り線笹子トンネルで天井板のコンクリート板が約 130m の区間にわたって落下し，走行中の車複数台が巻き込まれて死傷者が出た．これは，社会資本の中でも地下構造物の維持管理が抱えてきた問題点が顕在化したものである．

2013 年 1 月に国土交通省では道路の維持管理に関する技術基準類やその運用状況を総点検し，道路構造物の適切な管理のための基準類のあり方について検討を始めた．同年 2 月には道路構造物の総点検実施要領（案）が出され，標識，照明，情報提供装置，換気設備などの道路付属物を含めたすべての道路構造物の点検が行われた．

2.3 アセットマネジメントとは
2.3.1 定義
(1) 各分野における定義

アセットマネジメントとは，もともと金融分野の用語であり，一般的には「投資家から委託された資金や資産を効率的に管理，運用すること」とされる．すなわちアセットマネジメントは投資家の資産運用であり，預金，株式，債権などの投資家の金融資産をリスク，収益性などを勘案して,適切に運用することにより,その資産価値の最大化を実現するための活動であると言える．言い変えれば,委託を受けたファンドマネジャーは「依頼者に対して最大の利益を提供する責務」を負うことになる．

これを社会資本の維持管理に置き換えると，国民から集めた資本（税金など）によって形成した資産（社会資本）を良好な状態に維持し効果的に運用し，そこから生み出されるサービスという価値を増大すること」を社会資本のアセットマネジメントと分けて呼んでいる文献も見られる．つまり国民から委託を受けた社会資本の管理者は「納税者，利用者に対して社会資本から得られる利益を最大にする責務」を負う．また，鉄道，有料道路，電気，ガス，上下水道，空港などユーザーが負担する利用料金を主たる財源として運用されている社会資本も多く，このような場合のアセットマネジメントにおいては利用者に対するサービスレベルの向上が要求される．

表-2.3.1 アセットマネジメントの定義[2]を一部修正

分野	アセットマネジメントの定義	出典
社会資本	国民の共有財産である社会資本を国民の利益向上のために長期的視点に立って効率的に管理・運営する体系化された実践活動である．工学，経済学，経営学などの分野における知見を総合的に用いながら継続して行うものである．	土木学会 アセットマネジメント導入への挑戦 2005年10月
道路	道路を資産としてとらえ，道路構造物の状態を客観的に把握・評価し，中長期的な資産の状態を予測するとともに，予算的制約の中でどのような対策をどこに行うのが最適であるかを考慮して，道路構造物を計画的かつ効率的に管理すること．	国土交通省 道路構造物の今後の管理・更新等のあり方提言 2003年4月
港湾	国民の共有財産である港湾資本を，国民の利益向上のために，時間軸および空間軸の観点から，機能を維持し，資産価格を向上させて，効果的かつ効率的に運用することを目的として体系化されたプロセス	国総研 JACIC情報2007 2006年9月
下水道	下水道を資産としてとらえ，下水道施設の状態を客観的に把握，評価し，中長期的な資産の状態を予測するとともに，予算制約を考慮して下水道施設を計画的，かつ，効率的に管理する手法	下水道事業団 建設マネジメント技術 JACIC情報2007 2006年9月
鉄道	施設の維持管理・更新を適切に行い，限られた予算内でより効率的にサービスレベルや安全性を維持していく方法．	財団法人運輸政策研究機構 第3回鉄道整備等基礎調査報告シンポジウム
住宅	社会資本ストックの維持管理について，住宅・社会資本の特性に応じたメリハリのある維持管理を行うことにより，建設・更新時期の集中の回避を行う．	国総研 建設マネジメント技術 2006年9月

アセットマネジメントの定義は，**表-2.3.1**に示すとおり組織，分野，対象施設等によって表現が異なる．

アセットマネジメントを導入する場合には，建設分野で使う工学分野の技術だけでなく異なる分野（経済学や経営済など）の概念，知識が必要である[3]．

a) 工学分野の知識

アセットマネジメントにおいては，建設分野における調査，評価，設計（解析，計算），施工などにかかわる技術が必要となる．また，既設の社会資本の維持管理を行う際に生じる社会環境や周辺住民の生活環境などへの影響について検討する必要がある．さらに，構造物の基本データや調査結果を一元的に管理するデータベースが必要である．

b) 経済学分野の知識

構造物の維持管理において LCC を算出して長期計画における予算の最適化を図ることを事業計画の方針としている組織が多い．LCC として単に構造物の維持管理費だけでなく地震や災害などのリスクや対策を実施することにより生じる社会的，経済的損失等を考慮することも考えられる．

c) 経営学分野の知識

公的機関が維持管理している道路，河川，上下水道などの関連施設の維持管理においては民間企業における経営理念や手法を活用し，効率化，活性化を図ることも期待される．

事業の選択や調達において，顧客満足度，成果主義，業績評価，説明責任など，民間企業が有する経営のノウハウを取り入れることが目標となる．

(2) アセットマネジメントの実施フロー

ここでは，**表-2.3.1**を参考に，アセットマネジメントを「納税者や投資家であり利用者である国民の利益向上のために，国や自治体の公共機関や民間企業の施設管理者が投資やサービスを媒介に長期的な視点でより合理的に社会資本を管理，運営すること（手法）」と定義する．

アセットマネジメントには，その考え方，方法論，枠組みなどの観点から見るといろいろな形態があり，「これをしないとアセットマネジメントとは言わない．」とかいうものではなく，例えば，対症療法的な事後保全による維持管理でもアセットマネジメントのひとつの形態である．ただし，経営的な判断に基づいた維持管理計画のもとで事業を実施することが必要であり，ステークホルダーによる合意を得た合理的な形態を目標として進化，発展することが望まれる．

社会資本のアセットマネジメントにおけるステークホルダーの関係を**図-2.3.1**に示す．

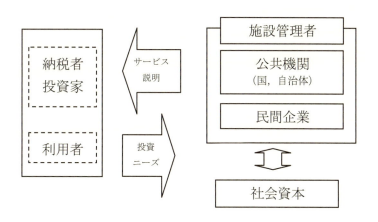

図-2.3.1 アセットマネジメントにおけるステークホルダー

アセットマネジメントの実施フローを**図-2.3.2**に示す．アセットマネジメントは，計画→実施→評価→改善といういわゆる PDCA の一連のサイクルにより，管理，運用される．**図-2.3.2**に示すように全体計画（目標設定、予算計画、事業計画含む）を立案して，事業を実施し，その結果を評価するという大きなPDCAのサイクルをマクロなアセットマネジメントと呼ぶこともある．

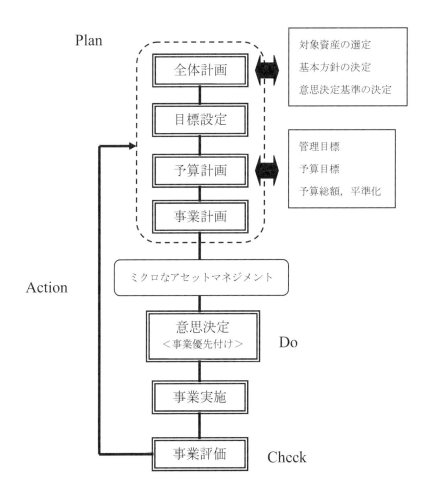

図-2.3.2 マクロなアセットマネジメントの実施フロー

マクロなアセットマネジメントのうち構造物の点検から対策工選定までの業務をミクロなアセットマネジメントと表現することもある．ミクロなアセットマネジメントは**図-2.3.3**に示すように，既設構造物の点検，健全度評価，劣化予測，経済性評価，対策工立案で構成されており，サブシステムとして，データベースの構築・活用，人材育成，技術開発も必要となる．

すなわち，アセットマネジメントは構造物の維持管理を行ううえで必要とされる各種要素技術とそれに携わる技術者に支えられている．構造物の点検方法，劣化程度の判断，原因の推定，評価，対策の要否の判断，適切な対策工の選定が技術者に求められる．また，構造物によって劣化現象は異なり，それに対応した対策工として使う材料も多種多様である．このような知識は学校教育の中で取得は可能であるが，経験を踏まえた適切な判断ができるような技術者を育成していく必要がある．

また，アセットマネジメントを支える各種要素技術の開発が求められる．調査技術としては赤外線，超音波，電磁波などを利用した非破壊調査，レーザーやカメラによる構造物の形状（変状）の測定，構造物に近接できない場合の遠望からの調査などについて更なる精度の向上，定量化が求められる．また，調査した結果の記録方法の効率化，有効利用についても検討が必要である．劣化予測の精度向上，変状に対する対策工の選定についても改善が求められる．

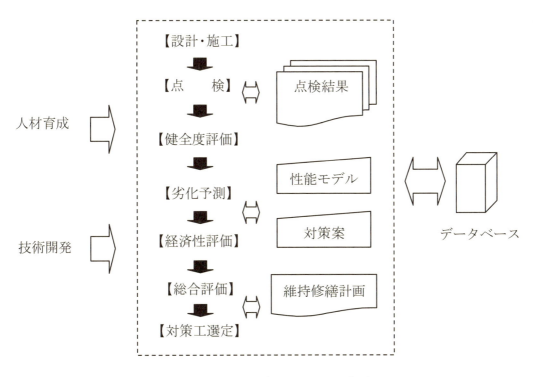

図-2.3.3 ミクロなアセットマネジメント

(3) アセットマネジメントの対象

アセットマネジメントの管理者（民間企業や公共機関）の組織構造は**図-2.3.4**に示すようにツリー構造になっている．役割分担としては，組織全体のアセットマネジメントに関する全体計画，目標設定，予算計画，事業計画，マネジメントシステムを基にした意思決定までは中央組織が行い，事業所では既設構造物の調査，点検と事業計画に従って対策工を実施する．

図-2.3.4 社会資本管理組織の構造

公共機関や民間企業が維持管理する社会資本のうち主な地下構造物を**表-2.3.2**に示すように数多くの用途がある．本来，各組織におけるマネジメントは明り構造物を含めたすべての施設（構造物）を対象にする必要がある．

アセットマネジメントの対象となる施設は，土木分野だけでなく建築，設備（機械，電気）など多種多様にわたる構造物や設備により構成されている．

民間企業では，保有する社会資本の種類が少ないため，程度の差はあるが，すべての施設を対

象にマネジメントしていると考えられる.

しかし，公共機関では保有している施設が多種多様であるため，分野ごと（道路関連施設，上水道施設，下水道施設，河川関連施設など）個別にマネジメントされていることが多いと考えられる.

表-2.3.2 地下構造物の用途別管理主体

用途	主な地下構造物	管理主体
一般道路	トンネル	国，都道府県，市町村
高速道路	トンネル	高速道路（株）
鉄道	トンネル	JR，私鉄
地下鉄	トンネル（シールド）	東京メトロ，東京都，市
電力	洞道（シールド） 発電所導水路トンネル（山岳）	電力会社
ガス	トンネル（シールド）	ガス会社
上水道	トンネル	市
下水道	トンネル	県
農業施設	農業用水トンネル	国，都道府県
地下街	開削工法	民間

2.3.2 導入効果 [1),4)]

アセットマネジメントには，その導入の際のプロセス，整理・分析されたデータ・情報を用いた運用によって，次の主な6つの効果が期待される.

(1) 維持管理予算の平準化

アセットマネジメントを行うにあたり，点検等を通じた対象構造物等の状態・状況の把握が必要となる．対象構造物等の状態・状況をデータ・情報として把握，集積，分析，管理することにより，構造物の健全度評価が可能となり，事後保全のみの対応から予防保全対応が可能となるため，中長期的な視点から適切・計画的な修繕・更新を行うことができる.

(2) 維持管理の効率化

集積・蓄積されたデータ・情報を分析・活用することにより，損傷の推移を適切に予測，構造物の健全度を評価することができる．この評価等に基づき，予算・人材・組織体制等の重点化，効率化，拡充等を状況に応じて実施し，適時，適切な修繕・更新を行うことが可能となる．これらにより，ヒト・モノ・カネに関して，維持管理業務の効率化を図ることができる.

また，災害や事故などの緊急時においても，集積・蓄積されたデータ・情報により把握されている状況が有用となり，早期復旧，点検の効率化にも寄与する.

(3) コスト削減

集積・蓄積されたデータ・情報を基に，ライフサイクルコスト（Life Cycle Cost）等のコスト削減・ミニマム化に寄与する分析が可能となり，適切な補修・修繕を行うことが可能となる．これらにより，適切な修繕による長寿命化，適正な時期における更新，更新時期の適切な把握（場合によっては，廃止，撤去）により，コスト削減を図ることができる.

(4) プロセスの明確化

構造物に関する詳細データ・情報を活用することにより，修繕・更新の優先順位を判断・把握することができる．これらのプロセスは，優先順位設定の「見える化」につながり，担当者の勘や経験だけに頼らず，客観的なものとなり，外部的にも説明可能な維持管理を行うことができる.

(5) 技術・知識（特に暗黙知）の継承・共有化（ナレッジマネジメント）

構造物に関する詳細データ・情報を活用することにより，技術者個人が持っていた維持管理業務に関する経験や知識，言語化していなかった（できなかった）知識や手法といった暗黙知に頼ることが少なくなる．また，対応方法等と結び付けられたデータ・情報を活用することにより，維持管理業務に関する技術・知識の共有・承継（形式知化）が可能となる．

(6) 維持管理技術者の育成

維持管理手法を体系化，「見える化」することにより，維持管理技術が若手技術者に承継することが可能となり，技術水準が向上・均質化する．

2.3.3 形態

(1) 概要

アセットマネジメントには事業選択の評価指標の違いによりLCC型やNPM型と呼ばれる形態がある．また，運営形態の違いにより，公共型，官民連携型，民間型に分類される．

以下に，LCC型とNPM型について概要を述べる．

1) LCC型(Life Cycle Cost)

LCC型とはライフサイクルに着目し一定期間に発生する維持管理費用を評価指標とするマネジメントであり，一定の性能目標を満足すべく計画期間における予算とライフサイクルコストのバランスを図るものである．現在，わが国で行われているアセットマネジメントは大部分このLCC型である．

社会資本の施設においても土木構造物，設備，建屋，電気など異なる分野のもので構成されており，広いネットワーク全体で長期維持管理計画を実施する場合は，トンネル，橋梁，道路，法面など各種構造物について異なる指標で性能評価しなければならない．各種構造物の改修時期の優先順位は性能評価をもとにして決定され予算配分を確保することになる．さらに，各種施設の利用実績や想定される被害の重大性をもとに重み付けを考慮して長期維持管理計画を立案する．

2) NPM型(New Public Management)

NPM型のアセットマネジメントは，LCC型のように投下費用の最適化だけでなく，保有する資産価値の最大化を図ることを目標とするものである．

NPMとはアセットマネジメントだけに使われる言葉ではなく，経営学や経済学に理論的根拠を置きながら，民間企業における経営手法等を積極的に導入することによって，効果的・効率的な行政運営を行い，質の高い行政サービスの提供を実現しようとする新たな行政管理手法である．

すなわち投資（投下費用）の妥当性・合理性を検証するために，その効果を価値（金額）として評価するものである．ただし，社会資本は構造物単体としての効用だけでなく，ネットワークとしての効用も無視できないため，その価値の把握にはネットワークレベルでの資産評価が必要となる．

社会資本を維持管理している組織には民間企業も数多くあり，当然であるが保有する構造物の資産価値は把握している．しかし，資産価値を指標として社会資本の長期維持管理計画を立案しているとは考えられない．一方，公共機関としては現在，国内でNPM型の行政管理手法を採用している公共機関は見られるが，資産評価をもとにして社会資本の維持管理のマネジメントを運用している事例はない．

(2) LCC型アセットマネジメント

　国内で実施されているアセットマネジメントの大部分がLCC型である．すなわち，ネットワーク単位や同種の施設群や構造物群における長期維持管理計画を策定する際のツールとしては必需品である．目的は予算の平準化やLCCの縮減とされている．

　LCCは不確定な各種条件設定の下での将来予測であるので，算出されるLCCの精度に正確さを求めるのは無理がある．また，LCC算出には多くの課題があり，それを解決するために莫大な労力と時間がかかるため，当面は予測したライフサイクルについて検証を行い，長期計画を変更して運用していくことが肝要である．

　以下にLCC算出における各種課題について概説する．

a) LCCの構成

　LCCは式2.3.1に示すように計画期間内に必要とされる費用の総額である．

$$LCC＝初期建設費＋維持管理費＋更新費＋処理費(最終処分)＋リスク \quad \text{式}2.3.1$$

　ここで，維持管理費は点検調査，補修・補強工事の費用で，更新費とは撤去や取替える際の費用である．

　リスクとは事故や火災のほか地震，台風などの自然災害による損失であり，確率的な事象である．リスクに伴うコストは，リスクにより発生する損害（費用）に発生確率を乗じた期待値として表現される．このリスクに伴う損失は，評価方法も不確定であり，条件設定によっては維持管理費や更新費などと比較して大きく変動する可能性がある．したがって，リスクによる損失をLCCに考慮する場合は，その妥当性，合理性を十分に検討する必要がある．

b) 割引率

　割引率とは，将来発生する費用を現在価値に換算する（割引く）ときの割合を1年あたりの割合で示したもので，LCCを計算する際に適用されることもあるが，割引率を考慮するか否かは見解が分かれる．

　N年後に発生する費用（C）の現在価値（PV）と割引率（r）の関係は式2.4.2で表される．

$$PV=C/(1+r)^N \quad \text{式}2.4.2$$

　営利を目的とした民間企業の場合は所有する資産（社会資本）から得られると期待される収益率を割引率として利用するが，国や自治体が所有する社会資本は営利目的ではないため通常とは異なった視点で決定される．後者は社会的割引率と言われ銀行の利子率や物価上昇率などを考慮して決定される．2004年2月に国土交通省が策定した「公共事業評価の費用便益分析に関する技術指針」では社会的割引率を4％と定めている．

　しかし，現在多くの自治体が取り組んでいる橋梁の長寿命化計画では割引率を考慮していない．社会的割引率を考慮した場合としない場合で結果が異なるため感度分析（社会的割引率が変化した場合にLCCに与える影響を分析する）を行うことも有効である．また，社会資本のように費用の発生時期と効果の発生時期が大きく異なる場合は，割引率の影響が大きくなるため，LCC算出に割引率を考慮するか否かは総合的な判断が必要となる．

c) 計画年数（LCC算出期間）

　各種の事業計画において良く使われる期間として短期，中期，長期という言葉が使われる．これら計画の設定期間には明確な定義はなく，事業の種類等条件によって異なるが，以下に示すような期間を指すことが多いように思われる．

短期計画：1～2年

中期計画：3～5年

長期計画：6～10年程度

LCCについて記述されている参考書や文献では，構造物のLCCの算出期間として50年，100年と設定している事例が多い．

一方，社会資本のアセットマネジメントは行政機関や民間企業における事業計画の一環であることを考慮するとLCCの算定期間は20～30年程度が妥当ではないかと考える．すなわち，長期維持管理計画で考慮するのは1回の耐用年数のみで，その次の2回目以降の耐用年数における維持管理計画については計画対象外とすることも考えられる（図-2.3.6参照）．

構造物の性能変化の把握（劣化曲線の設定，補修・補強による性能の向上），工事費の積算の精度や補修・補強技術の開発等を考慮すると算出期間を50年や100年間としたLCCの精度や信頼性は低い．LCCは各種の条件設定のもとでの将来予測であるため，決められた間隔で構造物を点検してPDCAのサイクルをまわして，その都度LCCの検証を行い，精度を確保することが重要である．

d) ライフサイクル

構造物のライフサイクルを検討する方法として現状の変状状態から数値解析により劣化予測する方法と既定の耐用年数（例えば，法定耐用年数）を適用する方法が考えられる．

トンネルは無筋構造物が基本であるため劣化機構が明確でない．RC構造物では中性化や塩害に伴い鉄筋が腐食し構造的な安全性が低下するため構造物としての劣化を予測することができる．しかし，トンネルについては永久構造物であるという判断をしている自治体も多く，数値解析により劣化予測している例は少ない．この方法は合理的であり，限定された構造物や構造物の特定の部位の改修方法を立案する場合には適している．しかし，ネットワーク全体や構造物群の長期維持管理計画を立案する際には，基本計画であり高い精度は求められないため便宜的に既定の耐用年数を適用することも考えられる．

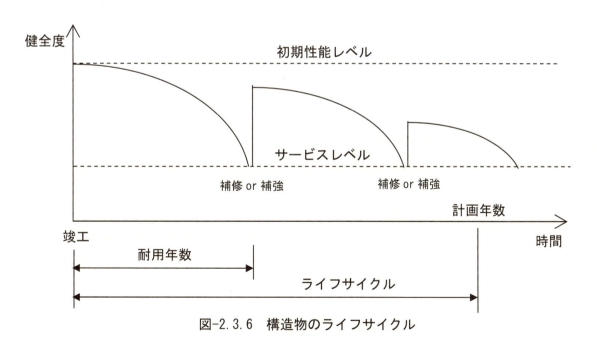

図-2.3.6　構造物のライフサイクル

(3) NPM 型アセットマネジメント
a) 資産評価の目的

現在,国内で行われている LCC 型のアセットマネジメントではライフサイクルコストの最小化を事業実施の判断基準としているが,NPM 型のアセットマネジメントでは保有する資産価値の最大化を目指すものである.

すなわち社会資本の状況（数量,経過年数,金銭価値）を示すための共通の指標として資産価値を用いる.保有資産の資産価値を認識することにより,投資の必要性の有無,優先順位の決定,施設の新設と既設施設の改修の選択を検討する.

ただし,実際の社会資本を維持管理していく上では,資産価値という指標だけではなく同時に構造物や施設の安全性,耐久性などの性能目標を満足させるようにしなければならない.

b) 資産の評価方法

社会資本の状況を資産価値として評価するためには,取得した際の資産価額とその後の資産価値の減少を算出しなければならない.しかし,現状では社会資本の資産としての評価方法は表-2.3.3 に示すようにさまざまであり,統一的な方法は定められていない.

表-2.3.3 わが国のインフラ資産の評価方法・価値減少の認識方法 [5)を一部修正]

資産の評価方法	評価方法	価値減少認識方法	耐用年数	出典
国の貸借対照表	取得原価	定額法の原価償却	道路：48 年 財務省令に定める耐用年数をもとに事業毎の平均耐用年数を加重平均により算出	国の貸借対照表の基本的考え方 （2000 年 10 月）
NEXCO 財務諸表	再調達価額	定額法の減価償却	土工 70 年,橋梁（コンクリー）60 年,等財務省令に定める耐用年数を使用（土工については鉄道事業の 70 年を使用）	財務諸表検討委員会
各自治体	取得原価	定額法の減価償却	道路：15 年,橋梁：60 年 （地方公営企業法施工規則等を参考に設定）	地方公共団体の総合的な財政分析に関する調査研究会報告書（2000 年 3 月,2001 年 3 月）

1) 資産価額の算定方法

① 取得原価

実際に資産を取得した時点の価額に基づいて資産価額を算定する手法である.

実際の取引に基づく価額であるため恣意性が排除された正確な数値であるが,取得時のデータが残っていない場合には正確な数値を把握できない.また,取得時期が異なる資産の評価を行なう場合は不合理である.

② 再調達価額

所有する資産を評価時点で再度取得すると仮定した場合に支出すべき価額である.

取得時点の異なる資産の評価やサービス水準との比較の数値として活用が可能である.しかし,技術的判断に基づく推計を行なうため,取得原価と比較して客観性に劣る.

2) 資産価値減少の評価

通常，固定資産は経年的に価値が減少するものとして，減価償却という手法により資産価値の減少を評価する．減価償却とは，資産価値を利用する期間にわたって費用として配分し，当該資産の資産価値をその費用と同額だけ減少させる会計上の手続きである．

社会資本の資産評価については減価償却の適用に賛否両論があり，適切な維持管理が行われていれば価値の減少がなく原価償却の必要はないという考え方もある．価値減少の認識は一定のルールのもとに算定されるため，耐用年数や性能の劣化曲線の想定が現実と異なる場合は，実際の価値減少（サービス提供能力の低下）と対応しないという問題が生じる．

c) 社会資本の資産管理

社会資本の管理者は社会資本の状況と維持管理に要する費用を把握するとともに，それを公開してステークホルダーに説明しなければならない．

民間企業においては会社の資産や資本に関する情報を株主や債権者に提供する．

このような考え方を国や自治体で管理する社会資本に適用すると，社会資本の資産価値を維持するための効率的な税金の使途を国民に提供することになる．

現在の公共機関における会計は民間企業の会計とは異なり税金の使い道を明らかにすることが目的であるため，現金の歳入と歳出を費用として損益計算書に記録，集計するだけの単式簿記と呼ばれる記帳法が採用されている．

しかし，単式簿記だけではLCCの最小化や保有資産の価値評価を表現することはできないため最近では複式簿記などの民間企業の会計手法を導入しようとする試みが見られる．複式簿記とは，すべての取引を資産，資本，負債，費用または収益のいずれかに属する勘定科目を用いて借方と貸方に同じ金額を記入する仕訳とよばれる手法による記帳法であり，民間企業の決算報告書では複式簿記の原則により作成された損益計算書，貸借対照表の公表が義務付けられている．

民間企業の資産と社会資本では保有するストックの大きさや提供するサービスの長期性，広域性，公共性などが異なるため，民間企業の会計の理論や手法をそのまま社会資本の維持管理に適用することは難しいが，社会資本のもつ価値を適切に評価することによりアカウンタビリティの向上と合理的な社会資本の維持管理を目指すことが望まれる．

2.4 アセットマネジメント導入の現状

維持管理小委員会では，我が国におけるアセットマネジメントへの取組の現状とトンネルの維持管理の現況について把握し，アセットマネジメントの普及のために必要な要因を分析するためにアンケート調査を実施した．アンケート調査の対象は，国(国交省，農水省)，地方自治体(全都道府県，全政令指定都市)，鉄道，道路，エネルギー，通信他の計 150 の行政機関担当部局，事業者(以下，事業者と総称する)である．アンケートの前半ではアセットマネジメントの導入状況の把握と導入にあたっての課題，問題点を抽出することを目的として設問した．また，後半はトンネルの維持管理についての取組状況の把握を目的として設問した．

アンケートは 115 の事業者から回答があり，1 事業者の複数部局からの回答もあったため，総回答数は 171 となった．この種のアンケートとしては，75％もの回答率となり，関心の深さをうかがわせた．アンケートの回答の前半部は，アセットマネジメントの導入状況，導入目的と課題および運用上の課題について整理し，分析を行った．後半部のトンネルの維持管理に関する部分は，主として記述式の回答であるが，点検結果の保存方法と保存期間，長寿命化と LCC への取り組み，予防保全的な維持管理手法の導入状況について分析した．また，アセットマネジメント全般についての意見については分類と分析を行っている．なお，アンケートの前半部では，回答を①国，②都道府県，③政令指定都市，④民間(①〜③以外の事業者) に区分し，それぞれの区分でのアンケートの回答を分析するために，区分毎のグラフを作成した．

アンケートは全 27 問で構成され，前半の 17 問はアセットマネジメントの導入状況と，導入にあたっての問題点，導入後の課題などを主として選択式で設問した．また，後半の 10 問はトンネル設備の維持管理を行う事業者を対象に，維持管理の現状と長寿命化施策等について主に記述式で設問した．問 1 から問 27 の設問の冒頭部分を表-2.4.1 に示す．

アンケートは発送した 150 事業者（組織数は 115）のうち 112 事業者から回答があった．また，複数の部局からの回答をいただいた事業者があるため，総回答数は 171 であった．表-2.4.2 にアンケート発送数と回収率を示す．

2.4.1 アセットマネジメントの土木構造物への適用状況

ここでは，アンケートの前半部，アセットマネジメントの導入に関する部分の回答結果について概略を述べる．問 1 から問 17 では，まず，アセットマネジメントの導入状況について設問し，その後，それぞれの導入の段階に応じて検討されている項目などを問うている．また，実際に導入段階まで進んでいる事業者に対しては，導入にあたっての問題点，課題についての回答をお願いした．

なお，各図には今回の報告では回答があったすべての事業者の回答を全体として整理したものを (1)〜(3) で示す．

表-2.4.1 アンケート各問の主題

番号	主題	選択/記述	番号	主題	選択/記述
問1	アセットマネジメントの推進状況を教えてください。	選択	問15	アセットマネジメントの導入目的を「維持管理費用の平準化」とする場合、その平準化期間は何年程度を想定していますか	選択
問2	どのような検討をされていますか。	選択	問16	アセットマネジメントを導入しない理由はなんでしょうか(複数回答可)	選択
問3	詳細にはどのような段階の検討をされていますでしょうか	選択	問17	アセットマネジメントに代わるものを導入(検討)されていますか	選択
問4	進まないと思われる理由は何ですか	選択	問18	管理対象のトンネルの数量と規模について教えてください	選択
問5	具体的な施設への展開段階は、次のどれでしょうか	選択	問19	一次点検と二次点検を実施する際の点検員について教えてください	選択
問6	アセットマネジメントの導入の主たる目的は、なんでしょうか	選択	問20	使用されている規準類について教えてください	選択
問7	対象とする(または、予定の)施設(①〜⑦)は次のどれでしょうか	記述	問21	点検評価について教えてください。採用されている評価項目を次表から選択して下さい.	記述
問8	導入に当たって、特に苦労して解決した項目一つと残された課題を一つお選び下さい	選択	問22	点検結果をどのように整理して健全度を評価されていますか. その事例をご記入ください	記述
問9	アセットマネジメントのシステム構築上、最も重要と思われる課題を一つお選びください	選択	問23	点検結果の保存について教えてください	記述
問10	健全度判定を行う際に最も重要と思われる課題を一つお選びください	選択	問24	劣化予測をされている場合, 採用した(する予定の)劣化予測方法は次のどれでしょうか	選択
問11	劣化予測を行う場合, 最も重要と思われる課題を一つお選びください	選択	問25	長寿命化について教えてください	記述
問12	長寿命化対策を実施する際に、特に重要だと思われる課題を一つお選びください	選択	問26	長寿命化には予防保全が必要ですが, 予防保全について教えてください	記述
問13	長寿命化対策に取り組んだ事例がある場合、その事例を教えてください(自由記載)	記述	問27	アセットマネジメントについての総合的なご意見およびトンネルに限定しての維持管理についての総合的なご意見がありましたら、お書きください	記述
問14	アセットマネジメントを運用する技術者の育成課題で最も重要と思われる事を一つお選びください	選択			

表-2.4.2 アンケート発送先, 回収率

発送先	組織数	部局数	回答数	総回答数	備考
国	16	16	9(56%)	16	地方整備局/地方農政局など
都道府県	47	50	41(82%)	87	県土整備部など
政令指定都	19	51	37(73%)	41	土木,上下水道など
鉄道	13	13	10(77%)	10	
道路	5	5	3(60%)	3	
エネルギー	10	10	9(90%)	11	電力, ガス
通信	1	1	1(100%)	1	
地下街	3	3	2(67%)	2	
その他	1	1	0(0%)	0	
合計	115	150	112(75%)	171	

(1) アセットマネジメントの導入状況（問1-問5）

アセットマネジメントの導入状況については**図-2.4.1**に示す回答があった．これによると33%の事業者で既に運用が開始され，50%に近い事業者では導入が決定しているか導入に向けて検討中と回答している．導入の予定無しとしたのは18%の事業者のみであった．ただし，後の設問での回答で推定できるように，導入は決まったものの，実際の運用までに至る目処が立っていない事業者も多いと考えられる

図-2.4.2に「導入に向けて検討中」と回答した事業者の検討内容を示す．これによると，システムの検討までに至っているのは22%にとどまり，残りは資料収集や導入効果の検討，維持管理のためのデータ収集方法の検討中としており，実施の導入までにはかなりの時間がかかりそうな状況である．

図-2.4.3には「導入を決定し，詳細内容を検討中」とした事業者の検討の段階を示す．アセットマネジメントの目的である「LCC(Life Cycle Cost)への適用」や「予算管理への展開」の検討までに至っている事業者は30%に満たない．

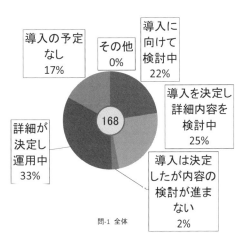

図-2.4.1　導入状況

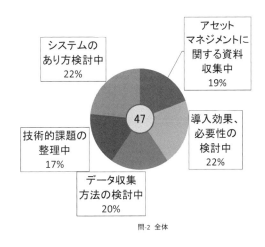

図-2.4.2　検討内容

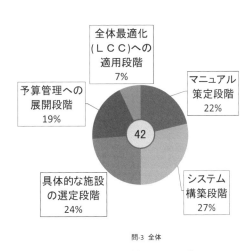

図-2.4.3　検討の段階

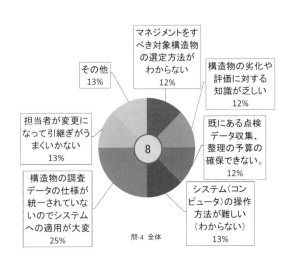

図-2.4.4　検討が進まない理由

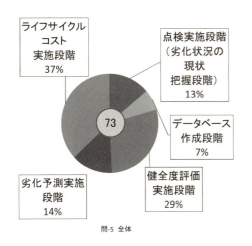

図-2.4.5 施設への展開段階

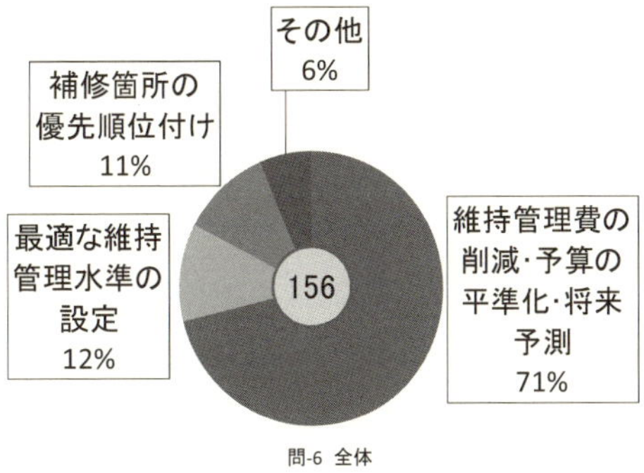

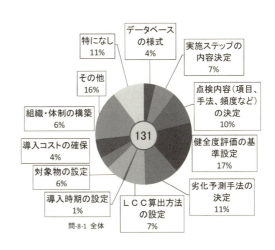

図-2.4.6 導入の主たる目的

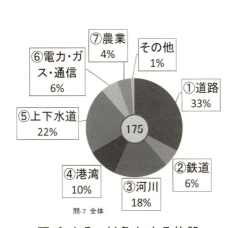

図-2.4.7 対象とする施設

図-2.4.8 特に苦労した項目

　図-2.4.4に「導入は決定したが内容の検討が進まない」とした事業者の検討が進まない理由を示す．維持管理手法そのものの理解の困難さや，予算上の問題，コンピュータシステムのデータ入力や操作上の問題点が挙げられている．

　図-2.4.5に「詳細が決定し運用中」と回答した事業者の具体的な施設への展開段階の回答を示す．このうち「点検実施段階」と「データベース作成段階」を除く残りの80％の事業者で健全度評価以降の運用がされており，ライフサイクルコストの実施段階にまで至っているのは27事業者(37％)であった．

　以上のように，導入状況について，実際に運用中の事業者(回答全体の1/3)のうち，多くの事業者でLCCや劣化予測まで進んでおり，確実にアセットマネジメントの活用が進んでいることがうかがえる．しかしながら，残りの事業者では導入へ向けての検討はなされているものの，進捗状況は芳しくなく，全体として二極化している状況が見えてくる．この理由は今後データを詳細に分析する必要があるが，図-2.5.4に示したように初期の段階での導入の困難さが障壁となり，それらを解決して運用を開始すれば後は自然と導入が進むものと考えられる．

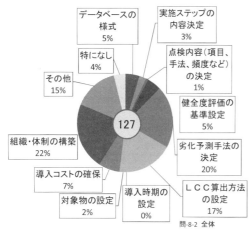

図-2.4.9 残された課題

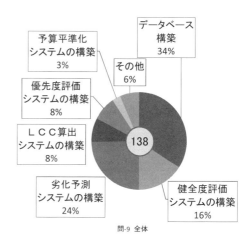

図-2.4.10 重要な課題

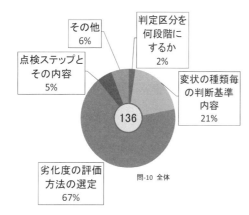

図-2.4.11 健全度評価を行う際の課題

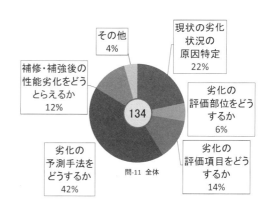

図-2.4.12 劣化予測を行う場合の課題

(2) アセットマネジメントの導入目的，課題(問6-問8)

図-2.4.6に「アセットマネジメントの導入目的」についての回答を示す．「維持管理費の削減・予算の平準化・将来予測」が71%を占めており，本来のアセットマネジメントの目的が共通認識されていることがいかがわれる．

図-2.4.7に対象となる使用目的別施設の回答を示す．施設ごとにトンネルや橋梁などの管理対象の構造物があるが，内容については，ここでは省略する．施設は道路が最も多く，続いて上下水道，河川，港湾となっている．なお，ここで示す数値はそれぞれの施設を管理する事業者の数であり，道路や上下水道の延長などは考慮していない．

図-2.4.8に「導入にあたって苦労して解決した項目」への回答を示す．各事業者とも何らかの項目で苦慮して解決しており，そのうち，健全度評価の基準設定，劣化予測，LCC算出方法の合計が36%にのぼり，多くの労力が注がれたことがうかがえる．予算や組織に関して，導入時にはそれほど障壁にはならなかったようである．

図-2.4.9に「残された課題」についての回答を示す．これによると，点検内容の決定や健全度評価の基準設定についてはほぼ解決されているが，劣化予測とLCCの算出が依然，課題として残されていることがわかる．また，組織体制の構築も22%の事業者が課題としてあげており，導入時にはあまり問題とならなかった組織の問題は，運用開始後に課題が見えてくるようである．

(3) アセットマネジメント運用上の課題(問9-問17)

図-2.4.10に「アセットマネジメントのシステム構築上，最も重要と思われる課題」についての回答を示す．ここではデータベースの構築について34%の事業者が最も重要と回答しており，

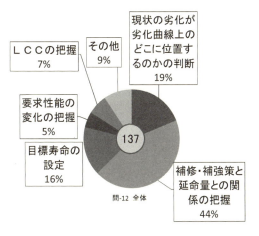
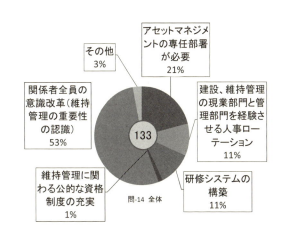

図-2.4.13　長寿命化を実施する際の課題　　図-2.4.14　技術者の育成についての課題

次いで，劣化予測，健全度評価，LCC算出の各システムの構築が重要と回答している．データベースの仕様決定と適切な健全度評価が実行できるシステムを開発できるかどうかが，アセットマネジメント運用の成否の鍵となっているものと考えられる．

図-2.4.11に「健全度評価を行う際に最も重要と思われる課題」に対する回答を示す．ほぼ2/3にあたる67%の事業者が評価方法の選定と回答している．また，評価のためのデータとなる変状の種類ごとの判断基準内容が重要と回答した事業者は21%あった．

図-2.4.12に「劣化予測を行う場合，最も重要と思われる課題」についての回答を示す．ここでは予測手法の確立が42%で，最も大きな課題となっている．ついで，現状の劣化状況の原因特定(22%)と，劣化の評価項目の設定(14%)も大きな課題となっている．

図-2.4.13に「長寿命化対策を実施する際に，特に重要だと思われる課題」についての回答を示す．補修・補強対策工と延命量との関係が重要だとする回答が44%あり，ついで，現状の劣化が劣化曲線のどの位置にあるかの判断が重要とするのが19%であった．また，目標寿命の設定も16%の事業者が重要だとしている．

図-2.4.14に「アセットマネジメントを運用する技術者の育成課題で最も重要と思われること」についての回答を示す．関係者全員の意識改革(維持管理の重要性の認識)が半数以上の53%をしめ，組織全体での取組が最も重要との認識があるものと思われる．

(4) まとめ

以上，アセットマネジメントの導入状況と課題等についての回答をまとめた．回答があった事業者の内，1/3の事業者では導入が進み，かなり効果的に運用されていることがうかがえるが，残りの事業者については導入についての検討はされているものの，障壁が多く，導入の見通しは難しく，全体として導入状況は二極化しているものと思われる．

運用にあたっては，健全度評価の基準設定，劣化予測手法の決定，点検内容の決定などがアセットマネジメント運用の成否の鍵であり，また，運用開始後の課題や技術者育成に関する課題ついての回答にあったように，組織全体としての取組がなければ，スムーズな運用ができないものと想定される．

2.4.2 トンネルの維持管理に関するアンケート結果

ここではアンケート後半のトンネルの維持管理に関する設問のうち，主な記述式のものへの回答をまとめた．なお，各問に対する回答は，分類項目を設定して類似した意見の記述をまとめて整理した．

(1) 点検結果の整理について

ここでは，点検結果をどのように整理して健全度を評価いるのか，また，点検結果の整理方法について記述式で回答を記入していただいた．回答を整理したものを表-2.4.3に示す．これによると約60%の事業者が公にされている，もしくは独自に作成した点検要領にもとづき，整理，評価している．これに対して，約1/4にあたる22の事業者では，「点検調書をもとに損傷度を評価」，「評価方法を検討中」そして「評価方法を検討中」と回答しており健全度評価を実施するまでには至っていないことが明らかになった．

(2) 点検結果の保存について

ここでは，点検結果の保存方法と，その保存年数についての回答をまとめたものを図-2.4.15，図-2.4.16に示す．保存方法については依然として紙が多く38%であったが，電子データのみの保存は全体の約1/4にとどまっており，いまだに紙データでの保存整理が多いことがわかる．保存期間については半数近くの事業者が永年保存としているが5年以下とする事業者も14%あった．このことから，維持管理における点検結果の保存の重要性が一部認識されていない可能性があることが推測された．

(3) 長寿命化について

ここでは，まず，トンネル構造物の長寿命化への具体的な取り組みについて回答いただいた．これについて，92件の回答があり，そのうち何らかの取組をしているとした事業者の回答が28件あった．内訳は「点検を行い資料収集中」が8件，「維持管理計画を策定し，具体的に補修，補強などの対策を行っている」が20件であった．

具体的に対策工を行っているとした事業者の内，既設覆工の背面注入が5件，新設覆工における鋼繊維補強コンクリートの使用などの品質向上が2件あった．また，塩害による劣化が激しいトンネルについて，従来の断面補修工ではなく，塩分吸着工法で劣化の進展を抑えるとした事業者もあった．

表-2.4.3 点検結果の整理方法と健全度の評価

整理方法	件数	%
公に公表されている手引き・点検要領・維持管理標準などに基づく健全度評価の実施	21	26
独自の診断調査・検査調書・評価方法を決めての実施	28	34
点検調書をもとに損傷度を評価	11	13
現段階では点検整理までで、健全度評価までには至らない	7	9
評価方法を検討中	3	4
事後保全で、その都度対策を判断	4	5
該当物件なし	4	5
その他	4	5
計	82	100

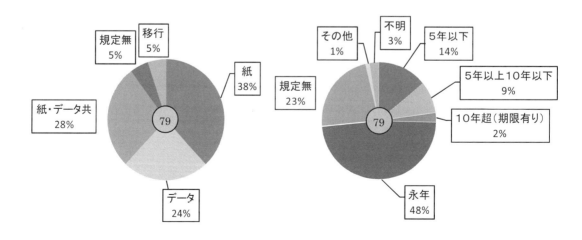

図-2.4.15 点検結果の保存方法　　図-2.4.16 点検結果の保存年数

次に，新設トンネルの構造物の長寿命化について，設計等で何か考慮されているかどうか回答いただいた．これについて88件の回答があり，そのうち14事業者が何らかの対応を行っている．**図-2.4.17**に対応について分類した項目を示す．また，それぞれの項目について具体的な事例を以下に示す．

① 設備のLCC
　・照明，換気，融雪設備についてLCC考慮

② 性能・品質向上

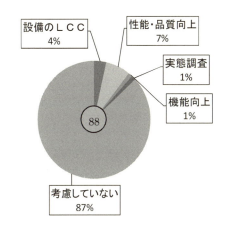

図-2.4.17　設計での長寿命化の考慮

　・シールドトンネル施工において100年の耐久性を確保
　・水セメント比によるコンクリート品質向上
　・50年メンテナンスフリー，耐用年数100年目標の被り，水セメント比
　・コンクリートひび割れ防止のための配合検討
　・中流動覆工コンクリートの採用

③ 機能向上
　・剥落対策として耐アルカリ繊維シート貼付
　・全ての覆工コンクリートに繊維補強を設計

④ 実態調査
　・他事業者の実態を調査し効果を見極めた上で採用

(4) 予防保全について

ここでは，まず，管理しているトンネルで予防保全的処置をした事例があるかどうか，回答いただいた．この設問に対して「事例がある」として記入があったのは15件であり，回答数の1割程度であった．この数字を見る限りトンネルの維持管理で予防保全に重点を置く事業者はまだ少ないものと考えられる．

事例有りとした事業者の回答内容からキーワードを抽出し分析したものを**表-2.4.4**に示す．この表によると，繊維シート接着，表面被覆，はく落防止工などの覆工内面の補強，補修に関するキーワードの出現率で50％以上の高い出現率となっている．また，覆工内面以外への対策として覆工背面空洞の充填が5件挙げられており，覆工コンクリート背面の空洞がひび割れの発生やはく離，はく落と密接に関係していることを事業者が想定し，重点的に対策を行っていることがうかがわれる．

次に，予防保全的維持管理に移行する場合の予算的な問題点について回答いただいた．これに対して40件の回答があった．回答のキーワードを整理したものを**図-2.4.18**に示す．そのうち，キーワードとして「現状で予算が不足している」，「予防保全に移行する場合の予算の増額に対応できない」旨の回答が半数以上の24件にのぼっている．さらに，「現状では検査ごとにリストアップされる変状発生箇所の対策だけで手一杯で，予算も逼迫しており，予防保全に移行する人的，財政的余裕が無い」，という意見があった．また，山岳トンネルを管理する事業者では山岳トンネル特有の問題として，背面地山と一体化したトンネル構造物の劣化予測が困難であることを挙げている．なお，事業者内での「予防保全に移行するための合意形成が困難で，予算を確保できない」との意見に関しては，この「劣化予測が困難」であることがその原因の一つになっているものと推定される．

(5) トンネルの維持管理に関するアンケートのまとめ

a) 点検結果の整理について

約60％の事業者が公にされている，もしくは独自に作成した点検要領にもとづき，整理，評価している．これに対して，約1/4にあたる事業者では，健全度評価を実施するまでには至っていない．

b) 点検結果の保存について

保存方法については依然として紙が多く38％であったが，電子データのみの保存は全体の約1/4にとどまった．さらに，紙と紙・データの保存は6割を超えることから，点検結果の保存は，いまだ紙に依存している．

保存期間については半数近くの事業者が永年保存としているが5年以下とする事業者も14％あった．維持管理における点検結果の保存の重要性が一部認識されていない．

c) 長寿命化について

トンネル構造物の長寿命化について具体的な取組を実施している回答が92件中28件あった．その内訳は「点検を行い資料収集中」が8件，「維持管理計画を策定し，具体的に補修，補強などの対策を行っている」が20件であった．

新設トンネルの構造物の長寿命化について，設計等で何か考慮している事業者は，88件中14事業者であった．

d) 予防保全について

管理しているトンネルで予防保全的処置をした事例は15件であり，回答数の1割程度であった．したがって，トンネルの維持管理で予防保全に重点を置く事業者はまだ少ない．その内容は，覆工内面の補強，補修に関するキーワードの出現率で50％以上であり，新設トンネルの構造物の長寿命化について，設計等で何か考慮している事業者は，88件中14事業者であった．

覆工内面の補強，補修に関するキーワードの出現率で50％以上，その他では覆工背面空洞の充填が5件挙げられていた．

予防保全的維持管理に移行する上での予算的な問題点として，予算の不足等の回答が半数以上であった．

表-2.4.4 予防保全についてのキーワード

対策工		件数	比率(%)	件数	比率(%)
大分類	小分類				
地山補強	ロックボルト	2	6	2	6
覆工補強	内巻き工	3	9	10	31
	繊維シート接着	2	6		
	鋼板補強	2	6		
	内面補強	2	6		
	モルタル吹付け	1	3		
補修	裏込め注入	5	16	14	44
	補修	3	9		
	断面修復	2	6		
	導水工	1	3		
	表面被覆	1	3		
	ひび割れ補修	1	3		
	はく落防止工	1	3		
その他	点検強化	2	6	6	19
	耐震補強	1	3		
	バックアップルートの確保	1	3		
	最適な保全措置	1	3		
	管路化	1	3		
計		32	100	32	100

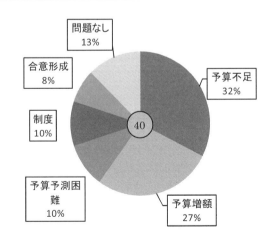

図-2.4.18 予防保全的維持管理へ移行における予算的な問題点について

2.5 アセットマネジメントの地下構造物への適用について
2.5.1 地下構造物への適用の課題

アセットマネジメント手法を地下構造物へ適用するに当たって，多くの課題がある．図-2.5.1は地下構造物の代表としての山岳トンネルと，既にアセットマネジメントの適用が行われている橋梁の維持管理における状況の違いを示したものである．

橋梁などの地上に構築される構造物は，設計時の荷重条件（交通量，風，地震など）や使用する構造材料（鋼，コンクリートなど）の力学特性が明確であり，構造解析により具体的な安全性を設定した上で設計される．また施工中の誤差などの不確実要素も少ない．更に，供用中の状態や荷重の変化（実際にどんな車両がどれだけ走っているのか，過積載の車両はないのかなど）や構造材の劣化などは目視によっても，また計測によってもはっきりと捉えることができる．

したがって設計図書が保存され，定期的な点検が行われていれば，現状の健全度を評価することが可能であり，その橋梁をどのような状態で維持したいのか（要求性能）が明確であれば，その評価結果に基づいて適切な対策を講ずることができる．ちなみに近年，国内外で橋梁の崩落や破損などの事例が報じられているが，これらは適切な点検が実施されていなかったり，点検で問題ありとされていても予算がなかったりなどの理由で適切な対策が採られていなかったことが原因である．

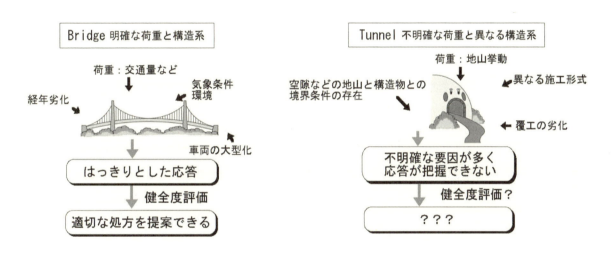

図-2.5.1 橋梁とトンネルの維持管理における特徴

橋梁に対しトンネルに代表される地下構造物では，設計に用いられる荷重はトンネルが施工される岩盤の力学特性や水理特性に依存するものであり，設定は難しい．加えて，トンネルが建設されている地盤や岩盤の力学特性は非線形性，不均質性を示し，事前の調査によってもその力学特性を明らかにすることは難しく，問題をより複雑にしている．また，トンネルの構造部材に当たるものはコンクリートなどの覆工だけでなく，地山そのものも含まれる．更にトンネルでは，掘削により構造物を造るわけであるが，この掘削方法には様々なものがあり，その方法によってトンネル周辺の地山に与える影響が異なってくる．すなわち，設計にあたって設定する荷重も，それを受ける構造物の力学特性も不確実なものを多く含んでおり，その評価は橋梁などに比較すると格段に難しい．従ってトンネルが現在どのような状態にあるのか？その健全度はどの程度なのかを知ることは非常に困難な作業となる．

道路は舗装，橋梁，トンネル，法面など様々な構造物によって構成されているが，それぞれのアセットマネジメントの適用状況は，性能の劣化メカニズムとその評価技術の完成度によって大

きく異なっている．つまり，舗装および橋梁については，変状を引起す素因とその評価が定量的に行えるところまで進んだため，既にアセットマネジメントが実務レベルで適用されつつある．これに対して，地下構造物であるトンネルや地盤構造物である斜面については，多くの研究事例が報告されているが，実務への適用はまだ緒についたばかりであると言えよう．

トンネルなど地下構造物は橋梁や舗装と異なり，通行車両の荷重で劣化が進行するものではなく，地震などの災害に伴い突発的に発生することが多いほか，その性能が地山の地形・地質条件や施工方法，施工材料などに依存するため，劣化の予測と評価が舗装や橋梁より遥かに困難である．また，基本的に架け替え，打ち換えのような更新を行うことが困難であり，寿命（供用年数）が設定しづらいなどといった特有の性質がある．

しかし，道路は舗装・橋梁・トンネル・斜面から構成されており，いずれの構成部位が損なわれてもその性能が失われることは言うまでもない．したがって，いずれの構成部位の維持補修も，同等あるいは統一した概念に基づき立案される必要がある．地下構造物のアセットマネジメントの枠組として，橋梁などと同様に，維持管理データベースの構築，性能評価，優先順位の決定，補修費の試算および最適な予算配分を包括する必要があると考えられる．今後は点検データの蓄積による維持管理データベースの充実とモニタリング監視などによる対策効果の検証をしっかりと進めていけば，地下構造物の合理的維持管理を支援するアセットマネジメントが実務レベルに近づくと期待される．

アセットマネジメントは図-2.5.2に示すような技術により構成されている．これを地下構造物へ適用する際には，構造物データの採取，データベースの構築，健全度評価，劣化予測などを行った上で，リスク評価を行い最適的な管理を行う必要がある．しかし，上述のような地下構造物の特徴から，アセットマネジメントを構成する各技術において次のような課題がある．

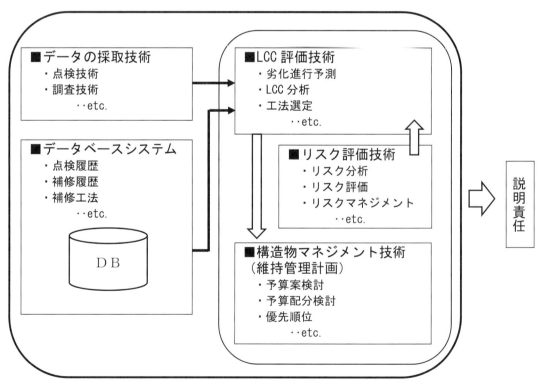

図-2.5.2　アセットマネジメントの構成技術

a) データの採取
① 点検手法が確立されていない
② 覆工内部や覆工背面の状態の調査法が確立されていない
b) データベース
① 構造物に関するデータが不十分（竣工時の詳細なデータが無いこともある）
② 付属施設に関するデータも不十分
③ 工事履歴に関するデータも不十分
c) LCC評価
① 点検結果の評価方法（健全度）が確立されていない
② 健全度に基づく劣化の評価，進行の予測手法が確立されていない
③ 補修・補強工法の性能，効果に関するデータがない
d) リスク評価
　劣化予測に基づくリスク事象の分析評価が確立されていない
e) 管理
① 構造物の維持修繕計画の策定手法が確立されていない
② 付属構造物，機器を含めた施設としての維持修繕計画の策定手法が確立されていない

　例えば，道路トンネルにおいては目視点検を中心とする点検作業により，構造物本体や付属設備の状況を把握するのは困難であり，構造上の重要部位，水廻り等の損傷が発生しやすいと想定され，しかも点検が可能な箇所の日常点検と異常があった場合の対症療法的な対策に頼ってきたのが現状であり，必然的に予防保全よりも事後保全に重きをおいてきた．また，構造物本体の劣化状態・要因の把握，劣化予測・健全度評価が難しく現実的な残存耐用年数の推計が出来ないことから，アセットマネジメントで想定しているような維持管理計画を立てることは困難であった．これが，地下構造物へのアセットマネジメント適用が遅れている原因であり，早急な対応が必要である．

2.5.2 トンネルの維持管理のシナリオ

　基本的にトンネルに求められる重要な要求性能は，地中を安全に走行するための空間を確保することである．一般のコンクリート構造物，橋梁または舗装は，主に荷重や環境作用等によって劣化が進行するものであり，保有すべき性能の明確化と性能低下の予測はある程度可能と考えられる．また，橋梁であれば架け替えが，舗装であれば打ち替えができることから，保全としての技術的対応も可能である[6]．

　一方，トンネルに代表される地中構造物は他の構造物とは異なり，一度構築したら簡単に放棄できない，または，新たに代替のものを準備するために相当なコストを必要とする特徴がある．トンネルを放棄する場合には周辺地盤の永久的な安定性を保持するため，地中の空洞をそのままにすることができないのである．したがって，適切な維持管理のもとで，長期的に使い続けるシナリオを構築する必要がある．

　ここで，維持管理シナリオの意図について考える．構造物の保全行為は，その導入時期によって，事後保全，予防保全，予防管理および保全予防など幾つかの管理シナリオに分けられる[7]．このような保全行為は，構造物がその要求性能レベルを満足するようになされると考えられる．一般に構造物の設計は，要求性能レベルを満足するよう，すなわち安全側となるよう安全率を考慮する．故に，建設当初の構造物の初期性能レベルは要求性能レベルを上回ることになる．このことは，維持管理シナリオを考える上で重要なことを意味する．すなわち，経年劣化によって保有性能が低下した際その回復レベルを初期性能レベル，または要求性能レベルのどちらに対して評価するべきかという問題である．そこで，ここでは初期性能レベルを100％とする基本的な原

則に基づいてトンネル構造物の維持管理シナリオ[8]を考えることとする．

(1) 事後保全

トンネルが壊れる，あるいは過大な変形が生じるなど，トンネルの機能を脅かす，すなわち安全に通行できる空間を確保できない程度まで性能が低下し，要求性能レベルを下回った段階で補修や補強等の対策を施す管理手法を事後保全と定義する(図-2.5.3 参照)．

環境作用の影響や地震時荷重の影響などによって，保有性能が経時的，または瞬時に低下することが考えられる．この場合，大規模な修繕が必要となり，その損傷の程度や回復レベルに応じて必要となる費用は変動する．

(2) 予防保全

建設時，または維持段階において，調査や点検を通じて不具合を評価するとともに，保有性能の低下を予測し，要求性能レベルを下回る前に補修や補強などの対策を施す管理手法を予防保全と定義する（図-2.5.4 参照）．点検に基づき損傷が軽微な段階で補修工事を短いサイクルで行うなど，構造物が致命的な損傷を受ける前に対策を実施するもので早期保全と称している文献も見られる．

予防保全には，点検により把握した構造物の変状から機能低下や停止を予測して事前に対策を行うコンディションベースと定期的に維持管理の措置を講じるタイムベースの 2 方式があるが，社会資本の維持管理ではコンディションベースが基本となる．

この管理手法では，点検・評価・対策といった保全行為を定期的に行う必要がある．このため，良好な構造物において点検頻度が過大になると不経済となる可能性がある．また，トンネル環境を十分に考慮し，精度よく将来の保有性能の低下を予測するための技術が求められる．

予防保全とはアセットマネジメントを遂行する上で，あらかじめ決めた手順により計画的に検査を行い，供用中での事故を防止し，構造物の劣化を抑え，さらに事故率を下げるための方法である．したがって，予防保全に伴い生じるコストが，構造物の性能低下や劣化による各種損失（使用性の低下，第三者への影響，安全性の低下，美観・景観の悪化，車線規制や通行止めなどによる収益やサービスの低下）以下である場合には予防保全が経済的である．

しかし，最近では社会資本の維持管理費のピークをカットするための手段として耐用年数前に早期に対策を実施することが計画されることもある．このような例では対策時期を前倒ししただけで，結果的に予防保全と扱われるが，維持管理の考え方としては予防保全とは異なる．

また，必ずしもトータルコストで考えた場合には予防保全を行うことが経済的であるとは限らない．すなわち，予防保全によって維持管理費を削減できるという誤解が生じやすいので留意が必要であり，事後保全（劣化がある程度進行してから実施する保全）や更新（取替え）の方が適切な場合は後者が選択される．

アセットマネジメントは，事後保全から予防保全への転換，それも単純なタイムベースではなく，コンディションベースの予防保全の導入を目指すものである．維持管理を予防保全だけで対応できるのであれば理想的であり最終的に目標にすべきところであると考えるが，実際は，事故や災害による損傷，想定外の傷なども起こり得ることから，事後保全がなくなるということにはならないであろう．実際は，予防保全に基づく維持管理をメインに行いつつ，事後保全も随時行っていくという形を取らざるを得ない．

(3) 予防管理

トンネル構造物は，周辺地山が安定し，また，漏水などの環境作用がない場合，一般に劣化進展は相当に遅いと考えられる．そこで，当該トンネルの重要度にもよるが，良好な環境の場合，定期的な保全行為を極力少なくして対処療法的に管理する方法を予防管理と定義する[9]（図-2.5.5 参照）．

この管理手法では，維持管理費を抑えたモニタリングが重要であり，石川県では2006年4月からトンネルアセットマネジメントとしての運用を開始している．

(4) 保全予防

　力学性能はもとより，はく落事象などの使用上の安全性能を設計段階からリスクとして捉え，これらを限りなくゼロにするため何らかの対策を新設時に施す保全行為であり，これを保全予防と定義する（図-2.5.6 参照）．ここでは，設計段階で対象とするリスク事象を明確にすることが求められる．たとえば，覆工コンクリート片のはく落事象は5～10年程度は設計者・施工者の瑕疵リスクであり，また，それ以降は事業者の運用リスクであり，このようなリスクを設計時に考慮することはライフサイクル上，重要な意味を持つ．この管理手法では，建設当初の初期投資が必要となるが，その後の維持管理に要する保全行為を低減できる可能性がある．長期間にわたる運用では経済性が高まる可能性が高い．

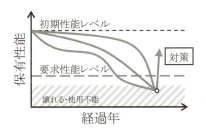

図-2.5.3　事後保全の概念

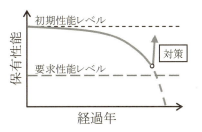

図-2.5.4　予防保全の概念

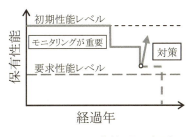

図-2.5.5　予防管理の概念

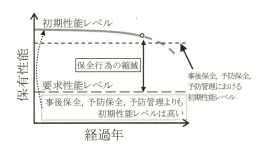

図-2.5.6　保全予防の概念

　前述した4つの維持管理シナリオを比べると，トンネル構造物の要求性能レベルを下回った後に性能回復させる事後保全は，地震作用の影響など，相当に不確実，かつ過大作用を除いて，リスク管理の面からその採用を肯定しがたい．また，要求性能レベルまで低下する状況を把握しながら適切な時期に保全行為を計画的に実施するような予防保全や保有性能の変化をモニタリングする予防管理の実践は極めて高度な技術的判断が必要となる．これらに対して，新設のトンネルにおいては，保全行為そのものを建設段階から低減させる保全予防は，初期投資が必要となる一方で，その後のメンテナンス費用等を低減できる可能性があり，長期にわたる直接的なライフサイクルコストを縮小できるとともに，突発的な事象発生による社会的損失を極力低減することが期待できる管理手法であると考えられる．

　以上のように，維持管理シナリオは個々のトンネルの長期のリスクをどのように定めるかによって最適化が図られる．したがって，どの維持シナリオを選択するかは，当該のトンネルのもつリスクを事前に明らかにするとともに，ライフサイクルコスト等を適切に予測することが重要となる．

2.5.3 長寿命化のシナリオ

山岳トンネルのライフサイクルコスト（以下，LCCとする）のシナリオとしては図-2.5.7に示すようにいくつか考えられる．
① シナリオ1は初期コストをかけて，補修・補強等のメンテナンス費用を抑制するもの．
② シナリオ2は初期コストを抑えて建設し，維持管理の必要性にあわせてメンテナンス費用を繰り返しかけるもの．
③ ある程度の初期コストをかけた上に維持管理上のメンテナンス費用もかけるもの．

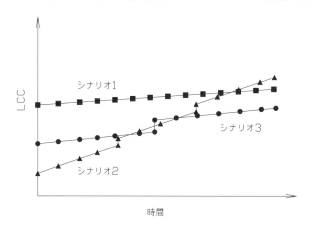

図-2.5.7　トンネルの維持管理のシナリオ [10]

山岳トンネルの特殊性を考えるとトンネルでは容易に更新や撤去ができないため，シナリオ1またはシナリオ3を基本として最終的な撤去・更新が発生しないよう長寿命化を図ることが望ましいと考えられる．図-2.5.8に一般的な道路トンネルのLCCとして，経過年数に応じてコストが累積される概念図を示す．合理的な維持管理のためには，トンネル健全度が低下して要求性能を下回ることがないように，適切な補修または補強を施しながら供用させることになる．そのため，LCCには初期投資費用（IC）に加えて，補修・補強費用（mc，MC）が合算されることになる．トンネルのLCCを考える場合，まず，要求性能をどのように考えるかという問題がある．図-2.5.8に示す健全度の最小値あるいはリスクの最大値が目標とする要求性能にあたる．設定された要求性能に対して，具体的，定量的に必要な要求性能に応えられる構造仕様（新設，補修・補強）をどのようにするかということが次の段階である．例えば，新設トンネルであれば，トンネル本体の構造設計，既設トンネルに対しては，補修・補強計画がこれにあたる．適切な補修・補強工の選定のためには，対投資効果を適切に判断する必要がある．また，特殊条件下での施工においては，新設の段階から，予防保全的な対策を施す必要性も生じる．

LCC算定のためには，対策工にともなう健全度評価あるいは劣化予測が必要である．図-2.5.8における IS，S，φ (t) がこれにあたる．

山岳トンネルでは，主たる構造物である覆工コンクリートが無筋であるため，橋梁等のRC構造物に比較して耐久性の定量的評価が難しい．一方，トンネルは，一般道路と異なり，工事の際の迂回路の確保が困難であるため，補修・補強工事の際の外部不経済（交通渋滞等）が大きく，覆工コンクリートのはく離，はく落といった現象は社会的な影響も大きい事からリスクを伴う．図-2.6.8のr，R，θ (t) がこれにあたる．

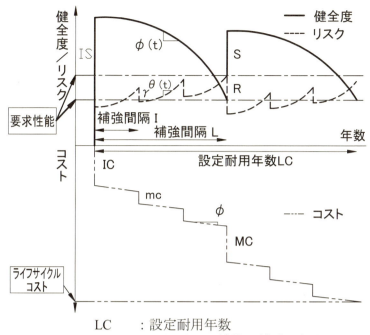

LC	: 設定耐用年数
I,L	: それぞれの補修・補強を行う間隔
mc,MC	: それぞれの補修・補強費用
IC	: 初期投資費用
Ψ(t)	: 日常メンテナンス費用を決定する傾き
φ(t)	: 劣化進行を決定する傾き
IS,S	: 新設時の健全度および補強時の健全度増加
θ(t)	: リスクの増大を決定する傾き
r,R	: それぞれの補修・補強によるリスクの低下量

図-2.5.8　LCCの概念図 [11]

　道路トンネルの寿命は他の構造物と比べて一般的に長く，50年以上を経過しても健全に使用されているトンネルも多く存在する．したがって，今後，合理的な維持管理を行い，トンネルを長期間供用可能するためには以下の事項に留意すべきである．
① 設計時から構造面，管理面等を考慮して，長寿命化を意識した予防保全的な対策を検討しておくこと
② 供用後，日常点検・定期点検で発見された変状に対して適切な補修・補強を行っていくこと
③ 旧基準で建設されたトンネルでは，現在の要求性能（使用性）改善の目的で必要とされる建築限界を確保するためのトンネルの改築を含め，断面拡幅等の大掛かりな対策（リニューアル）を行う必要があること

　従来の道路トンネルのシナリオとしては，イニシャルコストに着目した経済設計によりトンネルを建設し，供用後に生じる不具合に対して対症療法的に補修・補強対策が実施されてきた．しかしながら，前述のとおり，数多くのトンネル構造物が老朽化し，一時期に集中して補修・補強対策が必要とされている現状の社会背景を踏まえ，今後は50年を超えるようなトンネルの長寿命化を図る目的で，適切な劣化予測を行い，建設時から維持管理に配慮した設計を行っていくことがますます重要になってくる．

表-2.5.1にトンネルの長寿命化技術の分類ごとに，具体的な対策工の施工を踏まえた5つのシナリオを示し，図-2.5.9～図-2.5.13に各長寿命化のシナリオの概念図を示した．

表-2.5.1 長寿命化技術の分類[11]

技術の分類	長寿命化のシナリオ	具体的な対策工
分類Ⅰ	従来型の補修・補強技術で，施工不良に起因する不具合や覆工のひび割れ等に対して行われる対症療法的な対策を実施する	・裏込め注入工 ・ひび割れ注入工 ・面導水，先導水等
分類Ⅱ	将来的な劣化に対する補修を不要とするために，トンネル建設時から性能を上げておくことで長寿命化が期待できる．	・繊維補強覆工コンクリート ・インバート設置工等
分類Ⅲ	分類Ⅰに属する一般的な補修対策と比べて，外力による変状や材質劣化の進行を遅らせることで長寿命化が期待できる．	・地山注入工 ・コンクリート改質材塗布工等
分類Ⅳ	分類Ⅰに属する一般的な補修対策と比べて，トンネルの健全度を高度に回復・補強することにより，長寿命化が期待できる．	・プレキャスト覆工 ・薄肉鋼板内巻き工等
分類Ⅴ	社会的なニーズの変化による建築限界の拡大，地震に対する耐力の増加等，もともとの要求性能を向上させることで長寿命化が期待できる．	・トンネル断面拡幅工（改築） ・耐荷工等

それぞれの分類に関して，対策工（長寿命化技術）に基づく，健全度低下のシナリオと劣化予測に関して以下にまとめる．

① 分類Ⅰは，施工不良に起因する不具合や覆工のひび割れ等に対して行われる変状に対する対症療法的な技術であり，これまでの維持管理で一般的に行われてきたものである．対策のための費用は少ないが，期待される耐用年数の増加も少なく，繰り返し対策が必要となる．

② 分類Ⅱは将来的な劣化に伴う補修が不要となるように，トンネルの建設時から性能を上げておくことで長寿命化が期待できる技術である．設計・施工時における予防保全的な検討がこれにあたる．なお，イニシャルコストが高くなるために予算的な検討は必要である．採用にあたっては劣化予測が重要となり，これまでの変状対策実績を参考にすることが有効である．

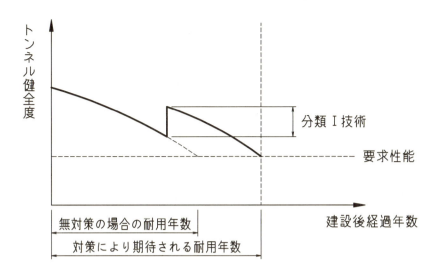

図-2.5.9　長寿命化のシナリオ（分類Ⅰ）[10]

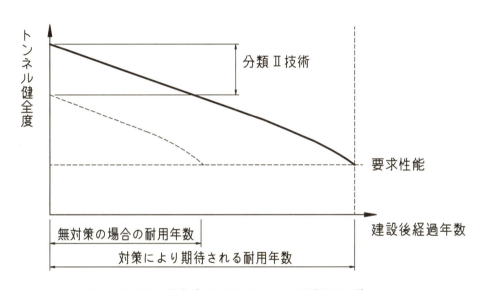

図-2.5.10　長寿命化のシナリオ（分類Ⅱ）[10]

③ 分類Ⅲは分類Ⅰで述べた一般的な補修技術と比べて，ひび割れ等の変状を引き起こす要因となる外力や覆工の材質劣化に対しての対策技術である．供用後の維持管理の比較的初期の段階で実施することが有効であると考えられる．外力に関しては，現状のトンネル建設の標準工法であるNATMでは，特殊な地山条件，施工条件のトンネルに限定されると考えられるが，今後，維持管理が必要となる矢板工法で建設されたトンネルでは長寿命化のための有効な対策の1つと考えられる．

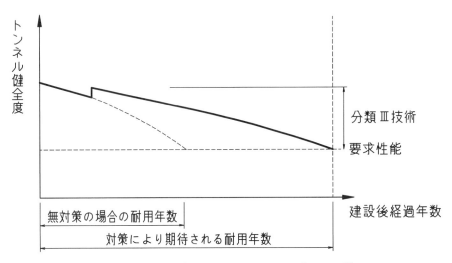

図 2.5.11 長寿命化のシナリオ（分類Ⅲ）[10]

④ 分類Ⅳは分類Ⅰによる維持管理を進めていく上で，分類Ⅰで実施される一般的な補強対策（内面補強工，ロックボルト補強工等）よりも高度にトンネルの健全度を高めることで長寿命化を図る技術である．新技術の開発が望まれる分野でもあるが，トンネルの場合は建築限界に限度があるため，対策工の採用にあたっては注意が必要となる．また，これまでの変状対策実績を参考にすれば，特殊な地山条件，施工条件におけるトンネルの設計においては，将来の維持管理における対策工を見据えた内空断面の設計も重要であると考えられる．

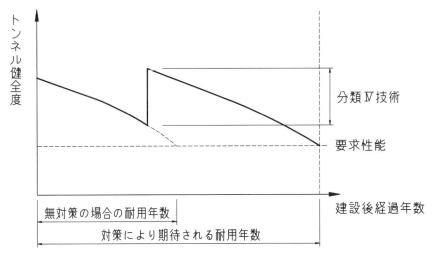

図-2.5.12 長寿命化のシナリオ（分類Ⅳ）[10]

⑤ 分類Ⅴは，分類Ⅰから分類Ⅱと異なり，社会的なニーズの変化（車両の大型化等）や地震に対する耐力増強といった必要性に伴い，本来必要とされる要求性能を向上させることにより，長寿命化を図る技術である．山岳トンネルの場合，種々の制約条件や建設コストの関係から，容易にトンネルを新設することが困難である．したがって，トンネルの要求性能を向上させることにより，現状のニーズにあった仕様に改築する必要性は今後，ますます増加するものと考えられる．

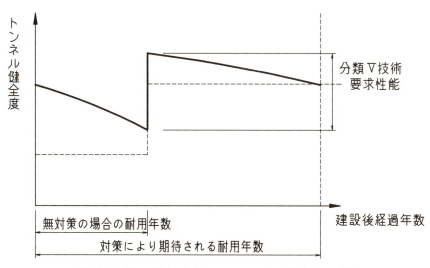

図 2.5.13　長寿命化のシナリオ（分類V）[10]

　以上のように山岳トンネルの長寿命化のシナリオに関しては，対策工のレベルにより幾つか考えられるが，劣化予測の手法の確立により，トンネルの施工条件や予算に配慮して LCC を考慮した合理的な維持管理の実現が図られるものと考える．

参考文献

1) 国土交通省：平成24年度国土交通白書第Ⅱ部，p13，2012．
2) 財団法人　道路保全技術センター　道路保全構造物研究委員会：道路アセットマネジメントハンドブック，鹿島出版会，p16，2008．
3) 大島俊之：実践　建設系アセットマネジメント，森北出版，p7-8，2009．
4) 蒋宇静，亀崎隆太，平川昌寛，棚橋由彦：道路トンネル維持管理におけるアセットマネジメント手法の適用，トンネル工学論文集，Vol.16，pp.1-10，2006．
5) 社団法人　土木学会：アセットマネジメント導入への挑戦，技報堂出版，p145-146，2005．
6) 青木一也，小田宏一，児玉英二，貝戸清之，小林潔司：ロジックモデルを用いた舗装長寿命化のベンチマーキング評価，土木技術者実践論文集，Vol.1，pp.40-52，2010．
7) 宇野洋志城，木村定雄：繊維シートを埋設した覆工コンクリート片のはく落防止に関する研究，土木学会論文集F1特集号，Vol.66，No.1，pp.79-88，2010．
8) 宇野洋志城，木村定雄：道路トンネルにおけるはく落リスク変動モデルの特性評価，土木学会論文集F4，Vol.68，No.2，pp.92-108，2012．
9) 中村一樹，細沼宏之，高田充伯，大津宏康，小林潔司：トンネルアセットマネジメント，『Summer School 2007建設マネジメントを考える』テキスト，pp.143-152，2007．
10) 財団法人　道路保全技術センター：山岳トンネルの健全度評価に関する検討報告書，2007．

3. 山岳トンネルにおけるアセットマネジメント

　今後の地下構造物の維持管理を進めていく中で、山岳トンネルを対象に考えると、「道路統計年報 2006」[1]によれば、平成 17 年 4 月 1 日現在に供用されている道路トンネルの総数は 8,784 箇所であり、累計延長は 3,224 km となっている。その内訳としては、設計時の基準 50 年以上経過したものが全体の約 30％（2,919 箇所）を占め、今後、急激に増えることは確実である。

　現行の維持管理においては、健全度評価を行った上で、不具合箇所（変状や漏水等）に関して対症療法的に対応してきた。しかしながら、近年の覆工コンクリートはく落事故や地震被害を契機にその信頼性が疑問視され、トンネル自体の維持管理・更新への関心が高まっている。

　3 章では、道路トンネルを対象として、山岳工法で構築されたトンネルの維持管理の現状を踏まえ、まずは、現行の健全度評価手法の概要を述べたうえで、課題の抽出を行い、課題の解決策として、実トンネルのモデルを用いた劣化予測手法の一例を紹介する。

　次に、アセットマネジメントの導入に向けた新たな維持管理マネジメント手法として、トンネルの目的に応じた要求性能を明確にしたうえで、点検評価結果を分析する「保有性能評価」の考え方とこれによる性能変化の予測手法について紹介する。

　なお、2 章でも述べたとおり、構造物の点検から対策工選定までの業務はミクロなアセットマネジメントと考えられる。

3.1 山岳トンネルの健全度評価法の現状

　山岳トンネルにおける一般的な維持管理のフローを図-3.1.1 に示す[2]。同図に示すように、「一次点検」ではトンネル全長にわたって速やかに全般的な検査を行い、そこで何らかの問題点が見いだされた際、詳細な「二次点検」を行い必要な対策工の選定を行う。二次点検では、対策工の設計に必要な定量的なデータを得られるような検査手段を用いる。

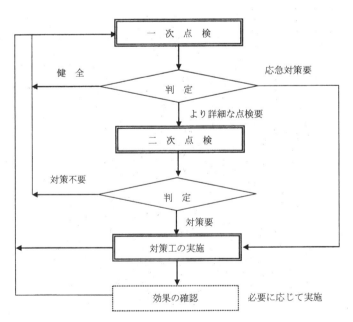

図-3.1.1　山岳トンネルにおける一般的な維持管理のフロー[2]

健全度評価法を明確にするため，**表-3.1.1** 示すように一次点検と二次点検に区分し，**表-3.1.2** に示す項目により内容を整理する．

表-3.1.1　一次点検および二次点検の区分

一次点検	・変状の現れを早期に捉えてその状態を把握することを目的とする． ・覆工表面を直接観察する目視調査とハンマーで覆工表面を打撃する打音調査により判定する．
二次点検	・一次点検に基づいて実施する． ・変状状況の把握，原因の推定，構造物としての健全性，対策工の必要性等，変状に関する詳細な情報を得ることを目的とする． ・道路トンネルでは一般に調査という． ・非破壊検査，ひび割れ計測，内空断面測定，調査ボーリング，強度試験等により判定する．

表-3.1.2　健全度評価法の整理項目

整理項目	内容
点検方法	主となる点検方法の整理
変状の種類	点検に着目する変状の種類の整理
判定区分	判定の区分とその内容の整理
判定基準	それぞれの変状がどのように区分されるかを整理

図-3.1.1 に示すように，維持管理においてトンネルの健全度は一次点検および二次点検の結果に基づいて評価される．ここでは，道路トンネル（一般国道，高速道路），鉄道トンネル，電力トンネルを対象に，現状の山岳トンネルの健全度評価法を整理する．

ただし，現状で実施されている点検の名称が，各事業者により異なっている．そこで，各事業者における維持管理フローを考慮し，**図-3.1.1** に示した一般的な維持管理のフローとの整合性を持たせるため，**表-3.1.3** に示すように，各事業者の点検名称を一次点検および二次点検に分けて整理する．

表-3.1.3　各事業者における点検名称

名称	一般国道トンネル	高速道路トンネル	鉄道トンネル	電力トンネル
一次点検	初期点検 日常点検 定期点検 異常時点検 臨時点検	初期点検 日常点検 定期点検 詳細点検 臨時点検	初回検査 通常全般検査 特別全般検査 随時検査	定期点検 臨時点検 詳細点検
二次点検	調査	調査	個別検査	調査

3.1.1 道路トンネル

道路トンネルにおいては，一般国道，高速道路で事業者が異なり，健全度評価法が異なるので，一般国道，高速道路に区別して整理する．道路トンネルの健全度評価法の基準一覧表を**表-3.1.4**に示す．なお，「道路トンネル定期点検要領」に関しては，平成26年版が発刊されたが，本書では，平成14年版に基づき検討を行っている．

表-3.1.4　健全度評価法の基準一覧表

名称	発行元	発行時期	備考
道路トンネル定期点検要領（案）	国土交通省道路局国道課	平成14年4月	一般国道対応 一次点検に対応
道路トンネル維持管理便覧	（社）日本道路協会	平成5年11月	一般国道対応 一次，二次点検に対応
道路構造物点検要領（案）7-4 トンネル	日本道路公団	平成15年8月	高速道路対応 一次点検に対応
設計要領第三集　トンネル編 トンネル本体工保全偏	東・中・西日本高速道路（株）	平成18年4月	高速道路対応 二次点検に対応

(1) 一般国道

a) 一次点検

道路トンネル定期点検要領（案）に基づき，点検方法，変状の種類，判定区分，判定基準を整理した結果を**表-3.1.5**に示す[3]．また，道路トンネル維持管理便覧に基づき，点検方法，変状の種類，判定区分，判定基準を整理した結果を**表-3.1.6**に示す[4]．

表-3.1.5 一次点検の整理[3]

項目	内容
点検方法	近接目視点検，遠望目視点検，打音検査，応急措置，漏水量測定
変状の種類	覆工，坑門，内装板，天井板，路面・路肩，排水等に発生する以下の変状 ①ひび割れ，段差 ②うき，はく離，はく落 ③傾き，沈下，変形 ④打継目の目地切れ，段差 ⑤漏水，つらら，側氷 ⑥豆板，コールドジョイン部のうき，はく離，はく落 ⑦補修材のうき，はく離，はく落　他
判定区分	A，B，Sの区分 	区分	判定の内容
A	変状が著しく，通行車両の安全を確保できないと判断され，応急処置を実施した上で補修，補強対策の要否を検討する標準調査が必要な場合
B	変状があり，応急対策は必要としないが，補修・補強対策の要否を検討する標準調査が必要な場合
S	変状はないか，あっても軽微で応急対策や標準調査の必要ない場合	
判定基準	点検の箇所や種類ごとに変形の状態，進行状況を考慮して判定基準を定める．以下に主な箇所の判定基準を示す． | 点検箇所	変状の種類	判定区分A	判定区分B
---	---	---	---
覆工	ひび割れ，段差	急激にひび割れが進行しており，ブロック化して落下する可能性があり交通の支障となる恐れがある場合	天端や肩部で幅3mm以上，延長方向に5m以上の規模を有する場合，または，ひび割れが多い場合
	うき，はく離，はく落	コンクリートのはく離が発見された場合，あるいは，うきの部分がはく落する可能性があり交通の支障となる恐れがある場合	はく落に結びつく，うき（圧ざ）が発見された場合
	傾き，沈下，変形	目視により，明らかに傾き，沈下，あるいは変形している場合で，交通の支障となる恐れがある場合．	左記の場合で交通に支障のない場合．傾きの兆候と判断される輪切り状のひび割れが明瞭に見られる場合．
	打継目の目地切れ・段差	目地のずれ，開，段差などにより止水板や目地モルタルが落下し，引き続きその可能性があり交通の支障となる恐れがある場合	左記の場合で，交通に支障のない場合
	漏水，つらら，遊離石灰，側氷	大規模な漏水，つらら，側氷で交通に支障がある場合．	左記の場合で，交通に支障のない場合
	豆板やコールドジョイント部のうき，はく離，はく落	コールドジョイント，豆板の周囲ではく離，はく落が発見された場合，あるいはうきの部分がはく落する可能性があり交通の支障となる恐れがある場合．	左記の場合で，交通に支障のない場合
	補修材のうき，はく離，はく落	補修された箇所で，補修材やその周囲ではく離，はく落が発見された場合，あるいはうきの部分がはく落する可能性があり交通の支障となる恐れがある場合	左記の場合で，交通に支障のない場合
坑門	ひび割れ，段差	急激にひび割れが進行しており，ブロック化して落下する可能性があり交通の支障となる恐れがある場合	幅3mm以上の規模を有する場合，または，ひび割れが多い場合，左記の場合で交通に支障のない場合
	うき，はく離，はく落	コンクリートのはく離が発見された場合，あるいは，うきの部分がはく落する可能性があり交通の支障となる恐れがある場合	はく落に結びつく，うきが発見された場合	

表-3.1.6 一次点検の整理[4]

項目	内容
点検方法	近接目視点検，遠望目視点検，打音検査，応急措置
変状の種類	覆工，坑門，内装板，天井板，路面・路肩，排水等に発生する以下の変状 ①ひび割れ　②うき，はく離，はく落　③傾き，沈下 ④打継目の目地切れ，段差　⑤漏水，つらら，側氷 ⑥鉄筋露出，着色　他
判定区分	A，B，Sの区分 	区分	判定の内容
A	変状が著しく，通行車両の安全を確保することができないと判断され，応急処置や対策を必要とするもの
B	変状があり，補修や補強をするかどうかの検討のために異常時点検あるいは標準調査を必要とするもの
S	健全なもの（変状はないか，あっても軽微）	
判定基準	対象とした箇所，変状の種類，状態，進行状況など重要性を総合的に判断する．以下に主な箇所の判定基準を示す． | 点検箇所	変状の種類	判定区分A	判定区分B
---	---	---	---
覆工	ひび割れ	急激にひび割れが進行しており，ブロック化して落下する可能性があり交通の支障となるおそれがある場合	アーチの天端や肩部で幅3mm以上，延長方向に5m以上の規模を有する場合，または，ひび割れが多い場合
覆工	うき，はく離，はく落	コンクリートのはく離，はく落が発見された場合，あるいは，うきの部分がはく落する可能性があり交通の支障となるおそれがある場合	将来，はく落に結びつく，うき(圧ざ)が発見された場合
覆工	打継目の目地切れ・段差	目地のずれ，開き，段差などにより止水板や，目地モルタルが落下し，引き続きその可能性があり交通の支障となるおそれがある場合	左記の場合で交通に支障のない場合
覆工	漏水，つらら，側氷	大規模な漏水，つらら，側氷で交通に支障がある場合	左記の場合で交通に支障はないが，トンネル内施設に影響を及ぼしている場合
坑門	ひび割れ	ひび割れによってコンクリートにはく落の可能性があり，交通の支障となるおそれがある場合	左記の場合で交通に支障のない場合
坑門	うき，はく離，はく落	トンネル天端付近で，うき，はく離，はく落が発見され，交通の支障となるおそれがある場合	大きなうき，はく離，はく落があるが，交通に支障のない場合	

b) 二次点検

「道路トンネル維持管理便覧」に基づき，調査内容，調査目的，判定区分，判定基準（目安含む）を整理した結果を**表-3.1.7**に示す[4]．

表-3.1.7 二次点検の整理(1/2)[4]

項目	内容		
調査内容	標準調査	A：資料調査，踏査，観察調査，ひび割れ簡易調査，	
		B：簡易ボーリング調査，覆工強度調査，簡易トンネル断面測定	
	詳細調査	資料調査，観察調査，トンネル内外の気温調査，地山資料試験，ひび割れ形状変化調査，漏水水質試験，覆工厚・背面地山調査，覆工コンクリート材質試験，覆工断面の形状変化調査，トンネル内の測量，その他	
調査目的	緩み土圧，偏土圧，地すべり，膨張性土圧，支持力不足，水圧，凍上圧，材質劣化，背面空隙等の変状原因の推定		
判定区分	3A，2A，A，Bの区分		

区分	判定の内容
3A	変状が大きく，通行者・通行車両に対して危険があるため，直ちに何らかの対策を必要とするもの
2A	変状があり，それらが進行して，早晩，通行者・通行車両に対して危険を与えるため，早急に対策を必要とするもの
A	変状があり，将来，通行者・通行車両に対して危険を与えるため，重点的に監視をし，計画的に対策を必要とするもの
B	変状はないか，あっても軽微な変状で，現状では通行者・通行車両に対して影響はないが，監視を必要とするもの

判定基準（目安）

①外力による変状に対する判定

変形速度に対する判定

箇所	位置	変形速度				判定区分
		10mm/年	3〜10mm/年	1〜3mm/年	1mm/年未満	
覆工坑門路面路肩	断面内	○				3A
			○			2A
				○		A
					○	A〜B

ひび割れの進行性がある場合の判定

箇所	位置	ひび割れ				判定区分
		幅		長さ		
		3mm以上	3mm未満	5m以上	5m未満	
覆工坑門	断面内	○		○		3A〜2A
		○			○	2A〜A
			○	○		A
			○		○	A

ひび割れの進行性の有無が確認できない場合の判定

箇所	位置	ひび割れ				判定区分
		幅		長さ		
		3mm以上	3mm未満	5m以上	5m未満	
覆工坑門	断面内	○		○		3A〜2A
		○			○	2A〜A
			○	○		A
			○		○	A

うき・はく離に対する判定

箇所	位置	うき・はく落		判定区分
		落下のおそれ		
		有	無し	
覆工坑門	アーチ	○		3A
			○	B
	側壁	○		2A
			○	B

表-3.1.7 二次点検の整理(2/2)[4]

項目	内容
判定基準 (目安)	②材質劣化による変状の判定

断面強度の低下、うき、はく落による判定

箇所	主な原因	うき:はく落 落下のおそれ		劣化度合			判定区分
				有効巻厚／設計巻厚			
		有	無	1/2 未満	1/2 〜2/3	2/3 以上	
アーチ	経年劣化, 凍害, アルカリ 骨材反応, 設計・施工 の不適切, など	○					3A
			○				B
				○			2A
					○		A
						○	B
側壁		○					2A
			○				B
				○			2A
					○		A
						○	B

鋼材腐食による変状に対する判定

箇所	主な原因	腐食の程度	判定区分
覆工などコンク リート中に補強 用鋼材を含む構 造物	塩基,漏水,中 性化など	鋼材の断面欠損の度合いが著しく, 構造用鋼材としての機能が損なわれ ているもの	2A
		浅い孔食あるいは鉄筋の全周にわた るうき錆	A
		表面的あるいは小面積の腐食	B

③漏水などによる変状の判定

箇所	主な現象	漏水の度合い				車両走行への影響		判定区分
		噴出	流下	滴水	にじみ	有	無	
アーチ	漏水	○				○		3A
			○			○		2A
				○		○		A
							○	B
	つらら					○		2A
							○	B
側壁	漏水					○		2A
						○		A
						○		A
							○	B
	側氷					○		2A
							○	B
路面	土砂流出					○		3A〜2A
							○	B
	滞水					○		3A〜2A
							○	B
	凍結					○		3A〜2A
							○	B

3. 山岳トンネルにおけるアセットマネジメント

(2) 高速道路

a) 一次点検

高速道路の一次点検について，「道路構造物点検要領（案）7-4 トンネル」に基づき，点検方法，変状の種類，判定区分，判定基準について整理した結果を**表-3.1.8**に示す[5]．

表-3.1.8 一次点検の整理[5]

項目	内容
点検方法	近接目視点検，遠望目視点検，打音検査
変状の種類	覆工，坑門，内装板，天井板，路面・路肩，排水等に発生する以下の変状 ①ひび割れ，角落　②うき，はく離，はく落（補修材含む） ③傾き，移動，沈下　④打継目の目地切れ，段差 ⑤漏水，遊離石灰　⑥材料劣化　⑦鉄筋の露出・腐食　他
判定区分	AA, A, B, OK の区分 | 区分 | 判定の内容 | |---|---| | AA | 損傷・変状が著しく，機能面からみて緊急補修が必要である場合 | | A | 損傷・変状があり，機能低下が見られ補修が必要であるが，緊急補修を要しない場合．または，調査が必要な場合 | | B | 損傷・変状はあるが機能低下が見られず，損傷の進行状態を継続的に観察する必要がある場合 | | OK | 損傷・変状はないか，もしくは軽微な場合 |
判定基準	トンネル本体の構造体として致命的な損傷等はＡＡに区分されている

対象構造物	点検箇所	点検部位	損傷の種類	初期点検	日常点検（本線内）	日常点検（本線外）	定期点検	詳細点検	判定の標準 AA	判定の標準 A	判定の標準 B
トンネル	覆工（監査路含む）		①ひび割れ・角落	○	─	─	─	○	急激に密集したひび割れが進行，あるいは幅の広い引張ひび割れやせん断ひび割れが生じている場合	ひび割れ（幅0.3mm以上），または角落があり，進行がみとめられる	ひび割れ（幅0.3mm以上），または角落があり，進行が認められない場合
			②うき・はく離・はく落（補修材含む）	○	○	─	○	○	大規模なコンクリートのはく離，はく落，およびうきが発見された場合	厚いコンクリートのはく離，はく落およびうきが発見された場合	薄いコンクリートのはく離，はく落およびうきが発見された場合
			③打継目の目地切れ・段差	○	─	─	─	○	─	目地のずれ，開き，段差などが進行している場合	目地のずれ，開き，段差などがあるが進行が認められない場合
			④漏水・遊離石灰	○	○	○	○	○	大規模な漏水，遊離石灰がある場合	─	漏水または遊離石灰の流出がある場合
			⑤材料劣化	○	─	─	─	○	材質劣化などにより，強度が相当程度低下している場合	─	材質劣化などが見られるが，表面のみの場合で強度への影響が殆どない場合

b) 二次点検

高速道路の二次点検について,「設計要領第三集トンネル編トンネル本体工保全編」に基づき,調査内容,調査目的,判定区分,判定基準(目安含む)を整理した結果を**表-3.1.9**に示す[6].

表-3.1.9 二次点検の整理(1/2)[6]

項目	内容			
調査内容	既存資料調査		建設時の資料,過去の点検・調査資料,補修・補強工事記録等	
	周辺地山・環境調査		地形調査,地質調査,水文調査,環境調査,力学試験,物理試験	
	変状詳細調査		目視調査,ひび割れ調査,トンネル変位調査,トンネル構造調査,背面空洞調査,材料劣化調査,漏水調査,地山変位調査	
調査目的	塑性圧,偏圧,地山の緩みによる鉛直圧,地震,地下水の上昇,支持力不足,材質劣化,設計,施工時の誘因等の変状原因を推定し,適正な補修・補強工法を選定する			
判定区分	A, B, C, D, I, II, IIIの区分			
	種別	ランク	判定内容	
	補強工 トンネル構造の耐荷力回復・向上	A	変状の規模が特に大きくかつ進行し,通行車両に対して危険であるため,早急に何らかの補強工が必要なもの	
		B	変状が大きくかつ進行し,近い将来通行車両に対して危険を与えるため,早急に何らかの補強工が必要なもの	
		C	変状があり,それらが進行して,近い将来通行車両に対して危険を与えるため速やかな補強工が必要なもの	
		D	変状があり,将来,通行車両に対して危険を与える可能性があるため重点的に監視し,適切な時期に補強工が必要なもの	
	補修工 通行車両の安全確保と保守の軽減	I	通行車両の安全に対して危険な状態であり,早急に何らかの補修工が必要なもの	
		II	通行車両の安全に対して,近い将来危険な状態になることが予想され,適切な時期に補修工が必要なもの	
		III	早急な補修が必要ではないが,材料劣化などが認められ監視および場合によっては軽微な補修工が必要なもの	

表-3.1.9 二次点検の整理(2/2)[6]

項目	内容
判定基準（目安）	①外力の作用に関する補強ランク

塑性圧に起因する変状の補強ランク

補強ランク	A	B	C	D
変状の進行性（内空変位速度の目安）	特に大（2mm/月以上）	大（10mm/年以上）	やや大（3〜10mm/年以上）	有り（3mm/年未満）

偏圧に起因する変状の補強ランク

補強ランク	A	B	C	D
アーチ部の変状現象	アーチの変形，断面の回転・移動が見られる	圧ざまたはせん断ひび割れ	山側肩部以外にも軸方向の引張りひび割れ	山側肩部に軸方向の引張りひび割れ
変状の進行性（内空変位速度の目安）	特に大（10mm/年以上）	大（3〜10mm/年以上）	有り（3mm/年未満）	

地山の緩みによる鉛直土圧に起因する変状の補強ランク

補強ランク	A	B	C	D
アーチ部の変状現象	アーチの変形が顕著（崩落の恐れ）	以下のいずれか ①放射状のひび割れ ②ひび割れによりブロック化 ③圧ざまたはせん断ひび割れ	引張りひび割れ（軸方向，直角方向）が交差	クラウン部に軸方向の引張りひび割れ
変状の進行性（内空変位速度の目安）	特に大（10mm/年以上）	大（3〜10mm/年以上）	有り（3mm/年未満）	

②ひび割れの密度に関する補修ランク

補修ランク	I	II	III
アーチ部のひび割れの状況	ひび割れが広い範囲に密集している，あるいは圧ざ，うきよりコンクリート片の落下の危険性がある	ひび割れが全般に発生し，将来コンクリート片落下の危険性がある	一般に見られるひび割れに加えて部分的なひび割れ集中箇所がある
側壁部ひび割れの状況		ひび割れが全域に発生し，局所的なはく落の危険性がある	
ひび割れ密度の目安	50cm/m2 以上	20〜50cm/m2	20cm/m2 以下

③漏水に関する補修ランク

補修ランク	I	II	III
漏水の状況	ひび割れが打継目から地下水が落下して通行車両の安全走行を損なうもの	漏水のために，将来車両通行の障害になる恐れがある，または凍害の恐れがあるもの	漏水のために構造物の劣化が促進されるもの

④材質劣化に関する補修ランク

補修ランク	I	II	III
材料劣化の状況	材料劣化によってコンクリート片が落下して通行車両の安全走行を損なうもの	材料劣化の進行が著しく，将来車両通行の障害になる恐れがあるもの	材料劣化の進行が緩やかではあるが，進行しているもの

(3) 道路トンネルの健全度評価法のまとめ

一般国道と高速道路における点検方法，調査内容，着目する変状の種類，判定区分，判定基準を比較した．

一次点検は覆工全般を広範囲に点検するもので，目視点検と打音検査を基本とするものである．変状の着目点はひび割れ，うき・はく離，打継目の目地切れ・段差，漏水などである．判定区分は，ひび割れについては，ひびわれ幅・長さ，うき等については，はく落の可能性の有無で判断している．一般国道と高速道路ではそれぞれの項目は，基本的には異なるものではないが，高速道路においては，ひびわれ幅については 0.3mm 以上（一般国道では 3mm 以上）であり，一般国道よりも微細なひび割れについて，変状発生後の早期から，補修が必要かどうか判定している．

二次点検では，変状の原因究明と対策工を策定するために詳細な調査方法と判定区分が規定されている．調査は，「既存資料調査」，「覆工の材料劣化に関する調査」，「覆工の構造的安定性に大きな影響を与える，（地圧および背面空洞の影響により）覆工に作用する荷重状態の調査」について規定している．調査の結果，変状の原因となる覆工への外力の作用を，「塑性圧に起因するもの」，「偏圧に起因するもの」および「地山の緩みによる鉛直土圧に起因するもの」に区分し，それぞれの場合の荷重条件に応じて変位速度による変状ランクの判定基準と，変状観察の着目点を詳細に規定している．また，ひび割れに関して，高速道路では密度に関する補修ランクの判定基準を設け，はく落の可能性の有無について，より定量的な評価を行っている．

一般国道トンネル，高速道路トンネルの健全性評価方法をまとめたものを**表-3.1.10** に示す．両者の重要度や構造特性等に応じて判定区分と判定基準に多少の違いはあるものの，大きく異なることはない．

表-3.1.10 道路トンネル健全性評価方法のまとめ

項目		一般国道	高速道路
	基準	道路トンネル定期点検要領（案） 道路トンネル維持管理便覧	道路構造物点検要領（案）7-4 トンネル 設計要領第三集 トンネル編 トンネル本体工保全編
一次点検	点検方法	近接目視点検，打音点検，応急措置，漏水量測定	近接目視点検，遠望目視点検，打音検査
	変状	①ひび割れ，段差 ②うき，はく離，はく落（補修材含む） ③傾き，沈下，変形 ④打継目の目地切れ，段差 ⑤漏水，つらら，側水　等	①ひび割れ，角落 ②うき，はく離，はく落（補修材含む） ③傾き，移動，沈下 ④打継目の目地切れ，段差 ⑤漏水，遊離石灰
	判定区分	A，B，S の区分	AA，A，B，OK の区分
	判定基準 （ひび割れ，うき・はく落，漏水に着目）	A：応急処置+調査，B：調査，C：軽微（調査なし） ・ひび割れが進行し，ブロック化して落下する恐れありーA ・アーチ部で幅 3mm 以上，延長方向の長さ 5m 以上ーB ・はく離，うきの部分が落下する恐れありーA ・はく落に結びつくうき（圧さ）ーB ・大規模な漏水，交通の支障のない大きな漏水ーB	AA：緊急補修+調査，A：調査，B：継続的観察（調査なし）C：軽微 ・密集したひび割れが進行，幅の広い引張りひび割れ，せん断ひび割れーAA ・幅 0.3mm 以上のひび割れ，角落があり，進行が認められるーA ・幅 0.3mm 以上のひび割れ，角落があり，進行が認められないーB ・大規模なはく離，はく落，うきーAA ・厚いはく離，はく落，薄いはく落，うきーA，薄いはく落，うきーB ・大規模な漏水，遊離石灰→AA，漏水，遊離石灰の流出→B
二次点検	主要調査方法	観察調査，ひび割れ形状変化調査，漏水形状変化調査，覆工厚・背面地山調査，覆工質試験，コンクリート材質試験，覆工断面の形状変化調査，トンネル内の測量，その他	目視調査，ひび割れ調査，トンネル変位調査，トンネル構造調査，背面空洞調査，材料劣化調査，漏水調査，地山変位調査，その他
	調査目的	緩み土圧，偏土圧，地すべり，膨張性土圧，水圧，凍上圧，材料劣化，背面空隙等の変状原因の推定	塑性圧，偏土圧，地山の緩みによる鉛直圧，地震，地下水の上昇，支持力不足，材料劣化，設計，施工時の誘因等の変状原因を推定
	判定区分	3A，2A，A，B の区分 3A：直ちに対策，2A：早急に対策，A：計画的に対策，B：監視	A，B，C，D（補強対策）I，II，III（補修対策） A：早急に補修，B：早急に補強に補修，C：速やかに補強，D：適切な時期に補強 I：早急に補修，II：適切な時期に補修，III：監視または軽微な補修
	判定基準 （変形，ひび割れ，うき・はく落，漏水に着目）	変形速度：10mm/年→3A，3～10mm/年→2A，1～3mm/年→A，1mm/年未満→B ひび割れ：3mm 以上，5m 以上→3A，3mm 以上，5m 未満→2A（進行あり）3mm 未満，5m 未満→A，3mm 未満→B うき・はく落：アーチ部に落下の恐れあり→3A，側壁に有→2A 漏水：噴出→3A，流下→2A，滴水→A，にじみ→B	変形速度（塑性圧）：2mm/月→A，10mm/年→B，3～10mm/年→C，3mm/年未満→D （偏圧，緩み土圧）：10mm→補修，3～10mm/年→B，3mm/年未満→C ひび割れ：50cm/m2 以上→I，20～50cm/m2→II，20cm/m2 以下→III（密度） うき・はく落：落下して通行の安全を損なう→I，進行が著しい→II，進行は緩やか→III（材料劣化） 漏水・打継目から地下水が落下（通行車両の安全を損なう）→I，漏水で将来通行の支障となる→II，漏水で健全性を実施
まとめ		・一次点検を行い，必要に応じて二次点検を実施 ・二次点検の実施により，より詳細な健全性を把握出来る ・ひび割れ，うき・はく落，漏水はおおむね一次点検でも把握出来るが ・損傷原因は，二次調査でないと把握できない ・ひび割れに関しては特に「進行性」に着目している	・一次点検を行い，必要に応じて二次点検を実施 ・二次点検の実施により，より詳細な健全性を把握出来る ・ひび割れ，うき・はく落，漏水はおおむね一次点検でも把握出来る ・損傷原因は，二次調査でないと把握できない ・ひび割れに関しては特に「密度」に着目している

3.1.2 鉄道トンネル

鉄道トンネルにおいて平成11年に相次いで覆工のはく落事故が発生したことを契機に，平成12年に「鉄道土木構造物の維持管理に関する研究委員会」が設置され，維持管理標準がまとめられた．ここでは，維持管理標準に記述されている健全度評価方法と判定区分等についてまとめる．

(1) 評価基準

維持管理標準に示されている照査指標に対する照査について以下に説明する．なお，以下の説明では，最も重要な要求性能である安全性について，トンネル構造の安定性，建築限界と覆工との離隔，路盤部の安定性，はく落に対する安全性，漏水・凍結に対する安全性のそれぞれの性能項目に対する照査について示されている．

照査法としては，以下の2つの方法が提案されている．

方法1：定性的に照査する方法
　　類似の変状事例，過去の経緯等を参考とし，定性的に性能項目の照査を行う方法．
方法2：定量的に照査する方法
　　覆工（く体）の応力や断面力，トンネルの変形量，鋼材の腐食量等の数値から照査式を用いて照査する方法．

なお，鉄道トンネルの検査は，全般検査（全てのトンネルに対して網羅的・定期的に行う検査）と，個別検査（全般検査で安全性を脅かす可能性があるトンネルに対して詳細に行う検査）とに分けられ，全般検査では通常「方法1」で行ってよいとされる．なお，個別検査については，定量的な検討を行う「方法2」を用いるのが望ましいとされているが，覆工応力や断面力などについて定量的な評価法が確立されていないトンネルの検査の実状をふまえ，これについても「方法1」による照査を行ってもよいとされている．

(2) 総合判定

最終的な性能は健全度を用いて表すこととしている．**表-3.1.11**，**表-3.1.12**に標準的な判定区分を示す[7]．判定に当たっては，性能項目の照査の結果を総合的に判断して行う．なお，変状原因の推定や変状の予測が難しく，健全度の判定が困難な場合については，豊富な知識と経験とを有する専門家の判断を仰ぐことが有効であるとされる．

表-3.1.11 構造物の状態と標準的な健全度の判定区分[7]

健全度		構造物の状態
A		運転保安，旅客および公衆などの安全ならびに列車の正常運行の確保を脅かす，またはそのおそれのある変状等があるもの
	AA	運転保安，旅客および公衆などの安全ならびに列車の正常運行の確保を脅かす変状等があり，緊急に措置を必要とするもの
	A1	進行している変状等があり，構造物の性能が低下しつつあるもの，または，大雨，出水，地震等により，構造物の性能を失うおそれのあるもの
	A2	変状等があり，将来それが構造物の性能を低下させるおそれのあるもの
B		将来，健全度 A になるおそれのある変状等があるもの
C		軽微な変状等があるもの
S		健全なもの

注 1：健全度 A1, A2, および，健全度 B, C, S については，各鉄道事業者の検査の実状を勘案して区分を定めても良い．

表-3.1.12 トンネルにおけるはく落に関する変状の状態と標準的な健全度の判定区分[7]

健全度	変 状 の 状 態
α	近い将来，安全を脅かすはく落が生じるおそれがあるもの
β	当面，安全を脅かすはく落が生じるおそれはないが，将来，健全度 α になるおそれがあるもの
γ	安全を脅かすはく落が生じるおそれがないもの

(3) 定性的な照査方法

表-3.1.13,表-3.1.14に全般検査における「方法1」による照査の例を示す[7].

表-3.1.13 トンネルの全般検査段階の健全度の判定基準(はく落に対する安全性を除く)の例[7]

性能項目:トンネル構造の安定性

変状		変状の程度	健全度
①	変形・覆工(く体)の変状等(ひび割れ等)が生じている	トンネル構造の安定性が脅かされている場合	AA
		トンネル構造の安定性が脅かされるおそれがある場合	A
		トンネル構造の安定性が脅かされるおそれはないが,以下に該当する場合 ・変状に進行性がある ・変状の進行性の有無が確認されていない	B
		トンネル構造の安定性が脅かされるおそれはなく,また,進行性もない場合	C

性能項目:建築限界と覆工との離隔

変状		変状の程度	健全度
②	変形・隆起・沈下・移動等が生じている	建築限界を支障している場合	AA
		建築限界を支障するおそれがある場合	A
		建築限界を支障するおそれはないが,以下に該当する場合 ・変状に進行性がある ・変状の進行性の有無が確認されていない	B
		建築限界を支障するおそれはなく,また,進行性もない場合	C
③	つらら・側氷等がある	建築限界を支障している場合	AA
		建築限界を支障するおそれがある場合	A
		この状態が継続すれば建築限界を支障するおそれが生じる場合	B
		この状態が継続しても建築限界を支障するおそれが生じない場合	C

性能項目:路盤部の安定性

変状		変状の程度	健全度
④	隆起・沈下・移動・噴泥等が生じている	軌道変位が発生し列車の安全な運行に支障している場合	AA
		軌道変位が発生し列車の安全な運行に支障するおそれがある場合	A
		軌道変位が発生し列車の安全な運行に支障するおそれはないが,以下に該当する場合 ・変状に進行性がある ・変状の進行性の有無が確認されていない	B
		軌道変位が発生し列車の安全な運行に支障するおそれはなく,また,進行性もない場合	C

性能項目:漏水・凍結に対する安全性

変状		変状の程度	健全度
⑤	漏水,つらら・側氷・氷盤等がある	列車の安全な運行に支障している場合	AA
		列車の安全な運行に支障するおそれがある場合	A
		この状態が継続すれば列車の安全な運行に支障するおそれが生じる場合	B
		この状態が継続しても列車の安全な運行に支障するおそれが生じない場合	C

表-3.1.13の健全度判定区分に対して，以下に判定の具体例を示すため参考文献より引用する[7]．

【健全度ＡＡの具体例】
① ・以下のような変状が観察され，ひび割れによりブロック化を生じており崩落のおそれがある場合．
　　－覆工に圧ざ，せん断ひび割れ，放射状ひび割れ，顕著な開口ひび割れが発生している． 山
　　－覆工（く体）に前回検査時にみられなかったひび割れが多く発生している． 山・都
　　－目視により確認できる程度の覆工（く体）の変形・沈下・移動が発生している． 山・都
　　－広い範囲で覆工（く体）が劣化し強度の低下が生じていると考えられる． 山・都
② ・覆工や路盤が変形・隆起・沈下・移動し，建築限界を支障している場合． 山
　　・坑門が前傾・沈下・移動し，建築限界を支障している場合． 山
③ ・つらら・側氷等があり建築限界を支障している場合． 山・都
④ ・噴泥，土砂噴出等により軌道，路盤が陥没あるいは著しく沈下している場合． 山
　　・盤膨れにより軌道，路盤が著しく隆起している場合． 山
　　・地すべり等により軌道，路盤が移動している場合． 山
⑤ ・漏水が架線や碍子を伝わっている場合． 山・都
　　・つららが架線や碍子に接触している場合． 山・都
　　・軌道上に氷盤が形成され，車輪の空転等の可能性がある場合． 山・都

【健全度Ａの具体例】
① ・以下のような変状が観察される場合．
　　－覆工に圧ざ，せん断ひび割れ，放射状ひび割れ，顕著な開口ひび割れが発生している． 山
　　－覆工（く体）に前回検査時にみられなかったひび割れが多く発生している． 山・都
　　－目視により確認できる程度の覆工（く体）の変形・沈下・移動が発生している． 山・都
　　－広い範囲で覆工（く体）が劣化し強度の低下が生じていると考えられる． 山・都
　・主要部材に，ひび割れや漏水等に起因した顕著な鋼材の腐食やコンクリートの強度低下が見られる場合． 都
　・断面欠損や鋼材の腐食を伴うひび割れ，漏水によって，コンクリートと鋼材の付着が適切に確保されていないと判断される場合． 都
② ・覆工や路盤が変形・隆起・沈下・移動し，建築限界を支障するおそれがある場合． 山
　　・坑門が前傾・沈下・移動し，建築限界を支障するおそれがある場合． 山
③ ・つらら・側氷等があり建築限界を支障するおそれがある場合． 山・都
④ ・噴泥，土砂噴出等による路盤の沈下に伴い軌道変位が発生している場合． 山
　　・盤膨れによる路盤の隆起に伴い軌道変位が発生している場合． 山
　　・トンネル全体が隆起・沈下・移動しており，軌道変位が生じている場合． 山
⑤ ・架線に漏水が直接かかっている場合． 山・都
　　・つららが架線や碍子の近傍で発生している場合． 山・都
※) 山：山岳トンネルで主に見られる現象　都：都市トンネルで主に見られる現象

表-3.1.14 はく落に対する健全度の目安[7]

目視におけるはく落に対する健全度判定が必要な変状等[※1]				はく落に対する健全度の目安 (打音調査および叩き落とし後)	
分類			条件	濁音の場合	清音の場合
変形	①覆工の変形		目視でわかる程度の著しい変形	α	β〜γ[※B]
覆工（く体）の変状等	②覆工面に対して鋭角なひび割れ ・曲げによる圧縮縁の損傷（圧ざ） ・軸圧縮力による損傷 ・押抜きせん断力による損傷		全数	α	β〜γ[※B]
	③ひび割れ等（上記②を除くひび割れ，打継目，コールドジョイント）		a. 放射状に伸びるひび割れ	α	β〜γ[※B]
			b1. ひび割れ等[※2]と閉合	α	β〜γ[※B]
			b2. ひび割れ等[※2]と交差・平行	α〜γ[※A,B]	γ
			c. 網目状あるいは亀甲状ひび割れを伴う	α〜γ[※A,B]	γ
		打継目	d. 鉛直打継目の両側1mの範囲[※3,※4]	α〜γ[※A,B]	γ
		コールドジョイント	e. 全数[※3]	α〜γ[※A,B]	γ
	④ジャンカ		全数[※3]	α〜γ[※A,B]	γ
	⑤材料の劣化に関するもの		a. セメント分が流出し土砂状，変色	α〜γ[※A,B]	γ
	⑥凹凸部（断面変更，突起，切欠き）		ひび割れ等[※2]を伴う	α〜γ[※A,B]	γ
添架物，補修材の変状等	⑦添架物	添架物を支持する覆工	支持ボルトを中心とした放射状のひび割れ	α	β〜γ[※B]
		ボルト類[※5]	著しい腐食，ゆるみ，抜け	α（ゆるみあり）	γ（ゆるみなし）
	⑧補修材	補修材[※6]	a1. ひび割れが閉合	α	β〜γ[※B]
			a2. ひび割れが交差・平行	α〜γ[※A,B]	γ
			b. 要注意の補修材[※3,※7]	α〜γ[※A,B]	γ
はく離（浮き）	⑪はく離（浮き）		目視ではく離（浮き）のおそれ	α〜γ[※A,B]	γ

※1 「変状等」：本付属資料の末尾に図示した．
※2 「ひび割れ等」：ひび割れ，打継目，コールドジョイントをいう．
※3 初回検査時および特別全般検査時のみ．
※4 変状の有無にかかわらず全面が対象となる．
※5 「ボルト類」：補修材や添架物を覆工で支持するために設置されたアンカー，ボルト等をいう．目視で錆や抜けの確認を行い，必要によりハンマー等でゆるみを確認する．
※6 「補修材」：ハンマー打撃により損傷を与える場合もあるので，打音調査は慎重に行う．
※7 「要注意の補修材」：アンカーを設置していない後付モルタル，繊維シート類（直接手を触れて検査をすることが望ましい），漏水防止工（樋等），断熱工等をいう．これらの補修材は施工が不十分な場合に，特にはく離・落下する危険性が高いので注意を要する．
※A：次のものは健全度βあるいはγと判定できる．
　・漏水が認められないもの．
　・ひび割れ等が交差または平行しておらず，3mm程度以上の開口または食い違いがないもの．
　・叩き落としにより対応でき，叩き落とし後も不安定な状態が残らないもの．
※B：健全度βと判定されたものであっても，はく落することがあり得ないと判断できるものや，はく落が生じても安全を脅かさないと判断できるものについては，健全度γと判定してよい．
　例）ひび割れが密着しており漏水が認められないものであって清音のもの．

表-3.1.15に個別検査における「方法1」による定性的な照査と健全度の判定の例を示す[7]．変状の程度，進行性は，ひび割れの状態（種類，幅，延長等）や内空変位速度等を参考にして判断することとしている．

3. 山岳トンネルにおけるアセットマネジメント

表-3.1.15 トンネルの個別検査における性能項目の照査例（主に山岳トンネルを対象）[7]

(a) 性能項目：トンネル構造の安定性

全般検査段階		個別検査段階		健全度[注2),a3)]
変状	変状の程度[注1)]	進行性[注1)]	変状の予測と性能項目の照査結果	
① 1. 覆工に圧ざ、せん断ひび割れ、放射状ひび割れ、豁裂れ、顕著な開口ひび割れが発生している		あり	現時点でトンネル構造が変状に伴い性能項目が生じている	AA
		なし	次回検査までトンネル構造の安定性を確保できる	A1
2. 覆工に前回検査時に見られなかったひび割れが多く発生している	非常に大きい		次回検査までトンネル構造の安定性を確保できない	AA
	大きい〜なし		現段階においては問題はない	A1
3. 目視により構造できる程度の覆工の変形・沈下・移動が発生している			次回検査までトンネル構造の安定性を確保できない	AA
	大きい		次回検査までトンネル構造の安定性が低下する可能性が高い	A1
	小さい〜なし		現段階においては問題はない	A2
4. 覆工背面空洞がある	顕著なひび割れはない		次回検査までトンネル構造の安定性を確保できない	AA
	大きい		次回検査までトンネル構造の安定性が低下する可能性が高い	A1
	小さい		次回検査までトンネル構造の安定性が低下する可能性が高い	A2
	なし		現段階の安定性には問題はない	B-C
5. 広い範囲で覆工が劣化し強度の低下が生じていると考えられる	広い範囲で深部まで強度が低下しているか覆工背面部のブロック化が生じている	(不明)	現時点でトンネル構造の安定性に問題が生じている	AA
		あり	次回検査までトンネル構造の安定性を確保できない	A1
	強度の低下しているが部分的である	あり	次回検査までトンネル構造の安定性が低下する可能性が高い	A2
		なし	現段階の安定性には問題はない	B-C

注1) 変状の程度、進行性については以下の通りとする。
・1-3. について：変状の程度、進行性、ひび割れの状態（種類、幅、延長等）、例えば、コンクリートの圧縮強度から判断する。（例えばA2〜A1等、以下同じ）
（付属資料13参照）。
・4. について：進行性は変状部の変位の変化から判断する。例えば、コンクリートの圧縮強度から判断する。（付属資料13事例参照）。
注2) 構造の欠損（特厚不足等）がある場合は健全度を下げて扱う判定する（付属資料13参照）。
注3) 地山の緩みによる劣化、地すべり等に起因する場合は1段階下げて扱い判定する。

(b) 性能項目：建築限界と覆工の離隔

全般検査段階		個別検査段階		健全度[注2),a3)]
変状	変状状況	進行性[注1)]	変状の予測と覆工の照査結果	
② 1. 覆工や路盤が変形・傾斜・沈下・移動し、建築限界を支障するおそれがある		(不明)	現時点で建築限界を支障する	AA
		あり	次回検査までに建築限界を支障することはないが、建築限界と覆工の離隔は減少する	A1
		なし	現段階においては建築限界と覆工の離隔は問題ない	A2
				B-C

注1) 内空変位計測、内空断面測定等を行い、変位速度を参考にして判断する。
注2) 構造の欠損（特厚不足等）がある場合は健全度を下げて判定する（付属資料13参照）。
注3) 地山の緩みによる劣化、地すべり等に起因する場合は1段階下げて判定する。

(c) 性能項目：路盤部の安定性

全般検査段階		個別検査段階		健全度[注2),a3)]
変状		進行性	変状の予測と性能項目の照査結果	
④ 1. 噴泥、土砂噴出等による路盤の沈下に伴い軌道変位が生じている			現時点で列車の安全な運行に支障している	AA
2. 盤膨れによる路盤変状に伴い軌道変位が発生している		あり	次回検査までは列車の安全な運行に支障することはないが、安定性は低下する	A1
3. トンネル全体が変形・沈下・移動しており、軌道変位が生じている		なし	現段階においては列車の安全な運行は問題ない	A2

注1) 軌道変位計測等を行い、安定度管理基準値から余裕から照査する。
注2) インバート、路盤の変状の直接の原因となっている場合は、健全度AA〜A1と判定する。
注3) 地すべり等に起因する場合は健全度を1段階下げて扱い判定する。

(d) 性能項目：漏水・湧水に対する安全性

全般検査段階		個別検査段階		健全度[注2),a3)]
変状	変状の程度		変状の予測と性能項目の照査結果	
⑤ 1. 架線に漏水が直接かかっている[注1)]			漏水量や架線や碍子を伝わっている	AA
			比較的起きやすい状態への変化で地絡のおそれが生じると予測される	A1
			比較的起きやすい状態への変化でおそれは小さいと予測されるが、地絡のおそれがある	A2
2. つららが架線や碍子の近傍で発生している			漏水量が増加するか、漏水範囲が拡大するか、あるいは、漏水範囲や架線や碍子を伝わって地絡のおそれがある	AA
			漏水量が増加するか、漏水範囲が拡大しても、漏水線や架線や碍子に接触することはない	A1
			漏水量が増加するか、漏水範囲が拡大しても、つららが架線や碍子に接触することはない	A2

注1) 解説図5.5.1参照

解説図5.5.1 漏水を漏水がかかる状態

(a) 架線に漏水がかかる状態   (b) 架線と漏水の模式図

(4) 定量的な評価方法

「方法 2」による定量的な照査については，確立されたものがないのが現状であるが，維持管理標準では例えば**図-3.1.2**のような方法で覆工の内空変位を予測する方法が提案されている[7]．同図は，変状箇所において変位が継続して計測されている場合，予測式を用いて照査する時期での変形量を推定するものである．

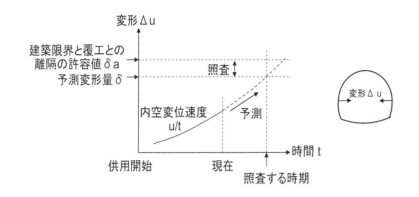

図-3.1.2　内空変位速度を用いて建築限界の確保を照査する方法[7]

注）この図は維持管理標準に示されているものであり，内空変位の初期値（現在までの変位）から将来の変位を予測する手法を模式的に示している．通常，**式-3.1.1**などの関数に現在までの変位を代入して定数 a, b を決めて将来の変位を予測する．

$$u = a\,(1 - b^{-t}) \qquad \text{式-3.1.1}$$

ここで，u：変位，t：掘削からの経過時間，a, b：定数

(5) 鉄道トンネルの健全度評価法のまとめ

鉄道トンネルの維持管理においては，維持管理標準の制定により性能規定型の維持管理体系が明確に規定された．この維持管理体系のもと，乗客の生命の安全を脅かさないよう，列車の安全運行に係わる性能（安全性）を最も重視し，構造物がその要求性能を満足しているかどうか常に検査により確認し，検査結果に応じて必要であれば措置（対策，補修・補強など）が行われている．上述したように検査における検査項目，判定基準は詳細に規定されており，検査員による判定の個人差等が極力出ないように配慮されている．

ただし，全体に性能項目の評価は定性的な評価が中心である．定量的評価の試みもされているものの，確立された評価法が無いのが現状である．現状の維持管理システムの中では特に問題は無いとも考えられるが，今後トンネル構造物が「高齢化」し，維持管理において性能劣化の予測や判定がより重要となると考えられることから，定量的な調査，評価システムの確立が望まれるものである．

3.1.3 電力トンネル

(1) 維持管理のフロー

電力トンネル（水路トンネル）について，東京電力の点検要領と，健全度判定システムによる判定手順を示す[8]．図-3.1.3 に示すように，一次点検に相当する定期・臨時点検と二次点検に相当する詳細点検・原因究明調査が必要に応じて実施される．

また，**表-3.1.16**，**表-3.1.17** に点検項目等と評価ランクを示す[8]．

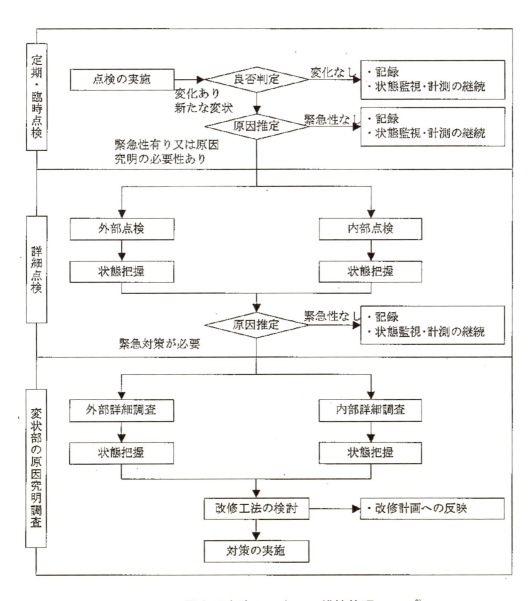

図-3.1.3 電力用水路トンネルの維持管理フロー[8]

表-3.1.16　電力用水路トンネルにおける一次点検と二次点検 [8]

一次点検	名称	点検（定期，臨時，詳細）
	目的	発電用導水路トンネルとしての機能維持，事故未然防止のための欠陥の有無，進行状況を把握
	頻度	定期点検：1回／3年
	手法	目視，打音，観察・測定
	適用基準	トンネル点検の手引
	点検項目	ひび割れ，剥落，食い違い，打継目の目地切り，遊離石灰，材料劣化，変形，漏水等
	判定基準	機能（健全度）：3段階の定性的評価 設備重要度，第三者被害：緊急補修必要性評価
二次点検	名称	調査（変状部の原因究明，健全性，環境変化）
	目的	確認された変状に対し，原因究明を実施し対策と要否の詳細判定，改修工法の検討などの基礎情報収集
	頻度	点検結果に基づき実施
	手法	非破壊検査（局部），ひび割れ計測，内空変位測定，調査ボーリング，強度試験（覆工／地山），劣化調査等
	適用基準	－
	点検項目	変位速度，背面空洞の有無，巻厚，ひび割れ状況，覆工コンクリート強度，周辺地盤状況等
	判定基準	調査に基づき，変状の進行性，周辺の地形・地質，覆工の劣化状況から個別に詳細評価を実施し判定

表-3.1.17　電力用水路トンネルにおける健全度ランク [8]

ランク	設備健全度評価（設備劣化状況）
A	食い違い，はらみ出し，クラック等の変状が著しく，かつ進行があり，早急に対策工を実施しないと陥没，落盤などの設備破壊の恐れがあるもの 　覆工背面地山が未固結層または地山被りが小さい等のために，地山陥没，落盤，地すべり等が発生する可能性が高いもの
B	食い違い，はらみ出し，クラック等の発生が発生しており，陥没，落盤などの設備破壊の恐れがあるが，仮受支保工等の設置ならびに監視の強化により当面対策工の繰り延べが可能なもの 　覆工背面地山が未固結層または地山被りが小さい等のために，地山陥没，落盤，地すべり等の恐れがあるものの，監視の強化により，当面対策工の繰り延べが可能なもの
C	食い違い，はらみ出し，クラック等の変状があり，当面監視を必要とするもの 　覆工背面地山が未固結層または地山被りが小さい等のために，当面の監視を必要とするもの

(2) 健全度の判定

東京電力では，**表-3.1.18**に示す健全度診断システムを活用し，無筋コンクリートを対象に，残余耐力（覆工内面のひび割れ発生パターンによる評価，解析による評価），変状の進行性，荷重の増大の可能性を考慮して健全度を評価している．また，ひび割れ発生パターンによる評価の一例を**図-3.1.4**に示す[8]．

表-3.1.18 健全度判定（健全度診断システム）[8]

			A				B				C				D（無）			
			荷重増大の可能性評価				荷重増大の可能性評価				荷重増大の可能性評価				荷重増大の可能性評価			
			a	b	c	d	a	b	c	d	a	b	c	d	a	b	c	d
60以上	解析評価	80以上		I				I				II			II		III	
		60以上		I				I				II			II		III	
		40以上		II				II				II			II		III	
		0〜40	II		III		II		III		II	III		IV	II		III	IV
40〜60	解析評価	80以上		I				II			II		III			V		
		60以上		I				II			II		III					
		40以上	II	III		IV	II	III		IV	II	III		IV				
		0〜40	II	III		IV	II	III		IV	II	III		IV				
40未満	解析評価	80以上		II				II			V				V			
		60以上	II	III		IV	II	III		IV								
		40以上	II	III		IV	II	III		IV								
		0〜40	II	III		IV	II	III		IV								

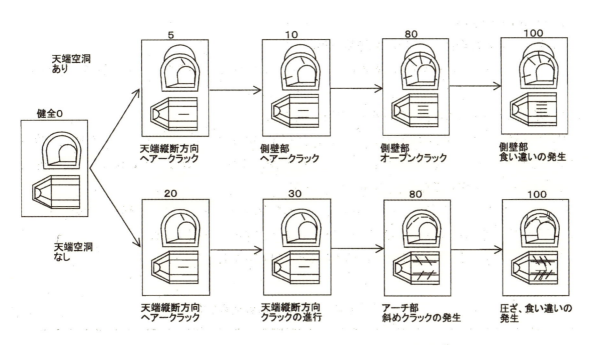

図-3.1.4 ひび割れ発生パターンによる評価[8]

(3) 電力トンネルの健全度評価法のまとめ

電力トンネル（水路）の健全度評価法として東京電力の例を取り上げた．電力において道路，鉄道と同様，全般的な目視と打音による一次点検と，一次点検によって詳細な調査が必要と判断された箇所については種々の手法を用いた詳細な二次点検を実施する手順が詳細に規定されている．また，定量的な健全性評価を行うために，無筋コンクリートの残余耐力をひび割れパターンと解析により数値的に評価する健全度評価システムが開発されている．ただし電力トンネルの場合，鉄道，道路と異なり建設後かなりの年数が経過したトンネルが多いという事情がある．これは，日本の発電事業が昭和30年代を最後に水力発電から火力発電，原子力発電主体へと移行し，それに伴って発電用水路の建設は昭和40年代以降激減していることによる．東京電力に関しては水路の建設数のピークは大正年代から昭和10年代にかけてであり，継続的な維持管理が行われているものの覆工はかなり老朽化しているものと考えられる．今後は総延長が約770kmにも及ぶ老朽化した水路の点検と健全性評価をさらに効率良く実施できるようなシステムの開発が望まれる．

3.1.4 まとめ

以上のように，山岳トンネルの健全度評価の現況について調査した結果を示した．

各事業者とも「一次点検では目視検査と打音検査を主体とした覆工のひび割れの全般的な検査を行い，必要と判断された箇所について詳細な二次点検（調査）を行う」という手法は共通している．すなわち，各事業者が対象とするトンネルの使用目的および特性に合わせ，より詳細に検査項目・手法，調査項目等が規定されている．

鉄道トンネルおよび道路トンネルについては，各規準類が事業者独自に策定された経緯から，要求性能や健全度判定ランクの表現が異なるものもある．ただし，両者を比較すると，鉄道は利用者が事業者の車両内で移動する，道路は利用者の車両で移動するという違いがあるものの，安全に対して要求される性能は大きく異なるものではない．今後は，事業者以外の点検員が点検することを考慮すると，照査項目の統一が望ましい．また，照査項目や，ひび割れの形状や幅などの管理基準が詳細にわたって規定されているため点検員がすべて念頭に置いて点検を実施することは難しいので，点検員を支援するため，例えば携帯端末を利用したシステムの開発が必要である．電力トンネルについては，事業者以外が利用することは無いため，安全に関する要求性能が異なり，照査項目も違ったものとなる．また点検に際しての制約を受けるものが多い．しかしながら，これらのトンネルはインフラの重要な部分を担っており，変状の発生によって使用不可となると社会的な影響が大きいものが多いため，このような用途のトンネルに特化した詳細な点検や調査の手法の開発が望まれる．

3章では，山岳トンネルを対象としたアセットマネジメントの導入に関する検討を実施したが，シールドトンネルおよび開削トンネルに関しては，鉄道では、維持管理標準において山岳トンネルの覆工を含めて共通化して性能と照査項目について記述されているため，そのまま容易に適用できるものと考えられる．

一方，道路については、シールド工法による施工が極端に少なかったため，現状では特に基準化の対象とされていない．

しかしながら，最近，首都圏での施工事例が数例あり，今後大深度地下での施工事例が増加することが考えられるため，管理要領に取り入れられて行くものと考えられる．

なお，シールドトンネルの維持管理におけるアセットマネジメントの導入に関して，本書4章で各事業者における維持管理の現状をふまえ，既設シールドトンネルの維持管理業務の効率化および保有性能評価の適用に向けた基礎的な検討を実施し，今後の検討の方向性を示しているので参照されたい．

3.2 山岳トンネルの健全度評価と保有性能評価

本節では，道路トンネルを対象として，山岳工法で構築されたトンネルの維持管理の現状を踏まえ，まずは，現行の道路トンネル覆工の点検評価手法の改善案を提示するとともに，それを用いた将来の劣化予測手法の一例を紹介する．

次に，新たな維持管理マネジメント手法として，トンネルの目的・用途に応じた要求性能を明確にしたうえで，保有性能（要求性能に対する満足状況）を点検評価結果によって分析する「保有性能評価」の考え方とこれによる性能変化の予測手法の一例を紹介する．なお，「保有性能評価」に用いる点検データは，とくに新たな点検を行うものではなく，両者ともに用いる点検データは同じものである．

3.2.1 山岳トンネルの健全度評価と予測

(1) 健全度評価手法

a) 概要

わが国の社会基盤整備は，建設・拡大の時代から維持管理の時代へと軸足を移し始めている．維持管理に対する技術は，その重要性が指摘され，各機関で本格的に研究がなされてきたが，その歴史は浅く，特に既設地下構造物に対する合理的な維持管理手法は確立されたとは言えない．山岳トンネルを対象に考えると，50年近くを経てその機能に様々な支障をきたしはじめており，機能維持にかかるコストも時間の経過とともに上昇しつつある．トンネルの建設が高度経済成長期の昭和30年代に急増していることを考え合わせると，今後維持管理を必要とするトンネルの数が急激に増えることは確実である．

トンネルとしての第一の必要機能は空間の確保であるが，これを規定する要求性能は，現状では明確になっておらず，トンネル完成後は，構造材料の1つである周辺地山の状態を直接点検できないため，構造物の劣化原因の特定が困難である．また，これまでは，基本的に健全で強固な構造物と考えられ，定期的な点検さえ行われてこなかったために初期点検の情報が少ないことや主たる構造体である覆工コンクリートが，原則的に無筋構造であるといったことから，トンネルの劣化予測を行うのは難しい．しかしながら，近年の覆工コンクリートはく落事故や地震による影響を契機にその信頼性が疑問視され，トンネル自体の維持管理・更新への社会的関心が高まっておりアセットマネジメントのうち，構造物の点検から対策工選定までを検討するミクロアセットマネジメントを取り入れた合理的な維持管理の実現に向けて，劣化予測はこれまで以上に重要となっている．

これらのことを踏まえて，地下構造物の1つである山岳トンネルに関して，維持管理技術の確立に寄与することを目標に，地下構造物に求められる要求性能を踏まえて，その劣化予測を評価するための技術について，実トンネルをモデル化したモデルトンネルにおいて健全度評価，劣化予測手法の適用に向けたケーススタディを実施した．

b) 現行健全度評価方法と課題

山岳トンネルに関しては，維持管理面において他の道路構造物と比べて以下に示す特殊性と課題がある．

① 構造物の劣化原因の特定が困難であること

トンネルの劣化原因は多岐にわたり，劣化原因の一因となる周辺地山の評価は複雑であるため，構造物の損傷の原因を特定することが困難となるばかりか，劣化過程の推定には相当の不確実性が伴うことになる．また，覆工コンクリートが内面を覆っていることから周辺地山の状態を直接確認できない．

② トンネル構造物は管理コストをかけなくても安全性が確保されると考えられてきたこと

土木構造物の中では管理コストをさほどかけなくても安全性が維持できる構造物とされており，

これまでは定期的な点検さえ行われていない場合も多く，とりわけ，施工時や初期点検の情報が少ない．

③ 通常は劣化の進行が遅く，劣化部分での補修・補強を対症療法的に繰り返してきたこと

崩落事故を受けた全国一斉点検において問題があれば対症療法的に補修するというレベルのトンネルであっても，その後すぐに進行が進むわけではなく，計画的に維持計画を立てる必要性が認められなかった．

④ 主たる構造物である覆工コンクリートが無筋構造であり，劣化予測が困難であること

橋梁構造物や舗装等の道路構造物に比較すると，無筋構造であることから，鉄筋腐食による耐久性評価は不要であるが，施工条件や地山などの影響を強く受ける無筋コンクリートの劣化予測と評価は極めて難しい．

⑤ トンネルの第一の必要機能は空間の確保であり，これを規定する要求性能が不明確なこと

トンネルでは地中に空間を確保すること自体が，求められる機能であり，空間の確保を要求性能として，それを明確に規定することは相当の困難をともなうこととなる．

以上のような，特殊条件の中で，山岳トンネルの健全度評価に関しては，「道路トンネル定期点検要領（案）平成14年（社）国土交通省」によれば，点検結果評価は，一次点検でS，A，Bに区分し，二次点検では3A，2A，A，Bで区分されている[2]．

しかしながら，この評価区分だけでは劣化予測モデルの構築や劣化予測の評価は困難であるため，点検結果を定量的な判定指標としてとらえる必要がある．

また，点検要員については資格を規定しているものの，実際の点検においては人力による近接目視点検が基本となっているため，点検者の主観が介入することは免れず，また転記もれなども想定されるため，点検結果の判定に際しては変状の進行性などが十分に把握できていないと考えられる．特に，変状の進行性は劣化予測の基本となる指標であり，変状の進行性を表す指標を的確に把握することは，トンネルの維持管理を中長期的，戦略的に実施するために必要不可欠であると言える．

今後の点検にあたっては，覆工コンクリート表面の変状を記録する技術や，浮き・はく離等を検出する非破壊検査技術などを検討し，変状のデータを客観的・定量的に獲得していく必要がある．また，点検記録については，変状展開図として点検結果は得られるものの，今回提案した判定指標では，ひび割れ密度，ひび割れパターン毎のデータなどは直接的には得られないし，覆工厚や変位については別途調査を行わなければ評価することができない．

したがって，今後は，劣化予測モデルの試行結果等を踏まえ，健全度判定指標との整合を図るなど，点検結果が有効活用できるような点検記録の整理方法についても検討が必要である．

c）評価方法の改善

点検結果をもとに劣化予測を行う場合，これまでの点検結果の一次点検評価S，A，Bや二次点検評価3A，2A，A，Bの判定のみでは劣化予測モデルの構築や劣化予測の評価が困難であり，点検結果を定量的な指標として捉える必要がある．ここでは，点検結果で得られるデータを考慮し，劣化予測のための判定項目を抽出し，判定項目毎に劣化度（健全度）を表す指標を細分化，かつ定量化した健全度判定表（案）を作成した．

ⅰ）劣化予測のための判定項目の抽出

点検や調査によるトンネル健全度の評価や判定は，前述したように各事業者の判定基準（区分）に基づき，対策の緊急性等を考慮して定義されている．

判定基準の観点としては，①利用者に関するもの（安全性，供用性），②構造物に関するもの（耐荷性，耐久性），③管理者に関するもの（維持管理性），④変状の進行性と特徴（共通事項）に関するもの等が挙げられるが，概ね，「利用者の安全性」と「構造物の安全性」に主眼をおいている

点が共通している．

ここでは，「利用者の安全性に関する変状」と「構造物の安全性に関する変状」について，トンネル覆工コンクリートに着目し，判定要素となる主な変状項目を抽出することとした．

抽出したそれぞれの変状項目は以下の通りである．

① 利用者の安全性に関する変状
・浮き，はく離（覆工，補修材料）
・突発性崩落
・漏水
・つらら等
・土砂流出等

② 構造物の安全性に関する変状
・ひび割れ（進行性あり）
・変形・沈下
・外力による変状
・ひび割れ（進行性なし）

ⅱ）劣化予測のための健全度判定表の提案

点検結果に基づく健全度劣化予測モデルの劣化段階とレベル（5段階）を**表-3.2.1**に示す[9]．

表-3.2.1に関して，「道路トンネル定期点検要領（案）」の判定区分(A,B,S)と今回、提案する健全度判定表に置き換えて劣化度を割りふると**表-3.2.2**に示すとおりとなる．

なお，評価点の平均値を整数化するため，劣化度1～5に10～50点を配点した。

ここで，**表-3.2.2**に示すとおり，劣化度に関しては，本来0～50点の範囲でⅠ～Ⅴ段階に分類されるが，提案した健全度判定表は点検調査に対する指標であり，劣化度30以上の評価に関しては，点検結果だけでは判断が困難であり，詳細調査をふまえて判断すべきであると考え，劣化度0点（S）～30点（A）の範囲で評価した．

提案した健全度判定表（案）を**表-3.2.3**にまとめて示し，各々の指標についての概略の考え方を以下に述べる．

表-3.2.1 劣化段階とレベル[9]

劣化段階	劣化段階の状態	対策方針	劣化度 De	健全度 Sf	レベル
Ⅴ	劣化が著しく進行している	補強	5 4	0 1	使用限界
Ⅳ	劣化や変状が広範囲に確認でき、劣化、変状がさらに進行すると予想される．	補修	3	2	
Ⅲ	劣化や変状が一部見られ、このまま進行すると予想される。	予防保全	2	3	許容限界
Ⅱ	軽微な劣化や変状が見られる。	継続監視	1	4	
Ⅰ	健全で機能的にも問題がない。	対策なし	0	5	

注意：劣化段階は、その状態であるという区間を意味し、劣化度、健全度は定量化のためポイント値を意味する。

表-3.2.2 劣化段階とレベル（判定基準）[10]

点検要領による判定			劣化段階	劣化段階の状態	対策方針	劣化度	健全度
A			V	劣化が著しく進行しており，もし1,2年以内に対策がなされないと，必要な機能が確保できなくなるか，利用者等に危険が及ぶ恐れがある。	補強	50	0
A	B		IV	劣化や変状が広範囲に確認でき，劣化，変状がさらに進行すると予想され，もし5年以内に対策行われないと，必要な機能が確保できなくなるか，利用者等に危険が及ぶ可能性がある。	補修	40	10
	B		III	劣化や変状が一部見られ，このまま進行すると予想される。もし適切な時期に対策がなされないと，必要な機能が確保できなくなるか，利用者等に危険が及ぶ可能性がある。	予防保全	30	20
		S	II	軽微な劣化や変状が見られる。現状では利用者等に影響はなく機能低下も見られないが，断続的な監視を必要とする。	継続監視	20	30
		S	I	健全で機能的にも問題ない。	対策なし	10	40
						0	50

表-3.2.3 健全度判定表（案）[10]

判定区分	変状項目			A (30)	A (20)	B (20)	B (10)	S (10)	S (0)	着目点
判定区分Ⅰ 利用者被害を誘発する変状	ひび割れ性状			連続した2方向ひび割れ	部分的〜不連続な2方向ひび割れ		部分的にひび割れ		健全	○打音検査時の濁音とひび割れ状況 ・ひび割れ発生パターン(閉合他) ・貫通ひび割れか ・ひび割れ発生部位(天端、側壁部)
	亀甲状			ひび割れ面積 2.0m²程度	ひび割れ面積 1.5m²程度		ひび割れ面積 1.0m²程度		ひび割れ面積 なし	○亀甲状のひび割れ面積
	浮き、剥離(覆工)	閉合型	ひび割れ長さ 10cm程度	ひび割れ幅 tc×(1.0以上)	ひび割れ幅 tc×(0.5〜1.0)		ひび割れ幅 tc×(0.5未満)		ひび割れ幅 なし	○閉合型ひび割れの長さと幅(長辺方向) ・ひび割れ幅の基準値(tc) (設計覆工巻厚(td)30cmの場合) tc=td×0.35％=(300mm)×0.0035=1.0mm
			20cm程度	ひび割れ幅 tc×(0.75以上)	ひび割れ幅 tc×(0.75未満)		—		ひび割れ幅 なし	
			20cm以上	ひび割れ幅 tc×(0.5以上)	ひび割れ幅 tc×(0.5未満)		—		ひび割れ幅 なし	
		交差分岐		10箇所以上	5〜9箇所		1〜4箇所		健全	○ひび割れの交差分岐箇所
		放射状		ひび割れ幅 tc×0.75	ひび割れ幅 tc×(0.5〜0.75)		ひび割れ幅 tc×0.5未満		健全	○放射状のひび割れ幅 ・ひび割れ幅の基準値(tc)は閉合型と同じ
	浮き、剥離(補修材料)			材質劣化、車輌接触により早晩、落下の恐れがある。	材質劣化、車輌接触により、将来的に落下の恐れがある。		軽微な変状はあるが、材質劣化、車輌接触による落下の可能性が少ない。		健全	○補修材の工種毎に個別に判断 ・シートの浮き ・アンカーの緩み ・モルタルのクラック　など
	突発性崩落	覆工背面空洞高さ Hm=1m		覆工巻厚 t=td×0.33〜0.5	覆工巻厚 t=td×0.5〜0.67		覆工巻厚 t=td×0.67以上		健全	○覆工厚さと覆工背面空洞の有無 ・Hm：覆工背面空洞高さ ・t：覆工巻厚(調査値) ・td：設計覆工巻厚 ○施工方法の確認 ・矢板は力学的機能あり ・NATMは力学的機能なし
		Hm=0.5m		覆工巻厚 t=td×0.33以下	覆工巻厚 t=td×0.33〜0.5		覆工巻厚 t=td×0.5〜0.67		覆工巻厚 t=td×0.67以上	
		Hm=0.2m		—	—		覆工巻厚 t=td×0.33〜0.5		覆工巻厚 t=td×0.5以上	
	漏水	アーチ		噴出	流下		滴水		にじみ	○漏水の量とその位置 ・天端はランクアップ
		側壁		—	噴出		流下		滴水〜にじみ	
	つらら等			非常に多い	多い(面的に分布)		少ない〜中程度(散在)		なし	○ツララの量とその位置 ・天端はランクアップ
	土砂流出等			同上	同上		同上		なし	○土砂流出の量とその位置 ・天端はランクアップ

判定区分	変状項目			A (30)	A (20)	B (20)	B (10)	S (10)	S (0)	着目点
判定区分Ⅱ 構造的な変状	ひび割れ(進行性あり)	進行性	ひび割れ長さ 1m/5年	—	—		ひび割れ幅 1mm/1〜2年		健全	○ひび割れの進行性(幅と長さ) ・天端はランクアップ
			1m/2年	—	ひび割れ幅 1mm/1年		ひび割れ幅 1mm/2〜5年		健全	
			1m/1年	ひび割れ幅 1mm/1年	ひび割れ幅 1mm/2年		ひび割れ幅 1mm/5年		健全	
	変形、沈下			10mm/年以上	10mm/2年		10mm/5年		健全	○内空変位量、絶対変位量 ・沈下量、不等沈下によるねじれ
	外力による変状			せん断ひび割れがあり、圧さが見られる。変形あり	山側肩部以外に軸方向引張ひび割れあり。変形なし		山側肩部に軸方向引張ひび割れあり		健全	○変形、沈下と同様(トンネルの変形) ○地すべり地、膨張性地山、偏圧地形等特殊地山条件の有無
	ひび割れ(進行性なし)	ひび割れ密度		45cm/m²以下	30cm/m²以下		15cm/m²以下		0 (健全)	○ひび割れの発生状態 ・ひび割れ発生パターン(軸方向、横断方向) ・発生部位(天端、側壁部) ・ひび割れ幅
		最大ひび割れ幅		2.0〜3.0mm未満	1.0〜2.0mm未満		0.2〜1.0mm未満		0.2mm未満 (健全)	

① 利用者の安全性に関する変状（判定区分Ⅰ）
・浮き・はく離
　浮き・はく離に関しては，覆工と補修材料に区分して下表の通り整理した．

表3.2.4　浮き・はく離に関する判定指標（案）

点検判定		A	B		S
点数（劣化度）		30	20	10	0
浮きはく離（覆工）	ひび割れ性状	連続した2方向ひび割れ	部分的～不連続な2方向ひび割れ	部分的にひび割れ	健全
	亀甲状	ひび割れ面積 2m² 程度	ひび割れ面積 1.5m² 程度	ひび割れ面積 1.0m² 程度	ひび割れ面積なし
	閉合型 ひび割れ長さ 10cm 程度	ひび割れ幅 tc×(1.0以上)	ひび割れ幅 tc×(0.5～1.0)	ひび割れ幅 tc×(0.5未満)	ひび割れ面積なし
	閉合型 20cm 程度	ひび割れ幅 tc×(0.75以上)	ひび割れ幅 tc×(0.75未満)	—	ひび割れ幅なし
	閉合型 20cm 以上	ひび割れ幅 tc×(0.5以上)	ひび割れ幅 tc×(0.5未満)	—	ひび割れ幅なし
	交差分岐	箇所数 10以上	箇所数 5～9	箇所数 1～4	健全
	放射状	ひび割れ幅 tc×0.75	ひび割れ幅 tc×(0.5～0.75)	ひび割れ幅 tc×(0.5未満)	健全
浮き・はく離（補修材料）		材質劣化，車輌接触により，早晩，落下の恐れがある．	材質劣化，車輌接触により，将来的に落下の恐れがある．	軽微な変状はあるが，材質劣化，車輌接触による落下の可能性が少ない．	健全

「浮き・はく離（覆工）」
　覆工に関する浮き・はく離の判定表は，ひび割れを主体的にとらえ整理している．
　ひび割れがトンネル覆工の変状を代表する判定項目であることから，ひび割れの幅や延長等により分類されるひび割れの種々の判定指標（ひび割れ性状，亀甲状，閉合型，交差分岐，放射状）を判定することにより，浮き・はく離の健全度判定の指標とすることが可能と考えられる．
　（ひび割れ性状）
　ひび割れ性状については，「VTR 画像解析に用いるひび割れ判定区分」に示されるひび割れの特徴（連続性，方向性，程度）および状態を参考とし，まとめたものである．
　（亀甲状，閉合型，交差分岐）
　亀甲状，閉合型，交差分岐のひび割れについては，詳細点検 A シートに示されるひび割れのパターンを参考とし，まとめたものである．
　亀甲状ひび割れについては，亀甲状のひび割れ面積を $2.0m^2$ 程度，$1.5m^2$ 程度，$1.0m^2$ 程度，ひび割れなしの状態ごとに判定指標を設定した．
　閉合型ひび割れについては，長辺方向のひび割れに着目してひび割れ長さを 10cm 程度，20cm 程度，20cm 以上の 3 段階とし，ひび割れ幅とのマトリックスとして判定した．ひび割れ幅については，ひび割れが貫通しているかどうかの重要性を考慮して，貫通最小ひび割れ幅 tc（設計覆工巻厚の 0.35%：覆工厚 30cm の場合は 1mm 程度）の 50%，75%，100% を組合せて設定した．

交差分岐ひび割れについては，ひび割れの交差分岐箇所を10箇所以上，5～9個，1～4個，なしの状態ごとに判定指標を設定した．

（放射状）

放射状ひび割れについては，閉合型ひび割れと同様に，ひびわれ幅を貫通最小ひび割れ幅tc（設計覆工巻厚の0.35%：覆工厚30cmの場合は1mm程度）の50%，75%，100%状態ごとに判定指標を設定した．

「浮き・はく離（補修材料）」

補修材料としては，鋼板，繊維シート，吹付けコンクリート，シートパネル等があるが，これらの浮き・はく離については覆工と同様なひび割れによる判定が困難である．従って，補修材の浮き・はく離については，個々の工種毎に判定することが妥当であり，「繊維シートの浮き」，「アンカーボルトの緩み」，「防水モルタルのひび割れ」などの変状が判定指標となる．

浮き・はく離の判定に当たっては，変状の発生部位（アーチ天端，側壁）にも着目する必要がある．側壁部よりもアーチ天端部の方が通行車輌等利用者への影響が大きく，側壁部であっても歩道を有するようなトンネルではアーチ部と同様に高く評価すべきである．

・突発性崩落（表-3.2.5）

突発性崩落に関しては，覆工巻厚と覆工背面の空洞の有無，背面地山の状況から判断することとなる．ここでは，覆工背面空洞高さHmを0.2m，0.5m，1.0mの3段階とし，これに対する覆工巻厚（調査値）tを判断指標として，下表のように設定した．なお，覆工巻厚の不足や覆工背面空洞の存在は在来工法の施工方法に起因するものがほとんどであり，NATMについては地山と一体（密着）となった施工が基本であるため，これらの変状はほとんど見受けられない．従って，下表の指標は在来工法を対象とし，NATMについては，在来工法との覆工の要求性能の違いも踏まえ，別途検討が必要である．

表-3.2.5 突発性崩落に関する判定指標（案）

点検判定		A	B		S
点数（劣化度）		30	20	10	0
突発性崩落	Hm=1m	覆工巻厚 t=td×0.33～0.5	覆工巻厚 t=td×0.5～0.67	覆工巻厚 t=td×0.67以上	健全
	Hm=0.5m	覆工巻厚 t=td×0.33以下	覆工巻厚 t=td×0.33～0.5	覆工巻厚 t=td×0.5～0.67	覆工巻厚 t=td×0.67以上
	Hm=0.2m	—	—	覆工巻厚 t=td×0.33～0.5	覆工巻厚 t=td×0.5以上

注）ここに，tdは設計巻厚，Hmは最大空洞高さであるが，これらが不明な場合はNATMのとき5，在来工法のとき15とする．

なお，点検結果や資料調査のみでは，これらのデータを得ることは困難であるため，これらの指標は点検結果に追加して標準調査，詳細調査が実施された段階で有効となる．

ただし，ひび割れの発生や変形などの変状原因を推定し，対策工を詳細に検討する場合においては定量的な指標として必要なものであり，トンネルの維持管理のレベルに応じて追加調査の必要性を判断することになる．

今回の判定指標では,「道路トンネル維持管理便覧」における覆工の劣化度合の判定を参考に,覆工巻厚（調査値）の指標を設計巻厚 td に対して 1/3（0.33），1/2（0.5），2/3（0.67）として区分している．

覆工背面空洞が（0.5～1.0m）以上存在し，覆工巻厚が（1/3～1/2）以下となるような場合においては，それらの範囲が局部的であるか広範囲に存在するかを判断した上で，トンネル構造の安全性について検討を行う必要がある．

また，覆工厚が不足する場合は，覆工強度が所定の強度を満たしていないケースも想定されるため，十分な調査が必要である．

・漏水（表-3.2.6）

漏水の変状に関しては，基本的には「道路トンネル維持管理便覧」の健全度の判定の目安を参考に区分することとし，アーチ部の点数を高く評価した．

なお，滴水以上の判定については点検で得られた漏水量をもとに判断する必要がある．

表-3.2.6　漏水に関する判定指標（案）

点検判定		A	B		S
点数（劣化度）		30	20	10	0
漏水	アーチ	噴出	流下	滴水	にじみ
	側壁	−	噴出	流下	滴水～にじみ

・つらら・土砂流出等（表-3.2.7）

つらら・土砂流出等に関しては，それぞれの変状規模に応じて下表の通り，定性的な指標とした．なお，漏水と同様にアーチ部の変状の場合はランクを上げることとした．

表-3.2.7　つらら・土砂流出等に関する判定指標（案）

点検判定	A	B		S
点数（劣化度）	30	20	10	0
つらら	非常に多い	多い（面的に分布）	少ない～中程度（散在）	なし
土砂流出	同上	同上	同上	なし

② 構造物の安全性に関する変状（判定区分Ⅱ）

・ひび割れ（進行性あり）（表-3.2.8）

ひび割れはトンネル覆工の変状を代表する判定項目であり，ひび割れ幅やひび割れ延長，ひび割れパターンのみならず，ひび割れの進行性等多くの判定指標が存在するが，ひび割れの進行性が認められる場合はまだ構造物として定常期に達していないことになり，構造物の安定性を判断する重要な判定項目の一つとここでは考えた．

先の定量的な評価手法の文献を参考に，ひび割れ（進行性あり）に関する判定指標を整理したものを下表に示す．

表-3.2.8 ひび割れ（進行性あり）に関する判定指標（案）

点検判定			A	B		S
点数（劣化度）			30	20	10	0
ひび割れ・進行性あり	進行性	ひび割れ長さ 1m/5年	−	−	ひび割れ幅 1mm/1〜2年	ひび割れ幅 1mm/5年未満
		1m/2年	−	ひび割れ幅 1mm/1年	ひび割れ幅 1mm/2〜5年	ひび割れ幅なし
		1m/1年	ひび割れ幅 1mm/1年	ひび割れ幅 1mm/2年	ひび割れ幅 1mm/5年	ひび割れ幅なし

ひび割れの進行性に関しては，「道路トンネル維持管理便覧」を参考にひび割れ幅とひび割れ長さに対するマトリックスとして評価した．

・変形，沈下（**表-3.2.9**）

トンネルの変形，沈下については，その要因は塑性圧，偏圧，緩み土圧などさまざまであるが，ここでは統一した判定指標として内空変位や絶対変位量（沈下量）に着目して下表を提案した．なお，実際には変形速度が計測されるケースは稀であるため，計測がない場合の取扱いについて検討が必要である．

表-3.2.9 変形，沈下に関する判定指標（案）

点検判定	A	B		S
点数（劣化度）	30	20	10	0
変形，沈下	変形速度 10mm/年以上	変形速度 10mm/2年	変形速度 10mm/5年	健全

・外力による変状（**表-3.2.10**）

外力による変状は，その力の作用方向や大きさによって変状現象が異なるため，これらの外圧に対する統一的な劣化度の判定指標を作成することは困難である．

これらの変状に対しては個別の評価が必要となるが，ここではひとつの判定指標としてせん断ひび割れ，圧ざ，軸方向ひび割れなどのひび割れ発生パターンやトンネルの変形の有無などに着目して判定指標を整理してみた．

なお，これらの判定にあたっては，地すべり地，膨張性地山，偏圧地形等の外力が想定されるような地山条件が存在するか，などのトンネル施工後の立地条件を把握しておくことが基本である．

表-3.2.10 外力による変状に関する判定指標（案）

点検判定	A	B		S
点数（劣化度）	30	20	10	0
外力による変状	せん断ひび割れがあり，圧ざが見られる．変形あり	山側肩部以外に軸方向引張ひび割れがある．変形なし	山側肩部に軸方向引張ひび割れがある．	健全

・ひび割れ（進行性なし）（表-3.2.11）

ひび割れの評価基準は，先にも記載しているとおり多く存在するが，ひび割れの程度を判定する定量的な指標としてよく使われている「ひび割れ密度」と「最大ひび割れ幅」により以下の判定指標により評価することとした．

表-3.2.11 ひびわれ（進行性なし）に関する判定指標（案）

点検判定		A	B		S
点数（劣化度）		30	20	10	0
ひび割れ・進行性なし	ひび割れ密度	45cm/m2	30cm/m2 以下	15cm/m2 以下	0（健全）
	最大ひび割れ幅	2.0～3.0mm 未満	1.0～2.0mm 未満	0.2～1.0mm 未満	0.2mm 未満

ⅲ）評価方法について

提案された健全度判定表に基づき評価が行われるが，判定表の評価にあたっては，以下のように考えて評価するものとした．

① 判定区分Ⅰについては，まず各評点者が各項目を評点し，それらの項目の最大値を判定区分Ⅰの評点とする．そして，複数の評点者の評点を平均し，5点刻みで最終評点を算出する．ここで5点刻みにしたのは，本判定指標を1点刻みでは評価が困難であること，また10点刻みでは劣化度の変化を追っていく場合あまりにも評点が粗すぎると考えたためである．また，最大値としたのは，利用者の安全を優先し，最大値で評価されるべきものと考えたためである．

② 判定区分Ⅱについては，まず各評点者が各項目を評点し，それらの項目の平均点を1点刻みで判定区分Ⅱの評点とする．そして，複数の評点者の評点を平均し，1点刻みで最終評点を算出する．ここで1点刻みにしたのは，本判定指標が1点刻みでも比較的容易に評価が可能であるためである．

(2) 健全度評価表を用いた劣化度の算出

ここでは，モデルトンネルを対象に，健全度評価表を用いて，「劣化度」を算出した．モデルトンネル（以下，Aトンネル）は，実際に変状を生じ，調査結果の判明しているトンネルをもとに設定した．点検調査は，平成12年，平成16年に実施しており，トンネルの変状状況は変状の著しいスパンと比較的変状の少ないスパンに分け設定した．図-3.2.1および図-3.2.2にモデルトンネルの変状展開図の一部(20～30スパン)を示す．なお，実際のトンネルに関しては，トンネルの施工時には，小崩落（天端・鏡面），吹付けコンクリート剥落，ロックボルトの座金の変形といった変状現象が発生しており，各種補助工法により対処している．特に，本トンネルでは湧水の発生が多く，トンネルの施工においては，水抜きボーリングを併用して掘進を進めていた．発生した変状の主なものは，ひび割れ，漏水である．

ここで，平成12年に定期点検を実施し，その結果に基づき補修工事（ひび割れ注入，排水工，導水工）を施工した箇所については，トンネル施工時に変状が発生し，補助工法を多用した箇所とする．

平成16年の2回目の点検では，部分的にはひび割れの増加が見られている状況である．

ひび割れの進行性に関しては，追跡調査の結果，平成16年以降に関しては，坑内温度変化伴うものが主であり，特に進行性は認められないことが分かっている．

なお，ここで算出した「劣化度」を指標とした検討事例は，後述6章（6.1.2）に示している．

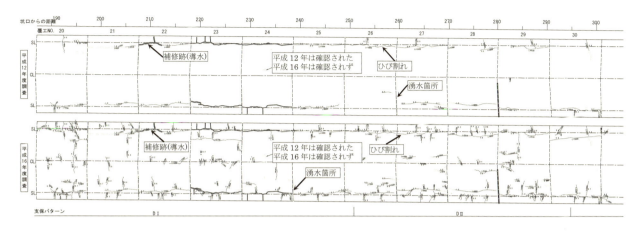

図-3.2.1　Aトンネルの覆工変状展開図の例

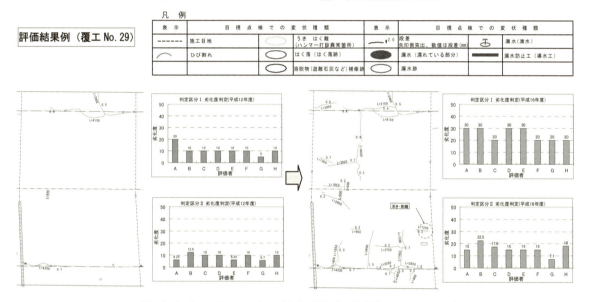

図-3.2.2　Aトンネル健全度評価結果例（No.29スパン）

(3) 健全度評価表を用いた劣化予測

a) グレードの算出

ここでは，前述のモデルトンネルを対象に，マルコフ過程を用いて劣化予測を行った．マルコフ過程を用いるにあたり，劣化度ではなく，前述の健全度評価表に基づき，**表-3.2.12**に示す判定区分を設定した．さらに，対策時期・調査の必要性等を考慮して，後述のように6段階のグレードを設定した．判定区分とグレードの関係を**表-3.2.13**に示す．

① グレードⅤ：直ちに対策が必要とされる判定区分(3A－Ⅰ)
② グレードⅣ：早急に対策が必要とされる判定区分(2A－Ⅰ，3A－Ⅱ)
③ グレードⅢ：計画的に対策を施す必要のある判定区分(A－Ⅰ，2A－Ⅱ)
④ グレードⅡ：継続的に調査を行う必要のある判定区分(A－Ⅱ)
⑤ グレードⅠ：日常点検および定期点検で注視を施す必要のある判定区分(B－Ⅰ，B－Ⅱ)
⑥ グレード0：健全である(－)

表-3.2.12　健全度判定に使用した判定区分の内容

判定区分Ⅰ（利用者被害を誘発する変状）	
判定区分Ⅰ	判定の内容
3A−Ⅰ	変状が大きく、歩行者及び通行車両に対して危険があるため、直ちになんらかの対策を必要とするもの。
2A−Ⅰ	変状があり、それが進行して、早晩、歩行者及び通行車両に対して危険を与えるため、早急に対策を必要とするもの。
A−Ⅰ	変状があり、将来、歩行者及び通行車両に対して危険を与える可能性があるため、必要に応じて対策工を計画的に実施するもの。
B−Ⅰ	変状があっても軽微な変状で、現状では歩行者及び通行車両に対して大きな影響はなく、日常点検および定期点検での注視を実施するもの。

判定区分Ⅱ（構造的な変状）	
判定区分Ⅱ	判定の内容
3A−Ⅱ	変状が大きく、トンネル構造自体の安定に問題があり、早急に対策を必要とするもの。
2A−Ⅱ	変状があり、それが進行して、トンネル構造自体の安定に問題が生じるため、計画的に対策を必要とするもの。
A−Ⅱ	変状があり、将来的にトンネル構造自体の安定に問題が生じる可能性があると考えられ、継続的な調査または調査項目を追加し再調査を必要とするもの。
B−Ⅱ	軽微な変状で、現状ではトンネル構造の安定に問題はなく、日常点検および定期点検での注視を実施するもの。

表 3.2.13　判定区分とグレードの関係

グレード	判定区分	
Ⅴ	3A−Ⅰ	
Ⅳ	2A−Ⅰ	3A−Ⅱ
Ⅲ	A−Ⅰ	2A−Ⅱ
Ⅱ		A−Ⅱ
Ⅰ	B−Ⅰ	B−Ⅱ
0	空欄(-)	

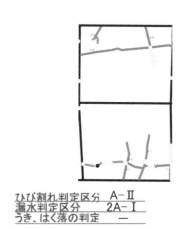

ひび割れ判定区分　A−Ⅱ
漏水判定区分　　　2A−Ⅰ
うき、はく落の判定　　−

図-3.2.3　評価例

具体的なグレード算出方法を以下に示す．

① モデルトンネル(100スパン)の各スパンを，初回点検(H12年度)，2回目点検(H16年度)の覆工変状展開図に基づき，前述の健全度評価表を用いた判定区分により健全度評価した（**図-3.2.3**）．なお，健全度評価の項目は，覆工変状展開図より評価可能である「ひび割れ」，「漏水」，「浮き・はく落」を対象とした．ここで，1スパンは坑門のため評価より除外した．

② 複数のトンネル専門技術者の評価結果について議論し，各スパンのグレードを算出した．ここでは，1スパンごとに，「ひび割れ」，「漏水」，「浮き・はく落」の3項目それぞれで評価し，1スパンのグレードは複数の専門技術者の判定のうち，グレードの大きな判定を採用した．なお，「漏水」の評価では，点検時期により漏水量が異なるため，H16年点検時には漏水が見られなくてもH12点検でB−Ⅰ判定されている箇所はB−Ⅰ判定として評価した．また，「浮き・はく落」の評価では，H16年点検には浮きが表記されていなくてもH12年度に浮きが確認されている箇所はB−Ⅰ判定として評価した．

モデルトンネルで実施した初回点検（H12年度），2回目点検（H16年度）の判定区分とグレードの一覧表を**表-3.2.14**に示す．

表-3.2.14 判定区分とグレードの一覧表

スパン番号	H12年度判定結果 判定区分 ひび割れ	漏水	浮き・はく落	グレード ひび割れ	漏水	浮き・はく落	スパン番号	H16年度判定結果 判定区分 ひび割れ	漏水	浮き・はく落	グレード ひび割れ	漏水	浮き・はく落	推移結果表(H12からH16の推移が負) ひび割れ	漏水	浮き・はく落
1							1									
2	A-Ⅱ		B-Ⅰ	Ⅲ		Ⅰ	2	A-Ⅱ	B-Ⅰ	B-Ⅰ	Ⅱ	Ⅰ	Ⅰ	Ⅲ→Ⅱ	0→Ⅰ	Ⅰ→Ⅰ
3	B-Ⅱ			Ⅰ			3	B-Ⅱ			Ⅰ			Ⅰ→Ⅰ	0→0	0→0
4	B-Ⅱ	B-Ⅰ		Ⅰ	Ⅰ		4	B-Ⅱ	B-Ⅰ		Ⅰ	Ⅰ		Ⅰ→Ⅰ	Ⅰ→Ⅰ	0→0
5	B-Ⅱ		B-Ⅰ	Ⅰ		Ⅰ	5	B-Ⅱ		B-Ⅰ	Ⅰ		Ⅰ	Ⅰ→Ⅰ	0→0	Ⅰ→Ⅰ
6	B-Ⅱ			Ⅰ			6	B-Ⅱ			Ⅰ			Ⅰ→Ⅰ	0→0	0→0
7	B-Ⅱ			Ⅰ			7	B-Ⅱ			Ⅰ			Ⅰ→Ⅰ	0→0	0→0
8	B-Ⅱ			Ⅰ			8	B-Ⅱ			Ⅰ			Ⅰ→Ⅰ	0→0	0→0
9	B-Ⅱ			Ⅰ			9	B-Ⅱ			Ⅰ			Ⅰ→Ⅰ	0→0	0→0
10	B-Ⅱ			Ⅰ			10	B-Ⅱ			Ⅰ			Ⅰ→Ⅰ	0→0	0→0
11							11	B-Ⅱ			Ⅰ			0→Ⅰ	0→0	0→0
12	B-Ⅱ			Ⅰ			12	B-Ⅱ			Ⅰ			Ⅰ→Ⅰ	0→0	0→0
13			B-Ⅰ			Ⅰ	13	B-Ⅱ		B-Ⅰ	Ⅰ		Ⅰ	0→Ⅰ	0→0	Ⅰ→Ⅰ
14	B-Ⅱ			Ⅰ			14	B-Ⅱ			Ⅰ			Ⅰ→Ⅰ	0→0	0→0
15	B-Ⅱ			Ⅰ			15	B-Ⅱ			Ⅰ			Ⅰ→Ⅰ	0→0	0→0
16	B-Ⅱ			Ⅰ			16	B-Ⅱ			Ⅰ			Ⅰ→Ⅰ	0→0	0→0
17	B-Ⅱ	B-Ⅰ		Ⅰ	Ⅰ		17	A-Ⅱ	B-Ⅰ		Ⅱ	Ⅰ		Ⅰ→Ⅱ	Ⅰ→Ⅰ	0→0
18	B-Ⅱ	B-Ⅰ	B-Ⅰ	Ⅰ	Ⅰ	Ⅰ	18	A-Ⅱ	B-Ⅰ	B-Ⅰ	Ⅱ	Ⅰ	Ⅰ	Ⅰ→Ⅱ	Ⅰ→Ⅰ	Ⅰ→Ⅰ
19	A-Ⅰ	A-Ⅰ	B-Ⅰ	Ⅲ	Ⅲ	Ⅰ	19	A-Ⅱ	A-Ⅰ	B-Ⅰ	Ⅱ	Ⅲ	Ⅰ	Ⅲ→Ⅱ	Ⅲ→Ⅲ	Ⅰ→Ⅰ
20	A-Ⅱ	A-Ⅰ		Ⅱ	Ⅲ		20	A-Ⅱ	A-Ⅰ		Ⅱ	Ⅲ		Ⅱ→Ⅱ	Ⅲ→Ⅲ	0→0
21	A-Ⅱ	A-Ⅰ		Ⅱ	Ⅲ		21	A-Ⅱ	2A-Ⅰ		Ⅱ	Ⅳ		Ⅱ→Ⅱ	Ⅲ→Ⅳ	0→0
22	A-Ⅱ	A-Ⅰ		Ⅱ	Ⅲ		22	A-Ⅱ	2A-Ⅰ		Ⅱ	Ⅳ		Ⅱ→Ⅱ	Ⅲ→Ⅳ	0→0
23	A-Ⅱ	B-Ⅰ		Ⅱ	Ⅰ		23	A-Ⅱ	A-Ⅰ		Ⅱ	Ⅲ		Ⅱ→Ⅱ	Ⅰ→Ⅲ	0→0
24	A-Ⅱ	A-Ⅰ		Ⅱ	Ⅲ		24	A-Ⅱ	2A-Ⅰ	B-Ⅰ	Ⅱ	Ⅳ	Ⅰ	Ⅱ→Ⅱ	Ⅲ→Ⅳ	0→Ⅰ
25	A-Ⅱ	2A-Ⅰ		Ⅱ	Ⅳ		25	A-Ⅱ	2A-Ⅰ	B-Ⅰ	Ⅱ	Ⅳ	Ⅰ	Ⅱ→Ⅱ	Ⅳ→Ⅳ	0→Ⅰ
26	A-Ⅱ	A-Ⅰ		Ⅱ	Ⅲ		26	A-Ⅱ	2A-Ⅰ		Ⅱ	Ⅳ		Ⅱ→Ⅱ	Ⅲ→Ⅳ	0→0
27	A-Ⅱ	2A-Ⅰ	B-Ⅰ	Ⅱ	Ⅳ	Ⅰ	27	A-Ⅱ	2A-Ⅰ	B-Ⅰ	Ⅱ	Ⅳ	Ⅰ	Ⅱ→Ⅱ	Ⅳ→Ⅳ	Ⅰ→Ⅰ
28	A-Ⅱ	B-Ⅰ	B-Ⅰ	Ⅱ	Ⅰ	Ⅰ	28	A-Ⅱ	2A-Ⅰ	B-Ⅰ	Ⅱ	Ⅳ	Ⅰ	Ⅱ→Ⅱ	Ⅰ→Ⅳ	Ⅰ→Ⅰ
29	A-Ⅱ	B-Ⅰ		Ⅱ	Ⅰ		29	A-Ⅱ	2A-Ⅰ		Ⅱ	Ⅳ		Ⅱ→Ⅱ	Ⅰ→Ⅳ	0→0
30	A-Ⅱ	2A-Ⅰ		Ⅱ	Ⅳ		30	A-Ⅱ	2A-Ⅰ		Ⅱ	Ⅳ		Ⅱ→Ⅱ	Ⅳ→Ⅳ	0→0
31	A-Ⅱ	2A-Ⅰ		Ⅱ	Ⅳ		31	A-Ⅱ	2A-Ⅰ		Ⅱ	Ⅳ		Ⅱ→Ⅱ	Ⅳ→Ⅳ	0→0
32	A-Ⅰ	B-Ⅰ	B-Ⅰ	Ⅲ	Ⅰ	Ⅰ	32	A-Ⅱ	A-Ⅰ	A-Ⅰ	Ⅱ	Ⅲ	Ⅲ	Ⅲ→Ⅱ	Ⅰ→Ⅲ	Ⅰ→Ⅲ
33	A-Ⅰ	A-Ⅰ	B-Ⅰ	Ⅲ	Ⅲ	Ⅰ	33	A-Ⅱ	2A-Ⅰ	A-Ⅰ	Ⅱ	Ⅳ	Ⅲ	Ⅲ→Ⅱ	Ⅲ→Ⅳ	Ⅰ→Ⅲ
34	A-Ⅱ	2A-Ⅰ		Ⅱ	Ⅳ		34	A-Ⅱ	2A-Ⅰ		Ⅱ	Ⅳ		Ⅱ→Ⅱ	Ⅳ→Ⅳ	0→0
35	A-Ⅱ	2A-Ⅰ		Ⅱ	Ⅳ		35	A-Ⅱ	2A-Ⅰ	B-Ⅰ	Ⅱ	Ⅳ	Ⅰ	Ⅱ→Ⅱ	Ⅳ→Ⅳ	0→Ⅰ
36	A-Ⅱ	A-Ⅰ		Ⅱ	Ⅲ		36	A-Ⅱ	A-Ⅰ		Ⅱ	Ⅲ		Ⅱ→Ⅱ	Ⅲ→Ⅲ	0→0
37	A-Ⅱ	B-Ⅰ		Ⅱ	Ⅰ		37	A-Ⅱ	2A-Ⅰ		Ⅱ	Ⅳ		Ⅱ→Ⅱ	Ⅰ→Ⅳ	0→0
38	A-Ⅱ			Ⅱ			38	A-Ⅱ	2A-Ⅰ		Ⅱ	Ⅳ		Ⅱ→Ⅱ	0→Ⅳ	0→0
39	B-Ⅱ		B-Ⅰ	Ⅰ		Ⅰ	39	B-Ⅱ		2A-Ⅰ	Ⅰ		Ⅳ	Ⅰ→Ⅰ	0→0	Ⅰ→Ⅳ
40	B-Ⅱ		B-Ⅰ	Ⅰ		Ⅰ	40	B-Ⅱ		A-Ⅰ	Ⅰ		Ⅲ	Ⅰ→Ⅰ	0→0	Ⅰ→Ⅲ
41							41	B-Ⅱ		B-Ⅰ	Ⅰ		Ⅰ	0→Ⅰ	0→0	0→Ⅰ
42	B-Ⅱ			Ⅰ			42	B-Ⅱ		B-Ⅰ	Ⅰ		Ⅰ	Ⅰ→Ⅰ	0→0	0→Ⅰ
43	B-Ⅱ			Ⅰ			43	B-Ⅱ			Ⅰ			Ⅰ→Ⅰ	0→0	0→0
44	B-Ⅱ	B-Ⅰ		Ⅰ	Ⅰ		44	B-Ⅱ	B-Ⅰ	B-Ⅰ	Ⅰ	Ⅰ	Ⅰ	Ⅰ→Ⅰ	Ⅰ→Ⅰ	0→Ⅰ
45							45	B-Ⅱ			Ⅰ			0→Ⅰ	0→0	0→0
46	B-Ⅱ		B-Ⅰ	Ⅰ		Ⅰ	46	B-Ⅱ		B-Ⅰ	Ⅰ		Ⅰ	Ⅰ→Ⅰ	0→0	Ⅰ→Ⅰ
47	B-Ⅱ		B-Ⅰ	Ⅰ		Ⅰ	47	B-Ⅱ		A-Ⅰ	Ⅰ		Ⅲ	Ⅰ→Ⅰ	0→0	Ⅰ→Ⅲ
48	B-Ⅱ	B-Ⅰ		Ⅰ	Ⅰ		48	B-Ⅱ		A-Ⅰ	Ⅰ		Ⅲ	Ⅰ→Ⅰ	Ⅰ→0	0→Ⅲ
49	B-Ⅱ		B-Ⅰ	Ⅰ		Ⅰ	49	B-Ⅱ		A-Ⅰ	Ⅰ		Ⅲ	Ⅰ→Ⅰ	0→0	Ⅰ→Ⅲ
50	B-Ⅱ	B-Ⅰ		Ⅰ	Ⅰ		50	B-Ⅱ			Ⅰ			Ⅰ→Ⅰ	Ⅰ→0	0→0
51		B-Ⅰ			Ⅰ		51	B-Ⅱ	B-Ⅰ		Ⅰ	Ⅰ		0→Ⅰ	Ⅰ→Ⅰ	0→0
52		B-Ⅰ			Ⅰ		52	B-Ⅱ	B-Ⅰ		Ⅰ	Ⅰ		0→Ⅰ	Ⅰ→Ⅰ	0→0
53	B-Ⅱ	B-Ⅰ		Ⅰ	Ⅰ		53	B-Ⅱ		A-Ⅰ	Ⅰ		Ⅲ	Ⅰ→Ⅰ	Ⅰ→0	0→Ⅲ
54	B-Ⅱ	B-Ⅰ	B-Ⅰ	Ⅰ	Ⅰ	Ⅰ	54	B-Ⅱ	B-Ⅰ	B-Ⅰ	Ⅰ	Ⅰ	Ⅰ	Ⅰ→Ⅰ	Ⅰ→Ⅰ	Ⅰ→Ⅰ
55	B-Ⅱ	B-Ⅰ		Ⅰ	Ⅰ		55	B-Ⅱ		A-Ⅰ	Ⅰ		Ⅲ	Ⅰ→Ⅰ	Ⅰ→0	0→Ⅲ
56	B-Ⅱ	B-Ⅰ	B-Ⅰ	Ⅰ	Ⅰ	Ⅰ	56	B-Ⅱ		B-Ⅰ	Ⅰ		Ⅰ	Ⅰ→Ⅰ	Ⅰ→0	Ⅰ→Ⅰ
57	B-Ⅱ			Ⅰ			57	B-Ⅱ		A-Ⅰ	Ⅰ		Ⅲ	Ⅰ→Ⅰ	0→0	0→Ⅲ
58	B-Ⅱ	A-Ⅰ	B-Ⅰ	Ⅰ	Ⅲ	Ⅰ	58	B-Ⅱ		A-Ⅰ	Ⅰ		Ⅲ	Ⅰ→Ⅰ	Ⅲ→0	Ⅰ→Ⅲ
59	B-Ⅱ		B-Ⅰ	Ⅰ		Ⅰ	59	A-Ⅱ	2A-Ⅰ	A-Ⅰ	Ⅱ	Ⅳ	Ⅲ	Ⅰ→Ⅱ	0→Ⅳ	Ⅰ→Ⅲ
60	B-Ⅱ			Ⅰ			60	B-Ⅱ	B-Ⅰ	A-Ⅰ	Ⅰ	Ⅰ	Ⅲ	Ⅰ→Ⅰ	0→Ⅰ	0→Ⅲ
61	B-Ⅱ			Ⅰ			61	B-Ⅱ			Ⅰ			Ⅰ→Ⅰ	0→0	0→0
62	B-Ⅱ		B-Ⅰ	Ⅰ		Ⅰ	62	B-Ⅱ	B-Ⅰ		Ⅰ	Ⅰ		Ⅰ→Ⅰ	0→0	Ⅰ→Ⅰ
63	B-Ⅱ	B-Ⅰ	B-Ⅰ	Ⅰ	Ⅰ	Ⅰ	63	B-Ⅱ	B-Ⅰ	B-Ⅰ	Ⅰ	Ⅰ	Ⅰ	Ⅰ→Ⅰ	Ⅰ→Ⅰ	Ⅰ→Ⅰ
64		B-Ⅰ			Ⅰ		64	B-Ⅱ	B-Ⅰ		Ⅰ	Ⅰ		0→Ⅰ	Ⅰ→Ⅰ	0→0
65	B-Ⅱ	B-Ⅰ		Ⅰ	Ⅰ		65	B-Ⅱ	B-Ⅰ	A-Ⅰ	Ⅰ	Ⅰ	Ⅲ	Ⅰ→Ⅰ	Ⅰ→Ⅰ	0→Ⅲ
66	B-Ⅱ	B-Ⅰ		Ⅰ	Ⅰ		66	B-Ⅱ	B-Ⅰ	A-Ⅰ	Ⅰ	Ⅰ	Ⅲ	Ⅰ→Ⅰ	Ⅰ→Ⅰ	0→Ⅲ
67	B-Ⅱ	B-Ⅰ	B-Ⅰ	Ⅰ	Ⅰ	Ⅰ	67	B-Ⅱ		A-Ⅰ	Ⅰ		Ⅲ	Ⅰ→Ⅰ	Ⅰ→0	Ⅰ→Ⅲ
68		B-Ⅰ			Ⅰ		68	B-Ⅱ	B-Ⅰ		Ⅰ	Ⅰ		0→Ⅰ	Ⅰ→Ⅰ	0→0
69	B-Ⅱ	B-Ⅰ	B-Ⅰ	Ⅰ	Ⅰ	Ⅰ	69	B-Ⅱ	B-Ⅰ	B-Ⅰ	Ⅰ	Ⅰ	Ⅰ	Ⅰ→Ⅰ	Ⅰ→Ⅰ	Ⅰ→Ⅰ
70	B-Ⅱ		B-Ⅰ	Ⅰ		Ⅰ	70	A-Ⅱ		B-Ⅰ	Ⅱ		Ⅰ	Ⅰ→Ⅱ	0→0	Ⅰ→Ⅰ
71	B-Ⅱ			Ⅰ			71	A-Ⅱ			Ⅱ			Ⅰ→Ⅱ	0→0	0→0
72	A-Ⅱ	B-Ⅰ		Ⅱ	Ⅰ		72	A-Ⅱ	B-Ⅰ	A-Ⅰ	Ⅱ	Ⅰ	Ⅲ	Ⅱ→Ⅱ	Ⅰ→Ⅰ	0→Ⅲ
73	A-Ⅱ			Ⅱ			73	A-Ⅱ		B-Ⅰ	Ⅱ		Ⅰ	Ⅱ→Ⅱ	0→0	0→Ⅰ
74	B-Ⅱ			Ⅰ			74	A-Ⅱ			Ⅱ			Ⅰ→Ⅱ	0→0	0→0
75	B-Ⅱ			Ⅰ			75	A-Ⅱ			Ⅱ			Ⅰ→Ⅱ	0→0	0→0
76	B-Ⅱ			Ⅰ			76	B-Ⅱ		B-Ⅰ	Ⅰ		Ⅰ	Ⅰ→Ⅰ	0→0	0→Ⅰ
77	B-Ⅱ			Ⅰ			77	B-Ⅱ		A-Ⅰ	Ⅰ		Ⅲ	Ⅰ→Ⅰ	0→0	0→Ⅲ
78	B-Ⅱ		B-Ⅰ	Ⅰ		Ⅰ	78	B-Ⅱ		A-Ⅰ	Ⅰ		Ⅲ	Ⅰ→Ⅰ	0→0	Ⅰ→Ⅲ
79	B-Ⅱ			Ⅰ			79	A-Ⅱ			Ⅱ			Ⅰ→Ⅱ	0→0	0→0
80	B-Ⅱ			Ⅰ			80	A-Ⅱ			Ⅱ			Ⅰ→Ⅱ	0→0	0→0
81		B-Ⅰ	B-Ⅰ		Ⅰ	Ⅰ	81	A-Ⅱ	B-Ⅰ	B-Ⅰ	Ⅱ	Ⅰ	Ⅰ	0→Ⅱ	Ⅰ→Ⅰ	Ⅰ→Ⅰ
82	B-Ⅱ			Ⅰ			82	B-Ⅱ	B-Ⅰ	A-Ⅰ	Ⅰ	Ⅰ	Ⅲ	Ⅰ→Ⅰ	0→Ⅰ	0→Ⅲ
83	B-Ⅱ	B-Ⅰ		Ⅰ	Ⅰ		83	B-Ⅱ	B-Ⅰ		Ⅰ	Ⅰ		Ⅰ→Ⅰ	Ⅰ→Ⅰ	0→0
84	B-Ⅱ	B-Ⅰ	B-Ⅰ	Ⅰ	Ⅰ	Ⅰ	84	B-Ⅱ	B-Ⅰ	2A-Ⅰ	Ⅰ	Ⅰ	Ⅳ	Ⅰ→Ⅰ	Ⅰ→Ⅰ	Ⅰ→Ⅳ
85	B-Ⅱ	B-Ⅰ		Ⅰ	Ⅰ		85	B-Ⅱ	B-Ⅰ		Ⅰ	Ⅰ		Ⅰ→Ⅰ	Ⅰ→Ⅰ	0→0
86			B-Ⅰ			Ⅰ	86	B-Ⅱ		2A-Ⅰ	Ⅰ		Ⅳ	0→Ⅰ	0→0	Ⅰ→Ⅳ
87			B-Ⅰ			Ⅰ	87	B-Ⅱ		B-Ⅰ	Ⅰ		Ⅰ	0→Ⅰ	0→0	Ⅰ→Ⅰ
88	B-Ⅱ		B-Ⅰ	Ⅰ		Ⅰ	88	B-Ⅱ		A-Ⅰ	Ⅰ		Ⅲ	Ⅰ→Ⅰ	0→0	Ⅰ→Ⅲ
89	B-Ⅱ			Ⅰ			89	B-Ⅱ			Ⅰ			Ⅰ→Ⅰ	0→0	0→0
90		B-Ⅰ			Ⅰ		90	B-Ⅱ	B-Ⅰ		Ⅰ	Ⅰ		0→Ⅰ	Ⅰ→Ⅰ	0→0
91		B-Ⅰ			Ⅰ		91	B-Ⅱ	2A-Ⅰ		Ⅰ	Ⅳ		0→Ⅰ	Ⅰ→Ⅳ	0→0
92		B-Ⅰ			Ⅰ		92	B-Ⅱ	B-Ⅰ		Ⅰ	Ⅰ		0→Ⅰ	Ⅰ→Ⅰ	0→0
93		B-Ⅰ			Ⅰ		93	B-Ⅱ	B-Ⅰ		Ⅰ	Ⅰ		0→Ⅰ	Ⅰ→Ⅰ	0→0
94		B-Ⅰ			Ⅰ		94	B-Ⅱ	B-Ⅰ		Ⅰ	Ⅰ		0→Ⅰ	Ⅰ→Ⅰ	0→0
95		B-Ⅰ			Ⅰ		95	B-Ⅱ	B-Ⅰ		Ⅰ	Ⅰ		0→Ⅰ	Ⅰ→Ⅰ	0→0
96		B-Ⅰ			Ⅰ		96	B-Ⅱ	B-Ⅰ		Ⅰ	Ⅰ		0→Ⅰ	Ⅰ→Ⅰ	0→0
97							97	B-Ⅱ		A-Ⅰ	Ⅰ		Ⅲ	0→Ⅰ	0→0	0→Ⅲ
98	B-Ⅱ	B-Ⅰ		Ⅰ	Ⅰ		98	A-Ⅱ	B-Ⅰ		Ⅱ	Ⅰ		Ⅰ→Ⅱ	Ⅰ→Ⅰ	0→0
99	B-Ⅱ			Ⅰ			99	A-Ⅱ			Ⅱ			Ⅰ→Ⅱ	0→0	0→0
100	B-Ⅱ	B-Ⅰ		Ⅰ	Ⅰ		100	A-Ⅱ	B-Ⅰ		Ⅱ	Ⅰ		Ⅰ→Ⅱ	Ⅰ→Ⅰ	0→0

b) マルコフ過程による劣化予測

ここでは，マルコフ過程を用いて対象トンネルのスパンにおける劣化の生起確率を算出する．つまり，最終的な判定結果（**表-3.2.14**）を用いて，変状要因毎のグレードの未来時点（H20）において発生する確率を算出した．

未来状態（H20）における生起確率を求める式を下記に示す．ここで P は未来状態における生起確率を表す．S（H16）は現在状態における確率をあらわす．T は H12 から H16 における推移確率を表す．この S と T を乗じることで未来状態である H20 の生起確率を算出できる．

$$P_{H20} = S_{H16} \cdot T^{\tau}$$
式-3.2.1

$$S(t) = [S_n(t) S_{n+1}(t) \cdots\cdots S_4(t) S_5(t)]$$
式-3.2.2

P_{H20}：平成 20 年度における生起確率
S_{H16}：初期状態
T^{τ}：推移行列 $\{S(t)\}$
$S(t)$：供用後 t 年時点の判定区分

式-3.2.1 および **式-3.2.2** を健全度低下予測する際の式で表すと **式-3.2.3** のようになる．

$$P_{20} = [S(0), S(I), S(II), S(III), S(IV), S(V)] \begin{bmatrix} T_{0\to 0} & T_{0\to I} & T_{0\to II} & T_{0\to III} & T_{0\to IV} & T_{0\to V} \\ 0 & T_{I\to I} & T_{I\to II} & T_{I\to III} & T_{I\to IV} & T_{I\to V} \\ 0 & 0 & T_{II\to II} & T_{II\to III} & T_{II\to IV} & T_{II\to V} \\ 0 & 0 & 0 & T_{III\to III} & T_{III\to III} & T_{III\to V} \\ 0 & 0 & 0 & 0 & T_{IV\to IV} & T_{IV\to V} \\ 0 & 0 & 0 & 0 & 0 & T_{V\to V} \end{bmatrix}$$
式-3.2.3

表-3.2.15～**表-3.2.16** に健全度評価によって得られた H12 と H16 のグレード化の集計結果を示す．これらの結果を用いて，H12～H16 における各変状要因の推移確率 T を算出する．推移確率 T は相対度数で算出し，その推移確率 T より H16（現在状態）からの未来状態である H20 年度に発生する各変状における判定区分の確率 P を算出する．

表-3.2.15 グレード化の集計結果 (H12)

H12	グレード						総スパン数
	0	I	II	III	IV	V	
ひび割れ	19	57	19	4	0	0	99
漏水	47	37	0	9	6	0	99
うき・はく落	65	34	0	0	0	0	99

表 3.2.16 グレード化の集計結果(H16)

H16	グレード						総スパン数
	0	I	II	III	IV	V	
ひび割れ	0	63	35	1	0	0	99
漏水	44	32	0	6	17	0	99
うき・はく落	50	24	0	22	3	0	99

ここで行列式を用いて各変状要因における未来状態（H20）の生起確率 P_{20} を算出するための各変状（ひび割れ，漏水，うき・はく落）における S_{H16}（H16の判定区分）および推移行列 T を算出する．また，それぞれの変状に関して，グレードの変化を度数（スパン数）として示すことにより劣化の推移（劣化の有無）を検討する．

以下に各変状に検討結果を示す．

i) 判定区分（ひび割れ）

表-3.2.17 H16における判定区分（ひび割れ）の確率

0	I	II	III	IV	V
0.00	0.64	0.35	0.01	0.00	0.00

表-3.2.18 判定区分（ひび割れ）の推移集計(H12→H16)

0→0	0→I	0→II	0→III	0→IV	0→V
0	18	1	0	0	0

I→0	I→I	I→II	I→III	I→IV	I→V
0	45	11	1	0	0

II→0	II→I	II→II	II→III	II→IV	II→V
0	0	19	0	0	0

III→0	III→I	III→II	III→III	III→IV	III→V
0	0	4	0	0	0

IV→0	IV→I	IV→II	IV→III	IV→IV	IV→V
0	0	0	0	0	0

V→0	V→I	V→II	V→III	V→IV	V→V
0	0	0	0	0	0

表-3.2.19 判定区分（ひび割れ）の推移確率(H12→H16)

0→0	0→I	0→II	0→III	0→IV	0→V
0.00	0.95	0.05	0.00	0.00	0→V

I→0	I→I	I→II	I→III	I→IV	I→V
0.00	0.79	0.19	0.02	0.00	0.00

II→0	II→I	II→II	II→III	II→IV	II→V
0.00	0.00	1.00	0.00	0.00	0.00

III→0	III→I	III→II	III→III	III→IV	III→V
0.00	0.00	1.00	0.00	0.00	0.00

IV→0	IV→I	IV→II	IV→III	IV→IV	IV→V
0.00	0.00	0.00	0.00	0.00	0.00

V→0	V→I	V→II	V→III	V→IV	V→V
0.00	0.00	0.00	0.00	0.00	0.00

表-3.2.20 H20における判定区分（ひび割れ）の生起確率

0	I	II	III	IV	V
0.00	0.50	0.48	0.01	0.00	0.00

表-3.2.17～表-3.2.18よりH16（現在状態）からH20（未来状態）に生起する確率が算出される．これらの結果を図-3.2.4にひび割れのグレードの変化として度数（スパン数）で示す．同図により，判定区分の「ひび割れ」は未来状態へ劣化が推移している結果となることがわかる．

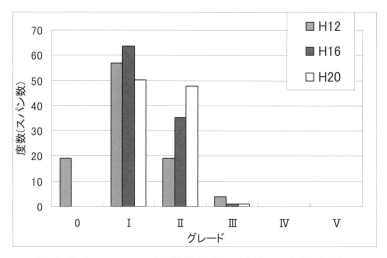

図-3.2.4 マルコフ過程結果(ひび割れの生起確率)

ⅱ) 判定区分(漏水)

表-3.2.21 H16における判定区分(漏水)の確率

0	Ⅰ	Ⅱ	Ⅲ	Ⅳ	Ⅴ
0.44	0.32	0.00	0.06	0.17	0.00

表-3.2.22 判定区分(漏水)の推移集計(H12→H16)

0→0	0→Ⅰ	0→Ⅱ	0→Ⅲ	0→Ⅳ	0→Ⅴ
44	1	0	0	2	0

Ⅰ→0	Ⅰ→Ⅰ	Ⅰ→Ⅱ	Ⅰ→Ⅲ	Ⅰ→Ⅳ	Ⅰ→Ⅴ
0	31	0	2	4	0

Ⅱ→0	Ⅱ→Ⅰ	Ⅱ→Ⅱ	Ⅱ→Ⅲ	Ⅱ→Ⅳ	Ⅱ→Ⅴ
0	0	0	0	0	0

Ⅲ→0	Ⅲ→Ⅰ	Ⅲ→Ⅱ	Ⅲ→Ⅲ	Ⅲ→Ⅳ	Ⅲ→Ⅴ
0	0	0	4	5	0

Ⅳ→0	Ⅳ→Ⅰ	Ⅳ→Ⅱ	Ⅳ→Ⅲ	Ⅳ→Ⅳ	Ⅳ→Ⅴ
0	0	0	0	6	0

Ⅴ→0	Ⅴ→Ⅰ	Ⅴ→Ⅱ	Ⅴ→Ⅲ	Ⅴ→Ⅳ	Ⅴ→Ⅴ
0	0	0	0	0	0

表-3.2.23 判定区分(漏水)の推移確率(H12→H16)

0→0	0→Ⅰ	0→Ⅱ	0→Ⅲ	0→Ⅳ	0→Ⅴ
0.94	0.02	0.00	0.00	0.04	0.00

Ⅰ→0	Ⅰ→Ⅰ	Ⅰ→Ⅱ	Ⅰ→Ⅲ	Ⅰ→Ⅳ	Ⅰ→Ⅴ
0.00	0.84	0.00	0.05	0.11	0.00

Ⅱ→0	Ⅱ→Ⅰ	Ⅱ→Ⅱ	Ⅱ→Ⅲ	Ⅱ→Ⅳ	Ⅱ→Ⅴ
0.00	0.00	0.00	0.00	0.00	0.00

Ⅲ→0	Ⅲ→Ⅰ	Ⅲ→Ⅱ	Ⅲ→Ⅲ	Ⅲ→Ⅳ	Ⅲ→Ⅴ
0.00	0.00	0.00	0.44	0.56	0.00

Ⅳ→0	Ⅳ→Ⅰ	Ⅳ→Ⅱ	Ⅳ→Ⅲ	Ⅳ→Ⅳ	Ⅳ→Ⅴ
0.00	0.00	0.00	0.00	1.00	0.00

Ⅴ→0	Ⅴ→Ⅰ	Ⅴ→Ⅱ	Ⅴ→Ⅲ	Ⅴ→Ⅳ	Ⅴ→Ⅴ
0.00	0.00	0.00	0.00	0.00	0.00

表-3.2.24 H20における判定区分(漏水)の生起確率

0	Ⅰ	Ⅱ	Ⅲ	Ⅳ	Ⅴ
0.42	0.28	0.00	0.04	0.26	0.00

表-3.2.23～表-3.2.26よりH16（現在状態）からH20（未来状態）に生起する確率が求まる．これらの結果を図-3.2.5に漏水のグレードの変化として度数（スパン数）で示す．同図により，判定区分の「漏水」は，未来状態へ劣化が推移している結果となることがわかる．

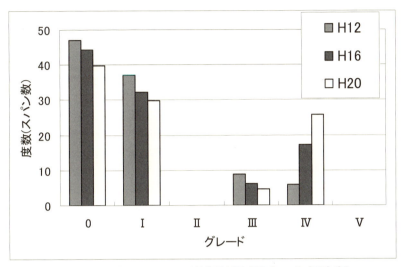

図-3.2.5 マルコフ過程結果（漏水の生起確率）

3.2.2 性能規定に基づく保有性能評価と予測

(1) 性能規定の考え方と要求性能

a) 性能規定の考え方とサービス水準

用途に応じたサービス水準を明確にして，トンネル構造物およびその機能施設の要求性能を明文化するためには，基本的に規定化すべき枠組みを理解する必要がある．図-3.2.6は性能規定・性能照査アプローチの枠組みを示したものである[11]．ここで，構造物の目的・機能の説明は，トンネル構造物の"サービス水準"と換言することができる．これを日本の法令に照らして具体的に示した例が表-3.2.25である．このサービス水準は，トンネル構造物が総寿命[12),13)]の中で供用される限り達成されなければならない水準を意味する．また，機能の説明の直下にある要求性能はこれを満たすための性能を意味する．

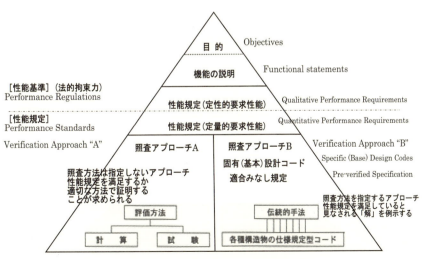

図-3.2.6 性能規定の枠組み[11)]

表-3.2.25　トンネル構造物の目的・機能(サービス水準)

用途	トンネル構造物の目的と機能　（参考とした法律）
道路	車両を所定の速度で安全・円滑・快適に走行させることができ，所定の供用期間中にそれを維持・管理できる．（道路法・第一条）
鉄道	列車を所定の速度で安全・円滑・快適に運行させることができ，所定の供用期間中にそれを維持・管理できる．（鉄道事業法・第一条），（鉄道に関する技術上の基準を定める省令・第二十四条）
電力	所定のケーブル条数を収納し送電ができ，所定の供用期間中にそれを維持・管理できる．（電気事業法・第一条）
通信	所定の電気通信用ケーブルを敷設・撤去でき，所定の供用期間中にそれを維持・管理できる．（電気通信事業法・第一条）
ガス	所定のガス導管を設置でき，所定の供用期間中にそれを維持・管理できる．（ガス事業法・第一条）
下水	所定の雨水・汚水を通水，貯留させることができ，所定の供用期間中にそれを維持・管理できる．（下水道法・第一条）

b) 維持管理計画で要請される要求性能の文章化

　概括的な要求性能は，**表-3.2.25** に示したサービス水準に従う．しかしながら，この記述では維持管理計画の立案において，構造物や機能施設の管理者が達成すべき具体的な要求性能やリスク要因を明確にすることは困難を伴う．そこで，これをより具体的に階層化して，要求性能を文章化(6.2.2 参照)する必要がある．**表-3.2.26** は山岳工法によって建設した道路トンネル構造体について要求性能を具体的に階層化して文章化した例[11]である．この文章が維持管理計画の具体的な目標となる．維持管理計画の策定においては，既に長年に亘って実施してきている現場の点検・評価項目と要求性能・小項目とを整合させることで，「構造物のモニタリングデータに基づいた徹底した現場主義に基づくマネジメント手法の開発」，「知識マネジメントによるアセットマネジメントの継続的改善」，「ベンチマーキングを通じた課題の発見と要素技術に基づいた問題解決手法の開発」が可能となる．

　さらに，**表-3.2.26** で示した要求性能は平易な文章であることから，トンネル専門技術を熟知しないステークホルダーに構造物の安全性などアカウンタビリティーをはたすための道具となる．ただし，**表-3.2.26** は，覆工構造の要求性能項目のみを示したものであることから，トンネルを運用する上ではトンネル内に設置される設備にかかわる要求性能を別途整理し，構造物と設備との体系的な相互関係をより深く吟味する必要がある．なお，要求性能はトンネルの用途はもちろんのこと，トンネル工法によっても異なる．

c) 要求性能と運用リスクの考え方

　トンネル構造物の運用時におけるリスク要因の抽出は，要求性能項目を明確にすることで，ベンチマークとなるリスク要因が抽出可能となる．すなわち，要求性能項目の個々の小項目を満足しないことが個別リスク要因となる．また，個々の個別リスク要因の相互関係性からシステムリスクを抽出することになる．**表-3.2.27** は高速道路トンネルを対象とした覆工構造体とトンネルの設備の例を挙げたものである．道路トンネルを構成する要素は互いに関連する設計仕様となっている．例えば，トンネル内の安全確保のための照明設計は，内装板，覆工，舗装等の条件の影響を受ける．このため，道路トンネルとしてのサービス水準を確保するためには，覆工構造体のみならず，設備の要求性能をも明文化し，それらとあわせた体系的な関係性を明らかにしたうえ

で，システムリスクを抽出する必要がある．システムリスクの抽出と分析手法の詳細については現在様々な研究[14]が成されており，今後の成果を待つところが大である．

表-3.2.26 細分化された要求性能（山岳工法・道路）[11]

目的 (機能)	要求性能		
	大項目	中項目	小項目
所定の供用期間中に所要の交通量を安全・円滑・快適に走行できる	利用者の安全性能 利用者が安全に利用できる	安全に走行できる	良好な道路線形を確保できる
			なめらかに走行できる
			建築限界を確保できる
			必要な視認性を確保できる
		利用者の安全を直接脅かさない	剥落が生じない
			漏水が生じない
			必要な換気能力を確保できる
		非常時に利用者が安全に避難できる	非常時に防災設備が確実に稼動する
			防災設備を適切に配置できる
	利用者の使用性能 利用者が快適に利用できる	快適に走行できる	良好な道路線形を確保できる
		通行規制を最小限とすることができる	補修頻度が少ない
		乗り心地がよい	乗り心地に影響するトンネル変形を生じない
		利用者に不快感・不安感を与えない	利用者が不快感・不安感を持つような漏水・ひび割れが見られない
			必要な視認性を確保できる
			圧迫感のない坑門である
	構造安定性能 想定される荷重に対して安定している	常時作用する荷重に対して安定する	【構造計算を必要としない化粧巻き覆工】 覆工が安定する(無筋コンクリート) 地山が安定する(無筋コンクリート) 【構造計算を必要とする構造覆工】 覆工が安定する(鉄筋コンクリート)
		必要な耐震性能を有する	供用期間中に想定される地震動に対して覆工が必要な耐震性能を有する
		想定される荷重変化に対して安定する	供用期間中に想定される近接施工による影響や周辺環境の変化等、荷重条件の変化に対して必要な耐荷性能を有する
		火災時においても安定する	【覆工を構造部材としている場合】 火災時にも覆工が安定する
	耐久性能 想定される劣化要因に対して耐久性がある	防食性がよい	鉄筋等の防食性がよい
		覆工材が劣化しない	覆工材(コンクリート・煉瓦等)が浸食・劣化しない
		防水性がよい	覆工・諸設備の劣化原因となる漏水が生じない
	管理者の使用性能 管理者が適切に供用(使用)できる	必要な需要を満足する	必要な内空断面(建築限界)を確保できる
		必要なトンネル諸設備を設置できる	建築限界を侵すことなく非常用諸設備や管理用設備を収容できる
	維持管理性能 適切な維持管理が確実に行える	安全・容易に点検・清掃できる	日常の巡回・点検・清掃が安全・容易にできる
		安全・容易に補修・補強ができる	対策工の足場の設置と，資材置場の確保ができる
			内空断面に補修・補強余裕が確保されている
	周辺への影響度 周辺への影響度が最小限に抑えられる	地下水への影響が少ない	地下水位変動が許容範囲内である
			周辺への地下水汚濁影響が許容範囲内である
		周辺地盤への影響が少ない	地表面の沈下・隆起が許容範囲内である
		周辺の物件への影響が少ない	近接建物・埋設物等への影響が許容範囲内である
		周辺での振動・騒音が少ない	施工中・供用中に周辺での振動・騒音が許容範囲内である
		周辺の大気環境への影響が少ない	周辺の大気環境への影響が許容範囲内である
		景観・美観を著しく損なわない	換気塔・坑口が周辺景観を損なわないデザインである

以降では，前述した性能規定の考え方に基づき，供用中の道路トンネルを対象として，またトンネルの覆工構造に着目して，具体的な要求性能の評価基準，これを用いて保有性能を評価する手法，ならびに将来の性能変化を確率的に予測する手法の例について詳述する．

(2) 要求性能の評価基準

a) 性能代替指標

具体的な性能照査にあたっては，現行の点検・評価と同様に覆工の"ひび割れ"や"はく離"などを用いるが，これらの指標は要求性能を直接的に評価するものではなく，耐久性能や構造安定性能などを間接的に評価する指標である．本書では，これらを性能代替指標と定義する．

表-3.2.28に山岳道路トンネルの性能代替指標例[11]を示す．

b) 性能評価基準

表-3.2.29に性能代替指標に対する性能評価基準例[11]を示す．ここでは，性能照査基準の配点は，1，3，5，7，15としている．配点設定方法については次項に述べる．

表-3.2.27　高速道路トンネルを構成する覆工構造体・設備

用途	構造・機能施設	部材・施設の種類	管理対象の詳細
道路トンネル	無筋覆工	―	―
	鉄筋覆工	―	―
	坑門	―	―
	内装板	直張り内装板	―
		浮かし張り内装板	―
		胴縁（取付金具）	―
	監視員通路	手摺，アンカー	―
	排水施設	樋，はく落防止網	―
		取付金具（ナット，ボルト）	―
		円形水路	―
	施設	施　設	受配電設備，自家発電設備，直流電源・無停電電源設備，道路照明・標識照明設備，トンネル照明設備，トンネル非常用設備，トンネル換気設備，電気集じん機設備，可変式道路情報板設備，可変式速度規制標識設備，気象観測設備，計測設備，計量設備，CCTV設備，トンネル内放送設備，遠方監視制御設備，情報処理設備，路面排水設備，トンネル汚水処理設備，雪氷用設備，クレーン設備，電線路設備（特別高圧及び高圧用），電線路設備（低圧用），建物用設備，建物用設備（空調），移動用発電機，信号機，警告灯，その他設備
		通　信	多重無線設備，移動無線設備，搬送端局設備（有線・無線用），自動交換設備，非常電話設備，指令装置等設備，光伝送設備，通信用監視設備，通信用線路設備，ハイウェイラジオ設備，通信用直流電源設備，衛星通信設備，通信用空調設備，情報ターミナル設備，路車間情報設備，スポット通信設備
		構　造	道路照明・標識照明設備（坑外灯ポールを含む），トンネル照明設備，トンネル換気設備，電気集じん機，可変式道路情報板設備（F型支柱及び門型支柱），可変式速度規制標識設備（橋梁部及びF型支柱），気象観測設備（橋梁部），CCTV設備，トンネル内放送設備，電線路設備（橋梁部及びトンネル内横断），ゲート上屋照明灯具，信号機，警告灯，その他設備，移動無線設備，非常電話設備（F型），通信用線路設備（橋梁部及びトンネル内横断），ハイウェイラジオ設備，路車間情報設備，スポット通信設備

表-3.2.28 要求指標と性能代替指標の例（山岳道路トンネル）[11]

大項目	中項目	小項目	性能代替指標
利用者の安全性能	安全に走行できる	良好な道路線形を確保できる	（性能照査方法については今後の研究課題）
		なめらかに走行できる	段差・盤膨れ・沈下・ずれ・傾き・わだち掘れ, 建築限界の確保
		建築限界を確保できる	内装工の健全性, 内空輝度, 照明照度, 区画線, 視線誘導
		必要な視認性を確保できる	（性能照査方法については今後の研究課題）
	利用者の安全を直接脅かさない	はく落が生じない	ひび割れ(位置, 幅, 長さ, 密度), 浮き・はく離 材料劣化（アルカリ骨材反応, 中性化, 凍害）
		漏水が少ない	漏水・土砂流出・つらら・側氷
		必要な換気能力を確保できる	（設備の性能評価であるため除外する）
	非常時に利用者が安全に避難できる	非常時に防災設備が確実に稼動する 防災設備を適切に配置できる	（設備の性能評価であるため除外する）
利用者の使用性能	快適に走行できる	良好な道路線形を確保できる	（性能照査方法については今後の研究課題）
	通行規制を最小限とすることができる	補修頻度が少ない	（性能照査方法については今後の研究課題）
	乗り心地がよい	乗り心地に影響するトンネル変形を生じない	段差・盤膨れ・沈下・ずれ・傾き・わだち掘れ
	利用者に不快感・不安感を与えない	利用者が不快感・不安感を持つような漏水・ひび割れが見られない	ひび割れ・漏水
		必要な視認性を確保できる	内装工の健全性, 内空輝度, 照明照度, 区画線・視線誘導
		圧迫感のない坑門である	（性能照査方法については今後の研究課題）
構造安定性能	常時作用する荷重に対して安定する	覆工が安定する	覆工コンクリートの変形, 移動, 沈下 【SL付近の縦断方向ひび割れ】（塑性圧） 覆工の変状(ひび割れ, 圧ざ), 内空変位速度 【アーチ部山側肩部の縦断方向ひび割れ】（偏圧） 覆工の変状(ひび割れ, 圧ざ), 内空変位速度 【クラウン部の縦断方向ひび割れ】（鉛直土圧） 覆工の変状(ひび割れ, 圧ざ), 内空変位速度 【その他ひび割れ】（各種外力） 覆工の変状(ひび割れ, 圧ざ), 内空変位速度 はく離・はく落による断面欠損
		地山が安定する	覆工背面の空げき, 覆工厚
	必要な耐震性能を有する	供用期間中に想定される地震動に対して覆工が必要な耐震性能を有する	（「覆工が安定する」と同様）
		地山が安定する	（「覆工が安定する」と同様）
	想定される荷重変化に対して安定する	供用期間中に想定される近接施工による影響や周辺環境の変化など, 荷重条件の変化に対して必要な耐荷性能を有する	（「覆工が安定する」と同様）
		地山が安定する	覆工背面の空げき, 覆工厚
	【覆工を構造部材としている場合】火災時においても安定する	地山が安定する	（性能照査方法については今後の研究課題）
		覆工が安定する	耐火覆工の場合は維持管理段階での評価は困難 耐火材設置の場合は耐火材の健全性
耐久性能	防食性がよい	鉄筋防食が少ない	（性能照査方法については今後の研究課題）
	防水性がよい	覆工・諸設備の劣化原因となる漏水が少ない	（性能照査方法については今後の研究課題）
	覆工材が劣化しない	覆工材（コンクリート・煉瓦など）の劣化が少ない	（性能照査方法については今後の研究課題）
管理者の使用性能	必要な需要を満足できる	必要な内空断面(建築限界)を確保できる	（性能照査方法については今後の研究課題）
	必要なトンネル諸設備を設置できる	建築限界を侵すことなく非常用諸設備や管理用設備を収容できる	（性能照査方法については今後の研究課題）
維持管理性能	安全・容易に点検・清掃できる	日常の巡回・点検・清掃が安全・容易にできる	点検通路の維持・保全
	安全・容易に補修・補強ができる	対策工の足場の設置と, 資材置場の確保ができる 内空断面に補修・補強余裕が確保されている	作業空間の維持・保全 補修・補強空間の維持・保全
周辺への影響度	地下水への影響が少ない	地下水位変動が許容範囲内である 周辺への地下水汚濁影響が許容範囲内である	水位, 水質
	周辺地盤への影響が少ない	地表面の沈下・隆起が許容範囲内である	地表面地盤高
	周辺の物件への影響が少ない	近接建物・埋設物などへの影響が許容範囲内である	周辺構造物の変状, 変位
	周辺での振動・騒音が少ない	周辺での振動・騒音が許容範囲内である	騒音・振動
	周辺の大気環境への影響が少ない	周辺の大気環境への影響が許容範囲内である	大気汚染
	景観・美観を著しく損なわない	換気塔・坑口が周辺景観を損なわないデザインである	（性能照査方法については今後の研究課題）

表-3.2.29 性能評価表(山岳道路トンネル)その1[11]

要求性能			番号	性能代替指標	モニタリング項目 ( )はモニタリング方法	D (配点：1) 性能が低下していない (していないと想定される)
大項目	中項目	小項目				
利用者の安全性能	安全に走行できる	良好な道路線形を確保できる	1	性能照査方法は今後の研究課題	―	―
		なめらかに走行できる 建築限界を確保できる	2	段差・盤膨れ・沈下・ずれ・傾き・わだち掘れ 舗装面の変位量 建築限界の確保	段差(スケール, 水準測量, 写真撮影) 舗装面の相対的変位量(スケール, 水準測量, 写真撮影) 断面形状(断面測定)	走行感が滑らかで快適に走行できる
		必要な視認性を確保できる	3	内装工の健全性 内空輝度 照明照度 区画線・視線誘導	内装工健全性(写真撮影, 打撃・打診法) 内空輝度(覆工コンクリートの輝度測定) 照明照度(照度) 誘導表示標・レーンマーク視認性(目視・写真撮影)	トンネル内が明るく, 視線誘導も良好で快適に走行できる
	利用者の安全を直接脅かさない	はく落が生じない	4	ひび割れ(位置, 幅, 長さ, 密度) 浮き・はく離	位置・パターン(目視, マーキング, レーザー, 写真撮影) 長さ・幅・深さ(超音波, クラックスケール, ボーリング, 斫り出し) 進行性(マーキング, クラックスケール, レーザー, 写真撮影) はく離の有無(打音)	・トンネルアーチ部のひび割れ幅が0.3mm以下の軽微なもの, もしくは認められない ・トンネル側壁部については, 0.3mm以上のひび割れが認められても集中しておらず, はく落の恐れがない
			5	材料劣化 (アルカリ骨材反応, 中性化, 凍害)	位置・範囲(マーキング, 写真撮影, 打撃・打診法) 強度(ボーリング, 反発硬度法, 打撃・打診法, アンカー引抜き法) 中性化深さ(中性化試験) 材質(コアボーリング, 化学分析, pH試験)	材料劣化が認められない
		漏水が少ない	6	漏水・土砂流出・つらら・側水	位置・範囲, つらら・側水の大きさ(マーキング, 写真撮影) 濁り・漏水量(写真撮影, サンプル採取, 流量観測) 気温・水温・水質(坑内気温測定, 水温測定, 水質検査)	・トンネルアーチ部には漏水が認められない ・側壁部から漏水が認められるが, 車両の走行性には影響がない
		必要な換気能力を確保できる	7	トンネル内風速・煤煙濃度・一酸化炭素濃度	トンネル内風速(風速測定) 煤煙・一酸化炭素(濃度測定)	煤煙濃度・一酸化炭素濃度の測定値が管理基準値を大幅に下回る
	非常時に利用者が安全に避難できる	非常時に防災設備が確実に作動する	8	・非常用設備の機能が維持されている	非常用設備の性能(性能検査)	作動確認されている
利用者の使用性能	快適に走行できる	良好な道路線形を確保できる	9	性能照査方法は今後の研究課題	―	―
	通行規制を最小限とすることができる	補修頻度が少ない	10	性能照査方法は今後の研究課題	―	―
	乗り心地がよい	乗り心地に影響するトンネル変形を生じない	11	段差・盤膨れ・沈下・ずれ・傾き・わだち掘れ	段差(スケール, 水準測量, 写真撮影) 舗装面の変位量(水準測量) 舗装版の相対変位量(スケール, 水準測量, 写真撮影)	走行感が滑らかで快適に走行できる
	利用者に不快感・不安感を与えない	利用者が不快感・不安感を持つような漏水・ひび割れが見られない	12	ひび割れ・漏水	ひび割れ・漏水(目視・写真撮影)	停止, もしくは立ち止まっても漏水・ひび割れはほとんど認識できない
		必要な視認性を確保できる	13	内装工の健全性 内空輝度 照明照度 区画線・視線誘導	内装工健全性(写真撮影, 打撃・打診法) 内空輝度(覆工コンクリートの輝度と・反射率) 照明照度(照度) 誘導表示標・レーンマーク視認性(目視・写真撮影)	トンネル内が明るく, 視線誘導も良好で快適に走行できる
		圧迫感のない空間である	14	性能照査方法は今後の研究課題	―	―
構造安定性能	常時作用する荷重に対して安定する	覆工が安定する	15	覆工コンクリートの変形, 移動, 沈下	天端沈下量(水準測量) 内空変位量(断面測定) 断面形状(断面測定)	・覆工コンクリートに変状が認められない
			16	【SL付近の縦断方向ひび割れ】 ⇒塑性土圧によるひび割れ ・覆工の変状(ひび割れ, 圧さ) ・内空変位速度		
			17	【アーチ部山側肩部の縦断方向ひび割れ】 ⇒偏圧によるひび割れ ・覆工の変状(ひび割れ, 圧さ) ・内空変位速度	覆工の変状現象(ひび割れ調査, 写真撮影) 内空変位量(断面測定)	外力に起因すると考えられるひび割れが認められない
			18	【クラウンの縦断方向ひび割れ】 ⇒鉛直土圧によるひび割れ ・アーチ部の変状現象(ひび割れ, 圧さ) ・内空変位速度	地質性状・劣化量・地山強度(ボーリング, 簡易弾性波) 地中変位・傾斜(地中変位計, 傾斜計) ロックボルト軸力(RB軸力計) 地表変位(水準測量, 地すべり計)	
			19	【その他ひび割れ】⇒各種外力 (16～18以外のひび割れ) ・覆工の変状(ひび割れ, 圧さ) ・内空変位速度		・ひび割れは認められるが, 幅が3mm以下の軽微なもの, もしくは認められない
			20	はく離・はく落による断面欠損	位置・範囲(マーキング, 写真撮影, 打撃・打診法) 進行性(同上)	・浮き・はく離・はく落ともに認められない
		地山が安定する	21	覆工背面の空げき, 覆工厚	空隙分布(レーダー探査) 空隙内部(ファイバースコープ) 覆工厚(ボーリング)	・背面空洞が認められない
	必要な耐震性能を有する	供用期間中に想定される地震動に対して覆工が必要な耐震性能を有する	22	15～20と同様		
		地山が安定する	23	21と同様		
	想定される荷重変化に対して安定する	供用期間中に想定される近接施工による影響や周辺環境の変化など, 荷重条件の変化に対して必要な耐荷性能を有する	24	15～20と同様		
		地山が安定する	25	21と同様		
	【覆工を構造部材としている場合】	地山が安定する	26	一時的に覆工を撤去しても地山が安定できる⇒性能照査方法は今後の研究課題		
	火災においても安定する	覆工が安定する	27	性能照査方法は今後の研究課題 【耐火覆工の場合】 【耐火材設置の場合】耐火材の健全性	耐火材の健全性(写真撮影, 打撃・打診法)	・耐火材の損傷が認められない場合
耐久性能	防食性が良い	鉄筋腐食が少ない	28	ひびわれ・鉄筋の露出・腐食	位置・範囲(マーキング, 写真撮影, 斫り出し) 進行性(マーキング) かぶり深さ(RCレーダー, 斫り出し, スケール)	クラックが認められない
	防水性が良い	覆工・諸設備の劣化原因となる漏水が生じない	29	漏水	位置・範囲(マーキング, 写真撮影, サンプル採取) 濁り(写真撮影, サンプル採取) 湧水量・水温・水質(流量観測, 水温測定, 水質検査) 遊離石灰の有無(目視, 写真撮影)	湧水が認められない 覆工表面が乾燥している
	覆工材が劣化しない	覆工材(コンクリート, 煉瓦など)の侵食・劣化が少ない	30	28・29を統合した内容		
管理者の使用性能	必要な需要を満足できる	必要な内空断面(建築限界)を確保できる	31	建築限界の確保	舗装面の変位量(スケール, 水準測量, 写真撮影, レーザー) 天端沈下量(水準測量) 内空変位量(内空変位測定) 断面形状・建築限界(断面測定) 進行性(マーキング, 写真撮影)	・内空変位が認められず, 建築限界が確保されている
	必要なトンネル諸設備を設置できる	建築限界を侵すことなく非常用諸設備や管理用設備を収容できる	32	性能照査方法は今後の研究課題	―	―
維持管理性能	安全・容易に点検・清掃できる	日常の巡視・点検・清掃が安全・容易にできる	33	点検通路の維持・保全	31と同様	
	安全・容易に補修・補強ができる	対策工の足場の設置と資材置き場の確保ができる 内空断面に補修・補強余裕が確保されている	34	作業空間の維持・保全 補修・補強の維持・保全	31と同様	
周辺への影響度	地下水への影響が少ない	地下水位変動が許容範囲内である 周辺の地下水濁影響が許容範囲内である	35	周辺地下水位 周辺地下水質 トンネル内漏水状況調査	水位計測 水質調査 漏水状況(目視, 写真撮影)	周辺地下水位に変動が無い 周辺地下水質に問題が無い 周辺地下水位に影響するような顕著な漏水はない
	周辺地盤への影響が少ない	地表面の沈下・隆起が許容範囲内である	36	周辺地盤面の変位量 漏水状況(目視, 写真撮影)	地表面変位(地表面測定, 沈下観察, 変位量測定) 漏水量(目視, 写真撮影, 漏水(湧水)量測定)	周辺地表面に変位が無い 周辺地表面沈下・隆起に影響する顕著な漏水はない
	周辺物件への影響が少ない	近接建物・埋設物などへの影響が許容範囲内である	37	近接物件の変位量・ひび割れ等の発生有無	変位量(変位量測定) ひび割れ(ひび割れ幅などひび割れ調査)	近接物件に, 当該トンネルが影響しているような変位, ひび割れ現象が発生していない
	周辺での振動・騒音が少ない	周辺での振動・騒音が許容範囲内である	38	地表面・周辺建物での振動・騒音レベル	振動・騒音レベル(振動・騒音測定)	地表面・周辺建物での振動・騒音レベルが許容範囲内である
	周辺地域の大気環境への影響が少ない	周辺の大気環境への影響が許容範囲内である	39	換気塔, 坑口周辺での大気汚染	大気測定	換気塔, 坑口周辺の大気質が許容範囲内である
	景観・美観を著しく損なわない	換気塔・坑口が周辺景観を損なわないデザインである	40	性能照査方法は今後の研究課題	―	―

3. 山岳トンネルにおけるアセットマネジメント

表-3.2.29 性能評価表(山岳道路トンネル)その2[11]

性能照査基準			
C (配点:3) やや性能が低下している	B (配点:5) 性能が低下している	A (配点:7) 著しく性能が低下している	AA (配点:15) 直ちに対策が必要
走行安定性は確保されているが、段差が気になり、多少の緊張感を伴う	安全な走行は可能であるが、振動があり、不快感がある	・路面の傾きやわだち掘れなどに対して、ハンドル操作が必要となり、注意して走行する必要がある ・規制速度を維持できない	・著しい段差があり、ハンドルが取られたり、走行車両が激しくバウンドする ・建築限界を侵している ・規制速度を維持できない
多少の汚れがあるが、視認性を阻害するまでではなく、安全に走行できる	車両・や路上落下物などは認識できるが、全般に暗い印象があり、設計速度での走行に緊張感を伴う 視線誘導が十分ではない 所要の輝度が確保されていない可能性がある	照明灯具の寿命が切れているか損傷している 路上落下物等が認識しにくく、設計速度では安全に走行できない 視線誘導が十分でなくトンネルの方向が分かりづらい	✕
・トンネルアーチ部に幅0.3mm以上のひび割れが認められるが、集中しておらず、はく落の恐れが無い ・ひび割れの進行性が認められない ・トンネル側壁部については、部分的に0.3mm以上のひび割れ集中箇所が認められ、進行性があってもはく落の危険性は低い(ひび割れ密度20cm/㎡以下)	・トンネルアーチ部に部分的に幅0.3mm以上のひび割れ集中箇所があるが、当面はく落の恐れは無い(ひび割れ密度は20cm/㎡以下) ・ひび割れに進行性が認められ、部分的なはく落の恐れがある ・トンネル側壁部全体に幅0.3mm以上の進行性のひび割れがあり、圧ざ・浮きが認められ、はく落の危険性がある (ひび割れ密度は20cm/㎡～50cm/㎡以下)	・トンネルアーチ部全体に幅0.3mm以上の進行性のひび割れが認められ、将来的にはく落の危険性がある(ひび割れ密度は20cm/㎡～50cm/㎡以下) ・トンネル側壁部の全域に圧ざ・浮きが認められ、はく落の危険性がある。・ひび割れ密度50cm/㎡以上	・アーチ上部の覆工コンクリート片が、ひび割れの密集や、圧ざ、浮きによりはく落の危険性がある(ひび割れ密度50cm/㎡以上)
・材料劣化が穏やかではあるものの進行している	・アーチ上部の材料劣化が穏やかに進行している ・側壁部の材料劣化の進行が著しく、将来的にはく落の恐れがある、または、美観上問題がある	・アーチ上部の材料劣化の進行が著しく、将来車両通行の障害になる恐れがある、または、美観上問題がある ・側壁部に材料劣化が認められ、覆工コンクリート片がはく落する危険性がある	・アーチ上部に材料劣化が認められ、覆工コンクリート片が落下する危険性がある
・漏水はあるものの、現在はほとんど影響がない ・漏水のために将来的に構造物の劣化が促進される可能性がある	・漏水のために、将来車両通行の障害になる恐れがある、または凍害のおそれや美観上問題を生じる恐れがある	・排水不良により、舗装面に滞水がある ・トンネルアーチ部から湧水が滴下し近い将来に通行車両の安全を阻害する可能性がある	・漏水によりつららや側水が生じ所定の限界を損なう ・湧水噴出しや通行車両の安全を損なう恐れがある ・漏水に伴う土砂流出があり、舗装の陥没・沈下の恐れ
・煤煙濃度・一酸化炭素濃度の測定値が管理基準値に近い	・煤煙濃度・一酸化炭素濃度の測定値が管理基準値を超えることがある	・煤煙濃度・一酸化炭素濃度の測定値が管理基準値を頻繁に超える	・煤煙濃度・一酸化炭素濃度の測定値が管理基準値を常に超えている
所定の点検を継続的に行っているが、次回定期点検が近く、消耗している可能性がある	・非常用設備は機能するが、能力が十分でない	・非常時の作動しない可能性がある	・非常用設備の機能が確保されていない
—	—	—	—
走行安定性は確保されているが、段差が気になり、多少の緊張感を伴う	安全な走行は可能であるが、振動があり、不快感がある	・路面の傾きやわだち掘れなどに対して、ハンドル操作が必要となり、注意して走行する必要がある ・規制速度を維持できない	・著しい段差があり、ハンドルが取られたり、走行車両が激しくバウンドする ・建築限界を侵している ・規制速度を維持できない
停車、もしくは立ち止まった状態では漏水・ひび割れを認識できるが、走行車両からはほとんど認識できない	走行車両からでも漏水・ひび割れを認識できるが、部分的であり、不快感を感じる	覆工の全体的に漏水・ひび割れがあることを走行車両からでも認識でき、不快感を感じる	
多少の汚れがあるが、視認性を阻害するまでではなく、安全に走行できる	車両・や路上落下物などは認識できるが、全般に暗い印象があり、設計速度での走行に緊張感を伴う 視線誘導が十分ではない 所要の輝度が確保されていない可能性がある	照明灯具の寿命が切れているか損傷している 路上落下物等が認識しにくく、設計速度では安全に走行できない 視線誘導が十分でなくトンネルの方向が分かりづらい	✕
・変状の進行が停止しており、再発の恐れがない	・変状は認められるものの進行が緩慢である	・変形、移動、沈下などしており、近いうちに構造物の機能低下が予想される	・変形、移動、沈下などしており、構造物の機能が著しく低下している
	変状進行性(内空変位速度):やや大(3～10mm/年) (速やかな補強工が必要)	変状進行性(内空変位速度):大(10mm/年以上) (早急に何らかの補強工が必要)	変状進行性(内空変位速度):特に大(2mm/月以上) (早急に何らかの補強工が必要)
変状進行性(内空変位速度):有り(3mm/年未満) (重点的に監視し、適切な時期に補強工が必要)	変状現象:山側肩部以外にも軸方向の引張ひび割れがある 変状進行性(内空変位速度):有り(3mm/年未満) (速やかな補強工が必要)	変状現象:圧ざたはせん断ひび割れあり 変状進行性(内空変位速度):やや大(3～10mm/年) (早急に何らかの補強工が必要)	アーチ部の変状現象:変形、断面軸の回転・移動がある 変状進行性(内空変位速度):大(10mm/年以上) (早急に何らかの補強工が必要)
	変状現象:引張ひび割れ(幅方向、直角方向)が交差している 変状進行性(内空変位速度):有り(3mm/年未満) (速やかな補強工が必要)	変状現象:①放射状ひび割れ、②ひび割れによるブロック化、③圧ざまたはせん断ひび割れあり 変状進行性(内空変位速度):やや大(3～10mm/年) (早急に何らかの補強工が必要)	アーチ部の変状現象:アーチの変形が顕著(崩落の恐れ) 変状進行性(内空変位速度):大(10mm/年以上) (早急に何らかの補強工が必要)
・ひび割れ(幅3mm以上)、または角落があるが、進行は認められない	・縦断方向に中程度のひび割れ(幅3mm～5mmで長さ5m以下)、1mm/年以下の進行なし(横断方向はﾗﾝｸﾞﾀﾞｳﾝ)	・縦断方向に大きなひび割れ(幅5mm以上で長さ10m以上)、進行なし[横断方向はﾗﾝｸﾞﾀﾞｳﾝ] ・縦断方向に中程度のひび割れ(幅3mm～5mmで長さ5m以上、or幅5mm以上で長さ10m以下)、3mm/年以下の進行["] ・縦断方向に中程度のひび割れ(幅3mm～5mmで長さ5m以下)、3mm/年～5mm/年の進行["]	・縦断方向に特に大きなひび割れ(幅5mm以上で長さ10m以上)、進行なし[横断方向はﾗﾝｸﾞﾀﾞｳﾝ] ・縦断方向の大きなひび割れ(幅3mm～5mmで長さ5m以上、or幅5mm以上で長さ10m以下)が幅3mm～5mm/年以下で進行["] ・せん断ひび割れや大きな圧ざ、進行性あり
・将来的に構造安定性に影響すると思われる浮き・はく離・はく落が生じる可能性がある	・構造安定性に影響すると思われる薄いコンクリートのはく離(うき)、はく落が発見された場合	・側壁部のひび割れの密集・圧ざによるうきはくじ、コンクリートが落下するおそれがある、あるいはすでにはく落を発生しており、構造安定性が低下していると考えられる	・大規模なコンクリートのはく離、はく落がある
	・覆工背面に空隙があり、今後雨による地山の洗い出しなどによって背面の空洞が拡大する可能性がある	・アーチ部の覆工背面に大きな空隙があり、背面の地山が岩塊となって落下する可能性がある	・アーチ部の覆工背面に大きな空隙があり、有効な覆工厚が少なく、背面の地山岩塊が落下する可能性がある
・局部的に耐火材の割れ、はがれ、うきがある ・取付金具、またはボルトなどに破損、または腐食があるが、耐火材の脱落の恐れは少ない		・広範囲にわたり、耐火材の割れ、はがれ、うきがある ・取付金具、またはボルトなどに破損、欠落または著しい腐食があり、耐火材の脱落の恐れがある	
ヘアークラックがあるものの、幅0.3mm以下であり、鉄筋の健全性には影響していないが、腐食の危険性がある。(構造安定性は確保されている状態であるが、耐久性としての評価は低くなる)	幅0.3mm以上のクラックが認められ、鉄筋の健全性への影響が懸念されるが、錆汁や膨張がなく現時点では腐食が認められない。	クラックからの錆汁があり、覆工のはく落や耐荷力などの耐力低下が懸念される	鉄筋の腐食膨張やコンクリートの浮きが確認され、鉄筋の性能が低下していたり、覆工がはく落して断面欠損しており、覆工の耐久性が確保できていない
クラックや打ち継ぎ目から染み出し程度の漏水が認められる 覆工表面は乾燥している	クラックや打ち継ぎ目から滴水程度の漏水およびエフロレッセンスが認められる。部分的に覆工表面が湿っている	防水性能が大幅に損なわれており、湧水量が多く、エフロレッセンス、鉄筋腐食、凍害などの影響を受けやすくなっており、耐久性が著しく低くなっている。	漏水に起因する劣化が発生しており、耐久性能がなくなっている
・内空変位が認められるが、変位の進行性はなく、建築限界が確保されている	・内空変位が認められ、変位が進行しているが、建築限界は確保されている	・部分的に建築限界を多少侵しているが、交通運用上、問題がないと判断される場合	・広範囲に渡り、大幅に建築限界を犯しており、交通運用上、支障が生じている場合
—	—	—	—
	・周辺地下水位に変動の兆候がある ・周辺地下水質に問題がある可能性がある ・周辺地下水位に影響する可能性のある漏水がある ・周辺地表面に変動の兆候が見られる ・周辺地表面沈下・隆起に影響する可能性のある漏水がある ・近接物件に当該トンネルの存在が起因しているような変位、ひび割れ等の疑いがある 地表面・周辺建物の振動・騒音レベルが許容範囲内をやや超えている		・周辺地下水位に変動が見られ、悪影響を与えている ・周辺地下水質に問題があり、悪影響を与えている ・周辺地下水位を低下させるほどの漏水が生じている ・周辺地表面に変動が見られ、悪影響を与えている ・周辺地表面沈下・隆起に影響する漏水が生じている ・近接物件に当該トンネルの存在が起因しているような顕著な変位、ひび割れが見られ、悪影響を与えている 地表面・周辺建物での振動・騒音レベルが許容範囲内を大きく超え、悪影響を与えている
	換気塔、坑口周辺の大気質が許容範囲内をやや超えている		換気塔、坑口周辺の大気質が許容範囲内を大きく超え、悪影響を与えている

☐ : TPI評価に用いた項目

(3) 保有性能評価手法
a) 保有性能評価手法の概要

　ここでは，トンネル調査スパンごと，もしくはトンネル全線などの評価区間の要求性能の評価結果を統合した総合評価値を「トータル性能インデックス（Total Performance Index：TPI）」と定義し，評価区間ごとのトンネルの健全度をTPIによって定量的に評価する保有性能評価手法を紹介する[11]．この評価方法によれば，トンネルもしくは調査スパンなどの調査単位ごとに，一元的に管理された要求性能に対して健全度の現状評価を一定の判断基準によって定量的に評価できるため，補修・補強優先度を設定するなど，対象トンネルのメンテナンス方針を策定する判断材料とすることができる．（図-3.2.7）

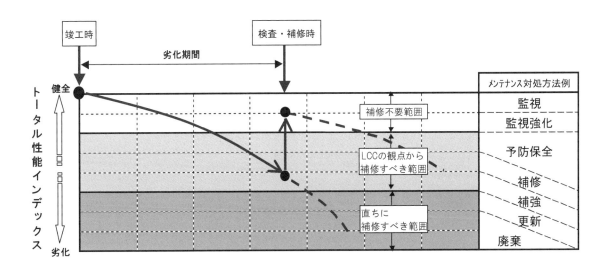

図3.2.7　TPIによる性能照査手法のイメージ

b) TPI の算出方法

個々の要求性能に対する性能評価結果からトンネルの総合的な性能を評価するためには，個々の要求性能の重要度を整理する必要がある．しかし，トンネルの要求性能をみると，定量的に評価することが可能な項目もあれば，定性的な評価や主観的な評価とならざるを得ない項目もある．また，要求性能は工法や用途ごとに要求される内容や重要度も異なるうえ，複数の基準の優劣を総合的に判断することが求められる．このような事象は多基準問題に分類される．多基準問題の多くは，どちらを重視かすべきかなどの主観的要素が含まれるため，合理的評価・客観性確保が要求されるため，多基準分析法によって複数の要求性能を総合的に評価することを試みる．多基準分析手法は，トンネルの要求性能のように多目的かつ多基準となる多元的な技術評価とともに，社会的な価値規範をも考慮して一元的な指標に評価結果を集約することができるため，トンネル性能評価に適していると考えられる．

多基準問題における意思決定法（Multi Criteria Decision Marking）には，階層化意思決定分析法（AHP：Analytic Hierarchy Process）やアウトランキング手法をはじめとして様々な手法がある．これら MCDM のうち，AHP は，一対比較を用いて階層毎に評価ウエイトを設定する明確な思考判断プロセスにより，人間の思考を数量的に転換して定量的な評価ができるため，トンネルの性能を総合的に評価することに適している．

ここでは，AHP を用いた TPI 算出方法について説明する．

トンネルの要求性能は工法や用途，サービス水準などによって，それぞれ重要性が異なる．このため，式-3.2.4 に示すように重要度に応じて個々の要求性能ごとに重み係数を与え，点検等から得られた配点にこれを乗じた評価点を合計することで調査単位区間を評価する．

$$P = \sum_i P_i \cdot C_i \qquad 式\text{-}3.2.4$$

ここで、P は TPI，Pi は配点，$CiPi$ は重み係数を表わす．

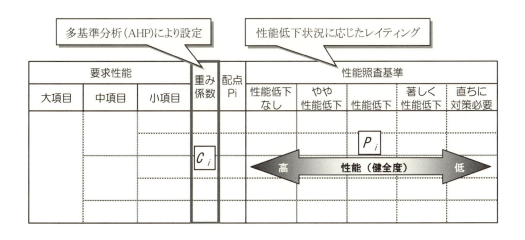

図 3.2.8 TPI 算出の考え方

Pi は各要求性能に対して設定した性能評価基準に対する評価結果を定量化したものである

TPI は，メンテナンス方針策定の判断指標とすることが目的であるため，従来の点検評価における補修の必要性判断と整合しなければならない．レイティング配点の設定にあたっては，各事業者が適切な判断ができるよう，従来の点検結果と TPI の関係において配点数列をパラメータとした感度分析等を行うなど，適切な数値を設定する必要がある．既往の研究では，設定したレイティング配点による TPI が，現行の点検・評価による健全度判定と概ね整合することが確認されている[11]．

また，TPI の算出にあたっては，全ての要求性能を対象とする必要はない，事業者の判断によって対象とする要求性能を抽出し，重み係数を再配分することで，様々な PI (Performance Index) を用意できる．

各要求性能の重み係数 Ci は，対象トンネルの用途やサービス水準によって異なるものであるため，事業主体などの関係者による一対比較アンケートによって設定される．標準的な設定方法を図-3.2.9 に示す．

表-3.2.30 は，トンネルライブラリー21[11]（以下，TL21 と称す）において，一般道の山岳道路トンネルに対して，トンネル技術者を対象とした一対比較アンケートにより設定された数値である．

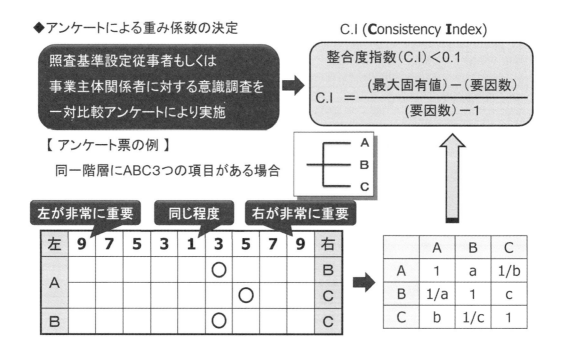

図-3.2.9 一対比較法による重み係数の算出の考え方

c) 重み係数

一対比較アンケートによって TL21 で設定された重み係数を**表-3.2.30**に示す．
なお，回答のばらつき具合を表現するため，表中の（）に標準偏差を示した．

表-3.2.30 AHP によって重み係数を設定した例（山岳道路トンネル）

大項目			中項目			小項目		
A 利用者の安全性能	0.327	(0.077)	A1 安全に走行できる	0.138	(0.189)	A11 良好な道路線形確保	0.034	(0.160)
						A12 ハンドルをとられない	0.066	(0.188)
						A13 運転者の視認性が良好である	0.038	(0.175)
			A2 利用者の安全を直接脅かさない	0.116	(0.185)	A21 コンクリートがはく落しない	0.066	(0.178)
						A22 漏水を生じない	0.017	(0.102)
						A23 適正な換気能力があり，利用者の健康を害さない	0.032	(0.174)
			A3 非常時に防災設備が(確実に)利用できる	0.073	(0.142)			
B 利用者の使用性能	0.138	(0.071)	B1 快適に走行できる	0.037	(0.155)			
			B2 通行規制を最小限とすることができる	0.029	(0.163)			
			B3 乗り心地がよい	0.032	0.149			
			B4 利用者に不快感・不安感を与えない	0.039	(0.166)	B41 覆工のクラックや漏水が視認されない	0.013	(0.221)
						B42 必要な視認性を確保している	0.017	(0.220)
						B43 圧迫感のない坑門	0.009	(0.134)
C 構造安定性能	0.187	(0.068)	C1 常時作用する荷重に対して安定する	0.082	(0.158)	C11 覆工が安定する(無筋コンクリート)	0.023	(0.150)
						C12 覆工が安定する(鉄筋コンクリート)	0.021	(0.117)
						C13 地山が安定する	0.038	(0.208)
			C2 必要な耐震性能がある	0.033	(0.087)	C21 覆工が安定する	0.017	(0.178)
						C22 地山が安定する	0.016	(0.178)
			C3 想定されている荷重変化に対して安定する	0.041	(0.082)	C31 覆工が安定する	0.019	(0.268)
						C32 地山が安定する	0.021	(0.268)
			C4 火災に対してトンネルが安定する	0.031	(0.141)	C41 (一時的に)地山が自立できる	0.010	(0.159)
						C42 火災時に覆工の耐荷力が維持できる（後荷重が作用している場合）	0.010	(0.158)
						C43 火災時に覆工の耐荷力が維持できる（耐火材を設置する場合）	0.010	(0.157)
D 耐久性能	0.109	(0.046)	D1 防食性が良い	0.022	(0.115)			
			D2 防水性が良い	0.035	(0.165)			
			D3 コンクリートの耐久性に影響するひび割れを生じない	0.052	(0.188)			
E 管理者の使用性能	0.044	(0.023)	E1 必要な交通容量を確保できる	0.027	(0.197)			
			E2 トンネル設備を収容できる	0.017	(0.197)			
F 維持管理性能	0.061	(0.041)	F1 安全・容易に点検・清掃ができる	0.039	(0.190)			
			F2 容易に補修ができる	0.022	(0.190)			
G 周辺への影響度	0.136	(0.078)	G1 周辺での騒音が少ない	0.027	(0.103)			
			G2 周辺での振動が少ない	0.027	(0.084)			
			G3 地下水への影響が少ない	0.028	(0.103)			
			G4 坑口周辺への排気ガス影響が少ない	0.019	(0.065)			
			G5 地表面への影響が少ない	0.027	(0.115)			
			G6 坑門が周辺景観と調和する	0.007	(0.036)			
合計	1.000			1.000			1.000	

(4) モデルトンネルにおける保有性能の評価事例
a) 概要

ここでは，3.2.1 で用いたモデルトンネルの点検結果の覆工展開図に基づき，スパン毎に TPI 評価を行った．TL21 に記述されている山岳道路トンネルの要求性能項目に対して，評価可能な項目を抽出し，以下の条件で評価した．

① TPI の算出にあたり，評価対象としない要求性能項目（利用者の安全性能，利用者の使用性能，管理者の使用性能，維持管理性能，周辺への影響度）を除いて重み係数を比例配分し，評価を行う要求性能項目の重み係数を再設定した．
② 評価配点は，性能低下なし：1点，やや性能低下：3点，性能低下：5点，著しく性能低下：7点，直ちに対策必要：15点，とした．
③ TPI 評価は平成 12 年および平成 16 年の覆工展開図より評価した．
④ TPI の母集団分布を対数正規分布に置き換え，TPI の母集団との比較を行った．

b) 要求性能の評価項目に関する重み付け

覆工展開図からの評価が困難な要求性能項目に対して，TPI の総合評価点に影響を与えないよう，要求性能の評価項目に対して比例配分を行った結果を**表-3.2.31**に示す

表-3.2.31 比例配分後の重み係数 （山岳道路トンネル）

大項目		中項目		小項目	
車両・走行者安全・円滑・快適に通行させることができ，所定の供用期間中にそれを維持・管理できる．	利用者の安全性能 0.431	安全に走行できる	0.000	良好な道路線形を確保できる	0.000
				なめらかに走行できる	0.000
				建築限界を確保できる	0.000
				必要な視認性を確保できる	0.000
		利用者の安全を直接脅かさない	0.431	はく落が生じない	0.344
				漏水が生じない	0.087
				必要な換気能力を確保できる	0.000
		非常時に利用者が安全に非難できる	0.000	非常時に防災設備が確実に作動する	0.000
				防災設備を適切に配置できる	0.000
	利用者の利用性能 0.180	快適に走行できる	0.000	良好な道路線形を確保できる	0.000
		通行規制を最小限とすることができる	0.000	補修頻度が少ない	0.000
		乗り心地がよい	0.000	乗り心地に影響するトンネル変形を生じない	0.000
		利用者に不快感・不安感を与えない	0.180	利用者が不快感・不安感を持つような漏水・ひび割れが見られない	0.180
				必要な視認性を確保できる	0.000
				圧迫感のない坑門である	0.000
	構造安定性能 0.246	常時作用する荷重に対して安定する	0.129	覆工が安定する	0.129
				地山が安定する	0.000
		必要な耐震性能を有する	0.052	供用期間中に想定される地震変動に対して覆工が必要な耐荷性能を有する	0.052
				地山が安定する	0.000
		想定される荷重変化に対して安定する	0.065	供用期間中に想定される近接施工による影響や周辺環境の変化など，荷重条件の変化に対して必要な耐荷性能を有する	0.065
				地山が安定する	0.000
		【覆工を構造部材としている場合】火災においても安定する	0.000	地山が安定する	0.000
				火災時に覆工の耐荷力が維持できる(後荷重が作用している場合)	0.000
				火災時に覆工の耐荷力が維持できる(耐火材を設置する場合)	0.000
	耐久性能 0.143	防食性が良い	0.029	鉄筋腐食が少ない	0.029
		防水性がよい	0.046	覆工・諸設備の劣化原因となる漏水が生じない	0.046
		覆工材が劣化しない	0.068	覆工材(コンクリート，煉瓦など)の侵食・劣化が少ない	0.068
	管理者の使用性能 0.000	必要な需要を満足できる	0.000	必要な内空断面(建築限界)を確保できる	0.000
		必要なトンネル所設備を設置できる	0.000	建築限界を侵すことなく非常用諸設備や管理用設備を収容できる	0.000
	維持管理性能 0.000	安全・容易に点検・清掃できる	0.000	日常の巡回・点検・清掃が安全・容易にできる	0.000
		安全・容易に補修・補強できる	0.000	対策工の足場の設置と資材置き場の確保ができる	0.000
				内空断面に補修・補強余裕が確保されている	0.000
	周辺への影響度 0.000	地下水への影響が少ない	0.000	地下水位変動が許容範囲内である	0.000
				周辺の地下水汚濁影響が許容範囲内である	0.000
		周辺地盤への影響が少ない	0.000	地表面の沈下・隆起が許容範囲内である	0.000
		周辺物件への影響が少ない	0.000	近接建物・埋設物などへの影響が許容範囲ないである	0.000
		周辺での振動・騒音が少ない	0.000	周辺での振動・騒音が許容似ないである	0.000
		周辺地域の大気環境への影響が少ない	0.000	周辺の大気環境への影響が許容範囲内である	0.000
		景観・美観を著しく損わない	0.000	換気塔・坑口が周辺景観を損わないデザインである	0.000
	1.000		1.000		1.000

c) 平成 12 年および平成 16 年の TPI 評価結果

再設定後の重み係数を用いて算出した TPI 評価結果を**表-3.2.32** に示す

表-3.2.32 TPI 評価結果

スパン	※	2	3	4	5	6	7	8	9	10
平成 12 年	—	2.242	1.688	1.688	3.228	3.032	2.540	3.228	3.228	1.852
平成 16 年	—	4.466	3.032	3.032	3.720	3.032	3.032	3.228	3.228	2.048
スパン	11	12	13	14	15	16	17	18	19	20
平成 12 年	1.000	2.048	2.180	2.540	2.540	1.360	2.734	2.540	3.604	4.006
平成 16 年	3.228	3.228	2.540	3.228	2.540	2.048	3.630	2.942	4.810	5.302
スパン	21	22	23	24	25	26	27	28	29	30
平成 12 年	4.122	4.350	4.350	4.524	4.614	5.016	4.614	4.614	3.720	4.788
平成 16 年	7.270	7.846	7.444	7.270	7.444	8.338	8.110	5.302	5.302	4.810
スパン	31	32	33	34	35	36	37	38	39	40
平成 12 年	4.788	2.714	1.000	4.350	3.402	3.402	3.612	2.540	2.540	2.540
平成 16 年	5.302	4.318	4.810	4.810	4.614	4.122	4.614	4.122	7.270	4.090
スパン	41	42	43	44	45	46	47	48	49	50
平成 12 年	1.000	1.360	1.360	1.852	1.000	1.852	1.360	1.000	2.540	1.852
平成 16 年	2.048	3.228	2.540	3.630	2.222	2.910	3.228	3.228	3.228	2.048
スパン	51	52	53	54	55	56	57	58	59	60
平成 12 年	1.534	1.534	2.540	2.540	2.540	3.916	1.360	2.540	1.000	2.410
平成 16 年	2.048	2.048	2.540	2.048	2.540	3.916	3.228	3.402	7.042	3.228
スパン	61	62	63	64	65	66	67	68	69	70
平成 12 年	1.360	2.180	2.180	1.534	2.048	2.714	2.714	1.534	2.714	2.048
平成 16 年	1.360	2.048	3.228	2.736	3.228	3.228	3.228	1.000	3.916	3.228
スパン	71	72	73	74	75	76	77	78	79	80
平成 12 年	2.540	4.212	4.212	2.048	1.360	1.360	1.360	2.540	1.360	1.360
平成 16 年	4.212	4.212	4.212	4.212	2.736	3.916	3.228	3.916	3.916	3.916
スパン	81	82	83	84	85	86	87	88	89	90
平成 12 年	1.534	2.714	1.000	2.540	2.222	1.360	1.360	2.540	1.360	1.534
平成 16 年	3.916	3.916	1.000	3.916	4.318	3.916	1.360	3.916	3.228	1.360
スパン	91	92	93	94	95	96	97	98	99	100
平成 12 年	1.534	1.000	1.534	1.534	1.534	1.534	1.000	2.222	2.048	2.048
平成 16 年	3.538	1.000	1.000	2.048	2.048	2.048	2.048	4.636	3.720	3.630

※スパン 1 は坑門工のため除外した

d) TPI の母集団分布の分析

表-3.2.32 に示す TPI 評価結果を分析した．まず，**表-3.2.33** は H12 および H16 の TPI の評価結果を統計データで示したものである．次に，**図-3.2.10** は TPI の度数と対数正規分布を用いて母集団の確率分布を求めたものである．

図-3.2.10 をみると，H12 から H16 の間の 4 年間で，TPI が総じて大きくなる傾向がある．また，対数正規分布曲線は，H12 に概ね 3 あたりで凸であった TPI が，H16 には凸の傾向が弱まっている．このことは，TPI の平均値が大きくなるとともに，そのバラツキも大きくなっていることを表しており，トンネル全線にわたる一般的な経年劣化により TPI が変化したものと考えられる．TPI は当該のトンネルの全線にわたる総合評価点を意味することから，トンネルの性能状態を定量的に評価できる一つの指標となる．ただし，TPI の値と補修等の対策の必要性の判断は，これまでの保全対策の実績データと比較することが必要となる．本検討では，補修履歴の詳細が不明なため，その判断までには至らない．

表-3.2.33 TPIの評価結果を統計データ

	H12年	H16年
データ数	99	99
平均値	2.399	3.658
標準偏差	1.095	1.606
分散	1.187	2.554
中央値	2.222	3.228
最大値	5.016	8.338
最小値	1.000	1.000
最頻度	2.540	3.228

なお，対数正規分布の一般式を式-3.2.5に示す．

$$P(x) = \begin{cases} \dfrac{1}{x\sigma\sqrt{2\pi}} \exp\left(\dfrac{-(\log x - \mu)^2}{2\sigma^2}\right) & x > 0 \\ 0 & x < 0 \end{cases} \quad\quad 式\text{-}3.2.5$$

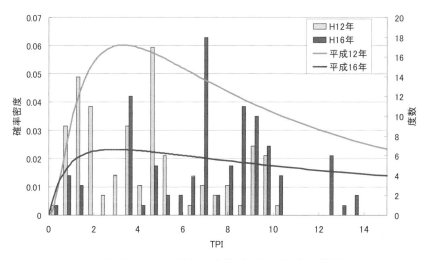

図-3.2.10 TPIの度数と確率密度の関係

(5) 幾何ブラウン運動を用いたTPIの将来予測事例

一般に，覆工の点検は2年から5年程度の間隔で実施されることが多く，点検データは点検間隔に応じて離散的なデータとして獲得できる．しがって，将来の保有性能を予測する手法は，この点検履歴を用いて時間に依存する連続モデルとして扱うことが望ましい．図-3.2.11は時間に依存する連続モデルの概念を示したものである[15]．一例として，覆工の保有性能の将来変化は，図-3.2.11のA～Fの経路をたどる．しかしながら，保有性能は点検時ごとに離散的に獲得されるため，どの時点で保有性能が変化したのかを点検結果のみから判断することは難しい．そこで，ひび割れ等の変状や補修・補強等の対策工による性能回復などの不連続性を平均的に捉えれば，保有性能の変化を図中の破線（全体的な傾向を示す性能曲線）のようにモデル化することができる．

安田ら[9),15),16)]は，このような連続モデルの変化予測手法として，幾何ブラウン運動モデル[17),18)]を適用した確率過程モデルを提案している．覆工の性能評価結果として離散的に獲得できるTPIは数値データである．従って，保有性能の予測では，幾何ブラウン運動モデルを基本として実施する．以降には，幾何ブラウン運動モデルを用いた具体的なTPIの保有性能予測手法について説明する．

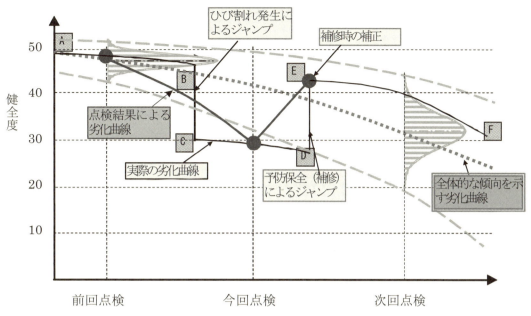

図-3.2.11 時間に依存する保有性能の連続性モデルの概念 [15]

TPIの評価データを用いて幾何ブラウン運動より，将来のTPIの推移を予測した．

a) 幾何ブラウン運動の一般式とその解

幾何ブラウン運動の一般式とその解を**式-3.2.6**に示す．

$$dX(t) = \mu X(t)dt + \sigma X(t)dW(t)$$
$$X(0) = X_0$$
式-3.2.6

ここで，$X(t)$=性能水準の変化の増分
　　　　μ=$X(t)$に対するトレンド（ドリフト：平均劣化度合い）
　　　　σ=$X(t)$に対するボラティリティー
　　　　dW=ウィーナー過程（ブラウン運動の増分）

である．もし，μ，σが時間を通じて一定と仮定できるならば，**式-3.2.6**の解は，**式-3.2.7**で示すことができる．すなわち，**式-3.2.7**を用いて将来状態を予測する．

$$X(t) = X(0)\exp\left(\left(\mu - \frac{1}{2}\sigma^2\right)t + \sigma W(t)\right) \qquad t \geq 0$$
式-3.2.7

b) 幾何ブラウン運動に用いるパラメータの推定

幾何ブラウン運動を用いたTPIの将来予測を行うため，パラメータの推定を行う．まず，**式-3.2.6**に示す右辺第1項はトレンドを示し，TPIの母集団の将来推移を決定している．次に，右辺第2項は拡散項である．ここで，ボラティリティーσは将来の不確実性を示すパラメータで時間の増分とともに，そのボラティリティーも大きくなる．次にウィーナー過程W(t)は時間tにおける標準正規乱数である．幾何ブラウン運動の式は以上の構成より，**式-3.2.7**に代入し評価することが可能である．

今回の解析では，平均的な TPI のデータおよび TPI の確率母集団分布 5%および 95%に位置するデータを用いて将来状態を予測する．

① トレンド μ の推定

トレンド μ は，表-3.2.34，図-3.2.12 に示すように，平成 12 年および平成 16 年の TPI のデータより，線形近似を行いトレンド μ とドリフト量を推定した．

② トレンドの信頼性を考慮したドリフトの設定

TPI の平均的なトレンド μ のバラツキを考慮して，ドリフト量（トレンド μ が大きい方向と小さい方向に偏ることを想定したズレ量であり，両者ともに両側の確率を 5%としている）を設定した．表-3.2.35 の TPI トレンド大と TPI トレンド小がそれにあたる．

③ 拡散項 σ および W(t)の決定

σ は H12 および H16 の TPI の統計データである標準偏差の差分よりパラメータを設定している．また，ウィーナー過程 W(t)は N(0,t)の標準正規乱数を使用するが，本解析では基本的な推計を行うこととし，W(t)=0 としている．

表-3.2.34 TPI のドリフトパラメータ

	平成12年	平成16年
TPI平均値	2.399	3.658
TPIトレンド大	0.819	0.662
TPIトレンド小	0.598	1.016
標準偏差	1.095	1.606
分散	1.187	2.554

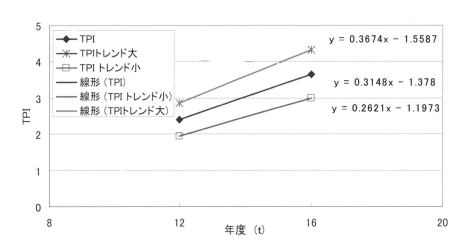

図-3.2.12 トレンド μ とドリフト量の推定

表-3.2.35 TPI の将来予測に用いるパラメータ

パラメータ	μ	σ	dW
μ	0.315	0.511	0
μ(トレンド大)	0.367		
μ(トレンド小)	0.262		

以上より，TPI の遷移確率を評価する一般式を式-3.2.8 に示す．

$$TPI(t) = TPI(H16)\exp\left(\left(\mu - \frac{1}{2}\sigma^2\right)t\right) \qquad t \geq 0 \qquad \text{式-3.2.8}$$

c) 幾何ブラウン運動を用いた TPI の将来状態の予測結果

式-3.2.8 を用いて TPI の将来状態を解析的に予測した結果を**図-3.2.13** に示す．

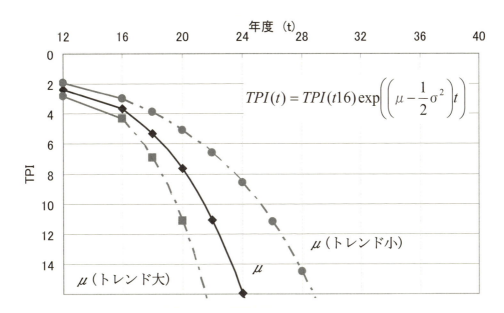

図-3.2.13 TPI の性能低下の推移

以上のことから，**式-3.2.7** を用いることで，TPI の将来状態を予測することが可能である．一方，劣化予測を行う上で，パラメータとなるウィーナー過程 W(t)も予測精度に影響を及ぼすことが知られている．本事例では基本的な TPI の推計を行うこととしたため，トレンドの予測にドリフトを設けることとし，W(t)=0 として性能予測を行った．今後は，ウィーナー過程 W(t)の実務的な取扱いについても検討することが望まれる．

参考文献

1) 国土交通省：道路統計年報 2006, 2006.
2) 土木学会：トンネルライブラリー第 14 号　トンネルの維持管理, 2005.
3) 国土交通省：道路トンネル定期点検要領（案）, 2002.
4) 日本道路協会：道路トンネル維持管理便覧, 1993.
5) 日本道路公団：道路構造物点検要領（案）7-4 トンネル, 2003.
6) 東・中・西日本高速道路（株）：設計要領第三集　トンネル編　トンネル本体工保全編, 2005.
7) 鉄道総合技術研究所：鉄道構造物等維持管理標準同解説（構造物編）トンネル, 2007.
8) 東京電力株式会社：トンネル点検の手引き－健全な水路トンネルを維持するために, 2000.
9) 安田亨：トンネル構造物の維持管理補修最適化に関する研究, 京都大学学位論文, 2004.
10) 道路保全技術センター：山岳トンネルの劣化予測に関する検討報告書, 2007.
11) 土木学会：トンネルライブラリー第 21 号, 性能規定に基づくトンネルの設計とマネジメント, 2009.
12) ISO/PC251（アセットメネジメント）.
13) 澤井克紀：アセットマネジメントシステムの国際標準化, アセットマネジメントスクール京都ビジネスリサーチセンター, pp.15-23, 2011.

14) 和田明久, 森山守, 鈴木俊雄, 平俊勝, 木村定雄：高速道路トンネルの総合的維持管理のための性能評価基準の検討, Ⅵ-218, 土木学会第69回年次学術講演会概要集（Ⅵ部門）, 2014.
15) 安田亨：7. アセットエンジニアリング, 土と基礎 講座「リスク工学と地盤工学」, pp35-42, 2004.
16) 安田亨, 境亮祐, 大津宏, 大西有三：ポアソン過程によるトンネル構造物の健全度低下モデルの研究, 建設技術シンポジウム, pp259-266, 2004.
17) 箕谷千凰彦：よくわかるブラックショールズモデル, 東洋経済出版社, 2000.
18) 保江邦夫：最新 EXCEL で学ぶ金融市場予測の科学, ブラックショールズ理論完全制覇, pp.158-173, 2003.

4. シールドトンネルにおけるアセットマネジメント

　都市部における鉄道等の交通網や上下水道，電力，通信等のインフラの整備において，1960年頃からシールドトンネルが数多く建設されてきた．経年とともに構造物に材料劣化や変形等の変状が散見されており，シールドトンネルの維持管理において，各事業者の共通課題となっている．

　都市部のシールドトンネル設備量の多い事業者の維持管理状況について調査したところ，アセットマネジメントの導入が進んでいないことが確認された．これを受けて本章では，シールドトンネルへのアセットマネジメントの導入に向けて，既設シールドトンネルの維持管理の現状調査および保有性能評価の適用検討を実施し，今後の検討の方向性を示した．

　維持管理については，シールドトンネルを保有する事業者を対象とした維持管理状況の実態調査を実施し，シールドトンネルの施工技術の変遷と変状現象との関係を示し，アセットマネジメントの導入に向けた課題の整理を行った．

　保有性能評価については，鉄道トンネルを対象としたケーススタディにより第3章で提案した保有性能評価手法のシールドトンネルに対する適用性を検討した．なお，本章では保有性能評価結果に大きな影響を与える要求性能評価基準ならびに重み係数の設定に主眼をおいていることから，第3章と同様な保有性能変化の将来予測については割愛した．

4.1 シールドトンネルの維持管理の現状
4.1.1 シールドトンネルの維持管理の事例

　シールドトンネルにおける一般的な維持管理フローおよび変状現象については，土木学会トンネル・ライブラリー[1]等において，事例の整理が行われている．本節では，シールドトンネルにおける変状現象が建設当時の使用材料等に応じた特徴を有することに着目し，シールドの設計・施工技術の変遷と特徴的な変状現象との関係，および変状現象に対するシールドトンネルの維持管理状況を調査した．調査にあたっては，鉄道，下水，通信，電力，ガスの各事業者からシールドトンネルの経年設備量が比較的多い6事業者を調査対象とした．

(1) 各事業者におけるシールドトンネルの施工技術の変遷と変状現象

　各事業者の特徴を把握するために，共通様式により各事業者のシールドトンネルの施工技術の変遷と変状現象とを整理した結果を**表-4.1.1〜表4.1.6**に示す．

表-4.1.1 シールドトンネルの施工技術の変遷と変状現象（事業者 A　用途：鉄道）

			竣工年度		1960	1970	1980	1990	2000
施工実績	シールド工法	開放型	圧気工法あり						
			圧気工法なし						
		密閉型	土圧式、泥水式						
	裏込め注入工	同時注入	シールド注入管、セグメント注入孔						
		即時注入	セグメント注入孔						
	覆工種類	箱形セグメント	中子形セグメント	二次覆工あり					
				二次覆工なし					
			鋼製セグメント	二次覆工あり					
				二次覆工なし					
		平板形セグメント	ダクタイルセグメント	二次覆工あり					
				二次覆工なし					
			鉄筋コンクリート製セグメント	二次覆工あり					
				二次覆工なし					
			鉄鋼製セグメント（中詰材充填）	二次覆工あり					
				二次覆工なし					
			合成セグメント	二次覆工あり					
				二次覆工なし					
構造設計	セグメントリング	継手	ボルト結合式・鋼製ボックス						
			新型継手（ボルト締結を伴わない）						
	シール材	非膨張	未加硫ブチルゴム、合成ゴム等						
		水膨張	水膨張単体シール材等						
	設計法		許容応力度設計法						
			性能照査型設計法						
			慣用設計法・修正慣用設計法（剛性一様）						
			はり-ばねモデル（回転ばね・せん断ばね）						
			その他（多ヒンジ系、FEM等）						
	シール材		止水設計式						
	その他		指針類の改訂時期等						
主な劣化事象	漏水								
	材料腐食		［備考］主に軽微な劣化事象が発生						
	コンクリートのひび割れ								
	トンネル変形								
	その他								

指針等：土木学会 シールド工法指針制定、土木学会 トンネル標準示方書（シールド編）制定、JTA セグメントシール材による止水設計手引き制定、トンネル標準示方書（シールド編）改訂、JTA セグメントシール材による止水設計手引き改訂、トンネル標準示方書（シールド編）改訂

表-4.1.2 シールドトンネルの施工技術の変遷と変状現象（事業者 B：JR 各社の一例　用途：鉄道）

				竣工年度	1960	1970	1980	1990	2000	
施工実績	シールド工法	開放型		圧気工法あり		■■■				
				圧気工法なし		■■■				
		密閉型		土圧式、泥水式			■■■	■■■		
	裏込め注入工	同時注入		シールド注入管、セグメント注入孔				■■■		
		即時注入		セグメント注入孔			■■	■■■		
	覆工種類	箱形セグメント	中子形セグメント	一次覆工あり		■■■				
				一次覆工なし		■■				
			鋼製セグメント	一次覆工あり		■■				
				一次覆工なし			■			
		平板形セグメント	ダクタイルセグメント	一次覆工あり						
				一次覆工なし						
			鉄筋コンクリート製セグメント	一次覆工あり		■■■	■■■	■■■		
				一次覆工なし						
			鉄骨鋼製セグメント（中詰材充填）	一次覆工あり						
				一次覆工なし						
			合成セグメント	一次覆工あり		■■■	■■■	■■		
				一次覆工なし						
	セグメントシール材	継手		ボルト結合式・鋼製ボックス		■■■	■■■	■■■		
				新型継手（ボルト締結を伴わない）						
		非膨張		未加硫ブチルゴム、合成ゴム等		■■■	■■■	■■■		
		水膨張		水膨張単体シール材等						
構造設計	設計法	許容応力度設計法								
		性能照査型設計法								
	セグメントリング	慣用設計法・修正慣用設計法（剛性一様）								
		はりーばねモデル（回転ばね・せん断ばね）								
		その他（多ヒンジ系、FEM等）								
	シール材	止水設計								
	その他	指針類の改訂時期等					■		■	■
主な劣化事象	漏水									
	材料腐食			［備考］1980年代より一部で漏水・材料腐食が発生			■			
	コンクリートのひび割れ									
	トンネル変形									
	その他									

表-4.1.3 シールドトンネルの施工技術の変遷と変状現象（事業者C 用途：下水道）

表-4.1.4 シールドトンネルの施工技術の変遷と変状現象（事業者D 用途：通信）

				竣工年度	1960	1970	1980	1990	2000	
施工実績	シールド工法	開放型		圧気工法あり						
				圧気工法なし						
		密閉型		土圧式、泥水式						
	裏込め注入工	同時注入		シールド注入管、セグメント注入孔						
		即時注入		セグメント注入孔						
	覆工種類	箱形セグメント	中子形セグメント	二次覆工あり						
				二次覆工なし						
			鋼製セグメント	二次覆工あり						
				プレキャスト二次覆工						
			ダクタイルセグメント	二次覆工なし						
		平板形セグメント	鉄筋コンクリート製セグメント	二次覆工あり						
				二次覆工なし						
			鉄鋼製セグメント（中詰充填）	二次覆工あり						
				二次覆工なし						
			合成セグメント	二次覆工なし						
構造設計	セグメント	継手		ボルト結合式、鋼製ボックス						
				新型継手（ボルト締結を伴わない）						
	シール材	非膨張		未加硫ブチルゴム、合成ゴム等						
		水膨張		水膨張単体シール材等						
	設計法			許容応力度設計法						
				性能照査型設計法						
	セグメントリング			慣用設計法・修正慣用設計法（剛性一様）						
				はり-ばね・モデル（回転ばね・せん断ばね）						
				その他（多ヒンジ系、FEM等）						
	シール材設計			止水設計式						
	その他			指針類の改訂時期等						
主な劣化事象	漏水									[備考] 主に軽微な劣化事象が発生
	材料腐食									
	コンクリートのひび割れ									
	トンネル変形									
	その他									

表-4.1.5 シールドトンネルの施工技術の変遷と変状現象（事業者E　用途：電力）

			竣工年度	1960	1970	1980	1990	2000	
施工実績	シールド工法	開放型	圧気工法あり						
			圧気工法なし						
		密閉型	土圧式、泥水式						
	裏込め注入工	同時注入	シールド注入管、セグメント注入孔						
		即時注入	セグメント注入孔						
	覆工種類	箱形セグメント	中子形セグメント	一次覆工あり					
				一次覆工なし					
			鋼製セグメント	一次覆工あり					
				一次覆工なし					
			ダクタイルセグメント	一次覆工あり					
				一次覆工なし					
			鉄筋コンクリート製セグメント	一次覆工あり					
				一次覆工なし					
		平板形セグメント	鉄鋼製セグメント（中詰材充填）	一次覆工あり					
				一次覆工なし					
			合成セグメント	一次覆工あり					
				一次覆工なし					
構造設計	セグメントリング	継手	ボルト結合式 鋼製ボックス						
			新型継手（ボルト締結を伴わない）						
	シール材	非膨張	未加硫ブチルゴム、合成ゴム等						
		水膨張	水膨張単体シール材等						
	設計法		許容応力度設計法						
			性能照査型設計法						
			慣用設計法・修正慣用設計法（剛性一様）						
			はりーばねモデル（回転ばね・せん断ばね）						
			その他（多ヒンジ系、FEM等）						
	その他		指針類の改訂時期等						
主な劣化事象	漏水								
	材料腐食								
			コンクリートのひび割れ	[備考]主に軽微な劣化事象が発生					
			トンネル変形						
	その他								

注記:
- 土木学会 シールド工法指針制定
- ダクタイルセグメント
- 鉄筋・ボルト（中子形）
- 土木学会 トンネル標準示方書（シールド編）制定
- JTA セグメントシール材による止水設計手引き改訂
- トンネル標準示方書（シールド編）改訂
- 鋼製ボックス閉塞部脱落
- セグメント（トンネル軸方向）
- JTA セグメントシール材による止水設計手引き改訂
- トンネル標準示方書（シールド編）改訂
- JTA性能照査型設計計法のガイドライン
- セグメント（トンネル軸方向）

表-4.1.6 シールドトンネルの施工技術の変遷と変状現象（事業者F 用途：ガス）

			竣工年度	1960	1970	1980	1990	2000	
施工実績	シールド工法	開放型	圧気工法あり						
			圧気工法なし					▬▬▬▬▬▬▬	
		密閉型	土圧式、泥水式					▬▬▬▬▬▬▬	
	裏込め注入工	同時注入	シールド注入管、セグメント注入孔						
		即時注入	セグメント注入孔					▬▬▬▬▬▬▬	
	覆工種類	箱形セグメント	中子形セグメント	二次覆工あり					
				二次覆工なし					
			鋼製セグメント	二次覆工あり				▬▬▬▬▬▬▬	
				二次覆工なし					
		平板形セグメント	ダクタイルセグメント	二次覆工あり					
				二次覆工なし					
			鉄筋コンクリート製セグメント	二次覆工あり					
				二次覆工なし					
			鉄鋼製セグメント（中詰材充填）	二次覆工あり				▬	
				二次覆工なし					
			合成セグメント	二次覆工あり				▬▬▬	
				二次覆工なし					
構造設計	セグメント	継手	ボルト結合式・鋼製ボックス					▬▬▬▬▬▬▬	
			新型継手（ボルト締結を伴わない）						
	シール材	非膨張	未加硫ブチルゴム、合成ゴム等					▬▬▬▬▬▬▬	
		水膨張	水膨張単体シール材等					▬▬▬▬▬▬▬	
	設計法		許容応力度設計法						
			性能照査型設計法						
			慣用設計法・修正慣用設計法（剛性一様）						
	セグメントリング		はりーばねモデル（回転ばね・せん断ばね）						
			その他（多ヒンジ系、FEM等）						
	シール材		止水設計式						
	その他		指針類の改訂時期等						
主な劣化事象	漏水								［備考］中詰めされておりシールド覆工部の劣化事象については未確認
	材料腐食								
			コンクリートのひび割れ						
			トンネル変形						
	その他								

(2) 施工技術の変遷の整理

シールドトンネルにおける施工技術の変遷について，今回調査した各事業者のシールド工法，覆工種類および止水対策の整理結果を以下に示す．

a) シールド工法

シールド工法（図-4.1.1）は，1960年代前半から各事業者において本格的に採用されてきた．

当初は，開放型で掘削方式が人力掘削であったが，機械式に変わり，セグメント組立ての機械化により大断面化が可能となった．また，圧気工法の併用により，地下水が存在する地盤への適用が拡大した．1970年代半ばになると，密閉型シールド工法の採用により掘削効率や周辺地盤への影響度等の性能が向上し，地盤条件や施工延長等の適用範囲が拡大した．各事業者ともに密閉型が現在の主流である．一方で，開放型は1990年代に入ってからの施工実績はほとんど無くなっている．

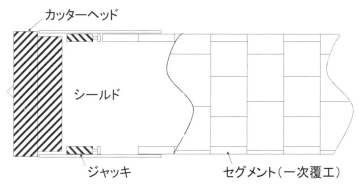

図-4.1.1　シールド工法（密閉型）概要図

b) 覆工種類

シールドトンネルの覆工は，一次覆工と二次覆工とで構成され，力学的な機能を一次覆工に，耐久的な機能を二次覆工に受けもたせることが一般的であった．多くの事業者においては，防水や防食等の機能を一次覆工に受けもたせることにより，二次覆工を省略した覆工構造を採用する事例がみられる．

一次覆工であるセグメントの種類は，材質ではコンクリート，鋼，ダクタイル鋳鉄等多岐にわたっている．セグメントの継手構造は，従来のボルト継手に加えて，ピン式継手，くさび式継手，突合せ継手等も用いられている．これらは，従来のボルト締め作業を省力化することで施工性に優れており，多くの事業者において採用されている．

以上の覆工構造は，トンネル用途等に応じて，経済性，施工性，耐久性等を考慮して選定されることから，各事業者により採用実績には違いが見られる．

また，覆工の設計は，各事業者ともに許容応力度設計法によって実施されてきた．一部の事業者においては，2004年から鉄筋コンクリート製セグメントの設計に性能照査型設計法が導入されている．

c) 止水対策

シールドトンネルにおいては，一次覆工が止水の主体となっている．一次覆工はセグメントの継手目地が多い構造であり，継手部の止水対策は，継手面にシール材を貼付することで行っている．

シール材は，1960年代後半から瀝青系，発泡体系，未加硫ブチルゴム，加硫ゴム等が順次開発されてきた．1970年代後半に開発された水膨張性シール材は，従来のシール材に比べて取り扱いやすく，漏水量が格段に少ないことから，1980年代から各事業者において主流となっている．

(3) 変状現象の整理

各事業者における変状現象の詳細を**表-4.1.7**に示す.

表-4.1.7 各事業者のシールドトンネル設備の特徴と変状現象の整理

事業者	設備の特徴	特徴的な変状現象
A (鉄道)	・中子形セグメントは二次覆工なし ・ダクタイルセグメントを使用	・ダクタイルセグメント使用箇所で防錆工事を実施 ・二次覆工のない沖積粘性土地盤でトンネル変形のため二次巻き補強を実施
B (鉄道：JR各社の一例)	・1991以降は二次覆工なし	・1980年代より一部で漏水・材料腐食が発生
C (下水道)	・二次覆工有りで実施してきたが，2002年頃より二次覆工一体型で実施	・1960〜80年代建設の設備に漏水，材料腐食，コンクリートひび割れ有り，補修工事や再構築を進めている． ・2006〜08年度に集中的に重要設備の調査を行うなどにより，判明した劣化箇所については，劣化の程度にあわせて漏水対策，腐食対策を実施
D (通信)	・全線二次覆工有り	・全体量からすると極僅かではあるが，以下の変状が生じている． ①1970年代建設の設備に漏水，材料腐食 ②1990年代以降建設のプレキャスト二次覆工で充填材流出を伴う漏水
E (電力)	・中子形，ダクタイルセグメントを一部使用し，二次覆工なし ・RCセグメントで粘性土地盤は二次覆工なし ・1995年以降は，二次覆工なし	・1960年代建設のダクタイルセグメント使用箇所で防錆工事を実施 ・二次覆工のない沖積粘性土地盤においてトンネル変形のため支柱補強を実施 ・1970年前後建設の中子形セグメントのボルトや組立筋が腐食 ・非膨張性シール材使用設備の漏水 ・ボルトボックス充填材の脱落 ・グラウトホールキャップ破損 ・二次覆工コンクリートのひび割れ
F (ガス)	・1990年代よりシールドを実施 ・二次覆工なしで中詰めを実施	・中詰めされていることから覆工部の劣化は未確認

シールドトンネルにおいて発生する変状現象としては，コンクリートの劣化，鋼材の腐食，漏水，ひび割れ，変形等が挙げられる．今回の調査結果より，これらの変状現象は，トンネルの使用材料等に応じた以下の特徴があることが確認された．
① 非膨張性シール材を使用した継手部からの漏水
② 漏水に伴う材料（ダクタイルセグメント，継手ボルト等）の腐食
③ 二次覆工を省略した沖積粘性土地盤でのトンネル内空変形

これらの変状現象について，事業者Eにおける発生事例および対策を以下に示す．

a) ダクタイルセグメントの鋼材腐食

トンネル概要としては，1967年に開放型シールド工法により構築された内径2.5m～2.7mの円形トンネルである．二次覆工を省略した構造であり，セグメントは球状黒鉛鋳鉄製の箱形，セグメント継手面の止水には鉛コーキングが用いられている．

変状の発生状況としては，継手部からの漏水および構造部材の腐食が確認されている．1982年の調査結果より，劣化した継手部の鉛コーキング箇所から地下水が流入し鋳鉄を腐食させたものであり，漏水に含まれる塩化物イオン濃度が高いことや洞道内の温湿度の変化が大きいことが腐食を促進させた要因であると判断された．セグメントの腐食状況を**写真-4.1.1**に示す．

対策としては，腐食を抑制するために継手部への止水材注入およびセグメントの防錆処理を実施した．また，至近の点検結果より，対策箇所の再劣化による継続的な腐食進行が確認されたことから，腐食量を考慮したトンネルの耐荷性能評価に基づいた補強工事を実施中である．

写真-4.1.1 ダクタイルセグメントの腐食状況

b) 中子形セグメントの鋼材腐食

トンネル概要としては，1971年に開放型シールド工法により構築された内径3.0mの円形トンネルである．二次覆工を省略した構造であり，セグメントは鉄筋コンクリート製の中子形（**図-4.1.2**），継手面の止水にはシール材ではなくモルタルコーキングが用いられている．

変状の発生状況としては，継手部のボルトおよびセグメントの鉄筋に，**写真-4.1.2**に示すような腐食が発生した．特に，露出しているボルト頭部およびナットに激しい腐食が確認された．至近の調査結果より，腐食している鉄筋は，かぶり数mmの組立筋や配力筋であり，主要構造である主鉄筋の腐食はないものと判断された．また，腐食発生の要因はトンネル内への漏水であり，洞道内の温湿度の変化が大きいことが腐食促進の要因であると判断された．

対策としては，セグメント本体については，組立筋や配力筋の腐食進展によるセグメント内部の劣化を防止するために，顕在化している腐食箇所へ防錆剤を塗布することとし，継手部への止水材注入を併せて実施した．継手ボルトについては，腐食状態に応じて，ボルトの交換，ボルト頭部やナット部の防錆処理を実施した．

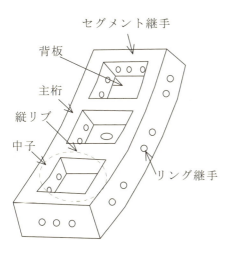

図-4.1.2　中子形セグメント　　　　　写真-4.1.2　中子形セグメントの鋼材腐食状況

c) セグメントの軸方向ひび割れとトンネル変形

　トンネル概要としては，1981年に密閉型シールド工法により構築された内径3.5mの円形トンネルである．セグメントは鉄筋コンクリート製の平板形，継手面の止水には非膨張性シール材が用いられている．また，トンネルの変状発生区間の土被りは8～12m程度で，周辺地盤は軟弱粘性土層である．

　変状の発生状況としては，写真-4.1.3に示すように上方部のセグメントに幅0.1～0.4mm程度のトンネル軸方向ひび割れが発生した．また，建設時からのトンネル内空変位量は不明であるが，真円に対して約12mmの鉛直方向つぶれが発生した．写真-4.1.4に示すような多量漏水による水溜まりも数回確認された．

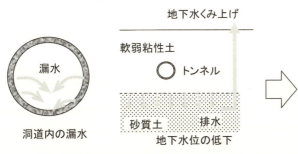
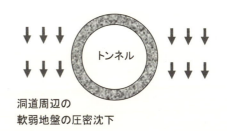
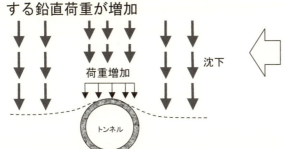
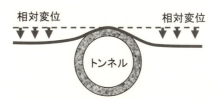

図-4.1.3　トンネル変形の発生メカニズム

1996年からの調査結果より、ひび割れや変形の長期的な進行が確認された．変状の要因としては、**図-4.1.3**に示すとおり、地下水位変動やトンネル内への地下水流入による軟弱粘性土地盤の圧密による鉛直付加荷重の発生と判断された．鉛直荷重の増加によりトンネル横断面における鉛直方向のつぶれが進み、トンネル上方部のセグメントの曲げ応力が増加して軸方向ひび割れが発生し、ひび割れ本数が増加したものと考えられた．

対策としては、以前から実施している継手部への止水注入とともに、鉛直付加荷重に対してトンネルの耐力性能を満足するために、トンネルの耐荷力向上を目的として鋼製円柱をトンネル中央に設置した．また、内空変位の定点計測を継続実施中である．

写真-4.1.3　セグメントのひび割れ発生状況　　　写真-4.1.4　トンネル内への漏水状況

d) その他の変状

二次覆工省略の平板形セグメントにおいては、防錆のために継手部の閉塞を実施している．経年劣化によりトンネル上方部の閉塞に用いた充填材の脱落が見られる．

(4) 施工技術の変遷と変状現象との関係

これまでの整理結果より、シールドトンネルの施工技術の変遷と変状現象との関係としては、主な変状現象は漏水とともに発生しており、二次覆工省略型で非膨張性シール材を使用していた時期のトンネルに漏水発生の可能性が高いことが分かる．設備管理者や点検実施者が、このような関係を事前に把握することで、対象構造物の選定や調査項目の絞り込み等、変状現象に応じた効率的な調査の実施が可能になると考えられる．

4.1.2 シールドトンネルにおけるアセットマネジメントの導入に向けて

今回の各事業者への調査および各種文献調査によると、シールドトンネルの維持管理におけるアセットマネジメントの導入事例は確認されていない．山岳トンネルと比較してシールドトンネルへのアセットマネジメントの導入が進んでいない理由として考えられる事項を以下に示す．

① 各事業者において、トンネル用途に応じた維持管理手法が定められている．
② 本体構造物であるシールドセグメントは工場製品であるため、構造諸元がある程度明確であり、山岳トンネルと比較して健全性を評価し易い．
③ 施工年代が新しく劣化程度が比較的小さい，剥落・崩落等の大規模被害の事例がない．

今後のアセットマネジメント導入に向けては、各事業者の維持管理手法の標準化、効率化がひとつの検討課題と考えられる．一例として、各事業者のシールドトンネル、開削トンネル等の都市トンネルの維持管理手法について、点検方法の比較を**表-4.1.8**に示す．

表-4.1.8 各事業者の都市トンネルを対象にした点検方法の比較

事業者	A	B	C	D	E	F
用途	鉄道	鉄道（JR各社の一例）	下水道	通信	電力	ガス
初回点検	新設時，改築時	新設時，改築時	新設時，改築時	完成検査時に実施	竣工時に変状があれば記録	新設時，形状・漏水・路面測量等
定期点検の頻度	通常---2年に1回 特別---20年に1回	通常---2年に1回 特別---20年に1回	地上巡視---1年に1回程度 管内調査---20～25年に1回程度．ただし，重要路線についてはよりサイクルを短くして実施	5年に1回が基本	1～9年に1回（設備の状態に応じて設定）	1年に1回（下記項目のみ）
定期点検実施方法	通常---目視・打音 特別---入念な近接目視・打音 全線	通常---目視・打音，写真からスケッチ図作成 特別---入念な目視・打音 全線	地上巡視---地表面沈下等の有無の確認 管内調査---TVカメラ・目視	目視によるスケッチおよび劣化状況（ひび割れ幅，長さ等）の計測 全線	目視によるスケッチ 1箇所/50mの重点管理	立坑部沈下計測
定期点検実施体制	委託（一部直営）	直営	委託	委託	委託（一部直営）	委託
個別点検（詳細点検）	入念な目視および変状に応じて各種の詳細な調査	入念な目視および変状に応じて各種の詳細な調査	点検結果に応じて実施	点検結果に応じて，補修補強方法・範囲等を判断するために個別に実施	点検結果による判定区分大・中のうち必要と判断した箇所について個別に実施	未実施
点検データの保存方法	データベースにより管理	データベースにより管理	データベースにより管理	データベースにより管理	データベースにより管理	データベースにより管理
健全度判定区分	AA・A1・A2・B・C・Sの6段階 剥落に対しては，α，β，γに区分	AA・A1・A2・B・C・Sの6段階 剥落に対しては，α，β，γに区分	A・B・Cの3段階	A・B・C・D・E・Fの6段階	大・中・小・軽微・異常なしの5段階	設定していない

各事業者のトンネル用途に応じて，点検頻度や実施方法に違いがあることがあることから，点検項目・頻度等の比較検討を行うことにより，トンネルの要求性能および変状現象に応じた維持管理の効率化を図ることが可能と考えられる．要求性能に基づいた維持管理方法の検討については，電力用シールドトンネルの事例[2]がある．

さらに，各事業者が補修方法の材料や補強方法の考え方までの踏み込んだ情報を広く水平展開することが望まれる．特に，都市トンネルにおいては，材料特性や地域特性に共通部分が多いことから，情報共有により，維持管理の効率化さらには都市トンネルのアセットマネジメント導入にも貢献できると考えられる．

4.2 シールドトンネルの保有性能評価

本節では，都市トンネルのうちシールドトンネルへのアセットマネジメントの導入を目的として，既設シールドトンネルの保有性能評価の適用に向けた基礎的な検討を実施した．

保有性能評価の検討として，既設シールドトンネルの要求性能に基づく劣化状況の定量的な評価手法の検証を鉄道トンネルにおいて試みた．具体的な検討内容は以下に示すとおりで，検討結果より定量的評価手法の適用性や課題について整理した．

① ある鉄道事業者（以下，事業者 A と称す）の維持管理の実務上の観点から，要求性能を再整理し，性能評価基準を作成した．
② 事業者 A の維持管理に携わる技術者へのアンケートにより要求性能の重要度（重み係数）を設定した．重み係数の算出方法は，"階層分析法（Analytic Hierarchy Process：以下，AHP）"を採用した．
③ 事業者 A のあるシールドトンネル区間について，3章において用いた性能評価基準および重み係数を用いてトンネルの性能を総合的に表す"トータル性能インデックス（Total Performance Index：以下，TPI）"を算出した．
④ 事業者 A で現在実施している点検判定結果と TPI による性能評価結果とを比較して，その整合性を分析した．

4.2.1 シールドトンネルの要求性能

一般に，シールド工法は都市部，海底下および河川下等，地下水位以下の軟弱地盤条件において採用されることが多い．このため，シールドトンネルの覆工構造体は，地下水位変動および地盤変状等の周辺条件の影響を強く受ける．**表-4.2.1**は，構造安定性能の観点から覆工構造体の特徴を整理したものである．このような特徴に対応した要求性能を考え，適切に性能評価を行い，具体的なリスク対策を説明できるようにしておくことが，シールドトンネルの維持管理計画の策定では重要となる．

表-4.2.1 シールドトンネル覆工構造体の特徴の例[3]

要求性能の種類	覆工構造体の特徴
構造安定性能	覆工構造に作用する荷重状態（土圧，水圧，地震時作用）が不確実である．
	周辺の土圧，水圧で支えられる状態で安定する構造体である（地盤反力，二次土圧等）ため，構造体は地盤の挙動の影響を受ける．
	一般に，地下水位以下に構築されるため，防水構造とする必要がある．
	セグメント本体の剛性と継手との剛性が大きく異なる柔構造体である．
	施工時荷重の影響によってセグメントに初期損傷が発生する場合がある．
	覆工構造の外側の損傷・劣化状況が直接確認できない．

山岳トンネルの要求性能の定義については，3章において詳述されている．ここでは，要求性能の検討にあたって，山岳トンネルとシールドトンネルとの工法の差違により考慮すべき内容を示す．**表-4.2.2**は，覆工構造および施工条件について山岳工法とシールド工法との差違を整理した例である．要求性能を分類するうえで最も影響する違いは，覆工が構造部材か否かの違いであり，とくに構造安定性能，耐久性能，維持管理性能に影響すると考えられる．

表-4.2.2 要求性能の分類のうえでの山岳工法とシールド工法の違い[4]

	山岳工法	シールド工法
覆工構造	・覆工コンクリートは，構造部材ではない．（基本的には無筋コンクリート）	・覆工（セグメント）が構造部材である． ・セグメントは，鉄筋コンクリート・鋼製・合成等があり，多くの継手を有する．
路盤	・インバートがない場合は路盤部が変状することがあり，この場合，走行安定性に直接影響を与える．	・円形でありインバートが変状する事例はほとんど無い
建設場所	・主に山岳部，郊外部等（トンネル内の凍結を考慮する）	・主に都市部（トンネル内の凍結は考慮しない）
坑口	・基本的に坑門が存在する	・基本的には坑門が無い
施工時	・一般に施工時荷重は考慮不要	・施工時荷重により変状を生じることがある ・施工時に切羽保持のために泥水や泥土を使用する場合がある

山岳工法とシールド工法との差違を考慮したうえで，鉄道用途のシールドトンネルの要求性能について整理した例を**表-4.2.3**に示す．

表-4.2.3 要求性能の例（工法：シールド工法，用途：鉄道）[4]

目的（機能）	要求性能		
	大項目	中項目	小項目
列車を所定の速度で安全・円滑・快適に運行させることができ，所定の供用期間中にそれを維持・管理できる	利用者の安全性能	利用者が安全に利用できる	良好な線路線形を確保できる
			走行安全性を確保できる
			建築限界を確保できる
		利用者の安全を直接脅かさない	剥落が生じない
			漏水が生じない
		非常時に利用者が安全に避難できる	非常時に防災設備が確実に稼働する
			防災設備を適切に配置できる
	利用者の使用性能	利用者が快適に利用できる	乗り心地がよい
			線形が適切，乗り心地を悪化させる軌道変位を起こすようなトンネル変位が生じない
		利用者に不快感・不安感を与えない	利用者が不快感・不安感を持つような漏水・ひび割れが見られない
	構造安定性能	想定される作用に対して安定する	常時作用する荷重に対して安定する
			常時作用する荷重に対して必要な耐荷性能を有する
			想定される地盤沈下に対して必要な追従性を有する
			浮力に対して安定しており，必要な重量を有する
		必要な耐震性能を有する	供用期間中に想定される地震動に対して覆工が必要な耐震性能を有する
			地震時に液状化等で浮き上がらない
		想定される荷重の変化に対して安定する	供用期間中に想定される近接施工による影響や周辺環境の変化等，荷重条件の変化に対して必要な耐荷性能を有する
		想定される施工時荷重に対して安定する	施工時に想定される荷重に対して必要な耐荷性能を有する
	耐久性能	想定される劣化要因に対して耐久性がある	防食性がよい
			鉄筋・鋼製セグメント・継手金物等，鋼材の防食性がよい
			耐久性を脅かす有害なひび割れがない
		コンクリートが劣化しない	コンクリートが侵食・劣化しない
		止水性がよい	覆工・諸設備の劣化原因となる漏水が生じない
	管理者の使用性能	管理者が適切に供用（使用）できる	必要な需要を満足できる
			必要な線路数と諸設備を収容できる内空断面が確保できる
			必要な列車速度を出せる線形が確保できる
		列車が安定的に運行できる	列車運行に関わる諸設備の機能を支障するような剥落が生じない
			列車運行に関わる諸設備の機能を支障するような漏水が生じない
		列車運行のための諸設備が確実に稼動できる	列車運行に関わる諸設備を適切に配置・使用できる
			トンネル内の水が適切に排水され諸設備に影響しない
	維持管理性能	適切な維持管理が確実に行える	安全・容易に点検できる
			日常の巡回・点検が安全・容易にできる
		安全・容易に補修・補強ができる	対策工の足場の設置と，資材置場の確保ができる
			内空断面に補修・補強余裕が確保されている
	周辺への影響度	周辺への影響が最小限に抑えられる	地下水への影響が少ない
			地下水位変動が許容範囲内である
			周辺への地下水汚濁影響が許容範囲内である
		周辺地盤への影響が少ない	地表面の沈下・隆起が許容範囲内である
		周辺の物件への影響が少ない	近接建物・埋設物等への影響が許容範囲内である
		周辺での振動・騒音が少ない	周辺での振動・騒音が許容範囲内である

4.2.2 鉄道トンネルにおける要求性能の再整理

鉄道トンネルの保有性能評価にあたり，実際に行われている点検との整合を考慮して，**表-4.2.3**に示した要求性能の一部の見直しを行った．

鉄道トンネルにおける維持管理の標準的な手法を示した「トンネル維持管理標準」[5]の解説には，トンネルにおける要求性能と性能項目の例として**表-4.2.4**が示されている．

表-4.2.4　トンネルの要求性能と性能項目の例

要求性能	性能項目	具体的な内容
安全性	①トンネル構造の安定性	トンネルが崩壊しないこと
	②建築限界と覆工との離隔	建築限界を支障しないこと
	③路盤部の安定性	列車の安全な運行に支障するような路盤の隆起・沈下・移動が生じないこと
	④はく落に対する安全性	列車の安全な運行に支障するようなコンクリート片，補修材等のはく落が生じないこと
	⑤漏水・凍結に対する安全性	列車の安全な運行に支障するような漏水，凍結が生じないこと
使用性	⑥漏水・凍結に対する使用性	漏水・凍結が坑内設備の機能に影響を及ぼさないこと
	⑦表面の汚れ	検査に著しく支障するような汚れがないこと
	⑧周辺環境に与える影響	周辺環境に有害な影響を与えないこと
復旧性	⑨災害時等の復旧性	復旧対策が必要となるような災害時の偶発的な作用を受けた場合でもトンネルが崩壊せず性能回復が容易に行えること

今回のケーススタディを実施した事業者Aにおいて，**表-4.2.3**に示された鉄道シールドの要求性能を土木構造物の維持管理に携わる技術者の視点から見直した結果を**表-4.2.5**に示す．見直しにあたっては，実際の点検作業において把握が可能な内容となるように，項目の絞り込みや修正を行った．なお，本検討では，「トンネル維持管理標準」の各性能項目については，**表-4.2.5**の小項目中の*箇所に対応するものとしている．

また，**表-4.2.5**中の小項目()番号は，**表-4.2.7**～**表-4.2.9**の性能評価項目番号と対応するものとしている．

「トンネル維持管理標準」の各性能項目とは*箇所が対応
*①　トンネル構造の安定性
*②　建築限界と覆工との離隔
*③　路盤部の安定性
*④　はく落に対する安全性
*⑤　漏水・凍結に対する安全性
*⑥　漏水・凍結に対する使用性
*⑦　表面の汚れ
*⑧　周辺環境に与える影響
*⑨　災害時等の復旧性

⑨については，シールドトンネルを対象とした本検討では過去の実績より対象外とした．

表-4.2.5　トンネル工学委員会の要求性能の見直し（施工方法：シールド工法，用途：鉄道）

性能（要求性能）		
大項目	中項目	小項目
利用者の安全性能	利用者が安全に利用できる	良好な線形を確保できる
	安全に走行できる	走行安全性を確保できる（1, 2, 3）*②, *⑤
		建築限界を確保できる *②
	利用者の安全を直接脅かさない	剥落が生じない（4）*④
		漏水が生じない
	非常時に利用者が安全に避難できる	非常時に防災設備が確実に稼働する（5）
		防災設備を適切に配置できている（6）
利用者の使用性能	利用者が快適に利用できる	乗り心地がよい	線形が適切，乗り心地を悪化させる軌道変位を起こすようなトンネル変位が生じない
	利用者に不快感・不安感を与えない	利用者が不快感・不安感を持つような漏水・ひび割れが見られない（7）*⑥
構造安定性能	想定される荷重に対して安定している	常時作用する荷重に対して安定している	常時作用する荷重に対して必要な耐荷性能を有している（8, 9, 10）*①
		想定される地盤沈下に対して必要な追従性を有する（11）*①
		浮力に対して安定しており，必要な重量を有する
	必要な耐震性能を有している	供用期間中に想定される地震レベルに対して，必要な耐震性能を有している
		地震時に液状化等で浮き上がらない
	想定される荷重の変化に対して安定している	供用期間中に想定される近接施工による影響や周辺環境の変化等，荷重条件の変化に対して必要な荷重性能を有する（12, 13）*①, *③
	想定される施工時荷重に対して安定している	施工時に想定される荷重に対して，必要な耐荷性能を有している
耐久性能	想定される劣化要因に対して耐久性がある	防食性がよい	鉄筋・鋼製セグメント・継手金物等，鋼材の防食性がよい（14, 15, 16）
		耐久性を脅かす有害なひび割れがない（17）
	コンクリートが劣化しない	コンクリートが侵食・劣化しない
	止水性が良い	覆工，諸設備の劣化原因となる漏水が最小限に抑えられている（18）*⑤
管理者の使用性能	管理者が適切にトンネルを供用（使用）できる	必要な需要を満足できる	必要な線路数と諸設備を収容できる内空断面が確保できる
		必要な列車速度を出せる線形が確保できる
	列車が安定的（定時に）に運行できる	列車運行に関わる諸設備の機能を支障するような剥落が生じない（19, 20）*④
		列車運行に関わる諸設備の機能を支障するような漏水が生じない（21）*⑥
	列車運行のための諸設備が確実に稼働できる	列車運行に関わる諸設備を適切に配置・使用できる（22）
		トンネル内の水が適切に排水され諸設備に影響しない（23）
維持管理性能	適切な維持管理が確実に行える	安全・容易に点検ができる	日常の巡回・点検が安全・容易にできる（24）*⑦
	安全・容易に補修・補強ができる	**対策工の足場の設置と資材置場の確保ができる（25）**
		内空断面に補修・補強余裕が確保されている
周辺への影響度	周辺への影響度が最小限に抑えられる	地下水への影響が少ない	地下水位変動が許容範囲内である（26, 27, 28）*⑧
		周辺への地下水汚濁影響が許容範囲内である（29）*⑧
	周辺地盤への影響が少ない	地表面の沈下・隆起が許容範囲内である
	周辺の物件への影響が少ない	近接建物・埋設物等への影響が許容範囲内である
	周辺での振動・騒音が少ない	列車走行等による周辺での振動・騒音が最小限である（30）*⑧

・太字：トンネル工学委員会「性能規定に基づくトンネルの設計とマネジメント」（土木学会）の内容の修正部分
・網掛け：トンネル工学委員会「性能規定に基づくトンネルの設計とマネジメント」（土木学会）からの削除部分

4.2.3 モデルトンネルにおける保有性能の評価

シールドトンネルの要求性能に基づく劣化状況の定量的な評価基準の検証を，事業者Aの既設シールドトンネルのある区間を対象に実施した．現在，同事業者で実施している既存トンネルの健全度評価法の判定結果とTPIによる保有性能評価結果とを比較してそれらの適用性を確認することとし，比較方法は，3章の山岳トンネルのケーススタディおよび地下鉄シールドトンネルの既往検討[6]と同様とした．

(1) 現行の健全度評価手法

現行の健全度評価においては，健全度判定の基準に基づいてトンネル構造物の状態を確認し，3章の**表-3.1.11**に示す判定区分により補修や補強等の対策要否を判断している．

本検討における健全度判定は，事業者Aのある路線の中子形セグメント区間（区間長1,635m，セグメントリング数1,635）について，平成18年度および平成20年度の点検結果より構造物の状態およびその判定記録がある124箇所を対象とした．

(2) TPIによる保有性能評価手法

TPIによる保有性能評価にあたっては，3章に示すTPI算出方法を用いた．

表-4.2.6に示すように，性能評価基準は5段階とし，トンネル構造物の状態に応じて，0点～60点の配点とした．

表-4.2.6 性能評価基準の配点

性能評価基準	問題ない，健全もしくは健全と推定される (S,C)	日常点検にて注意，継続監視が必要 (B)	詳細調査，評価が必要 (A2)	適切な時期での対策が望ましい (A1)	直ちに対策が必要 (AA)
配点	0	5	10	30	60

性能評価は，現行の健全度評価と同区間を対象とし，TPIの算定にあたっては，事業者Aの点検評価結果である構造物等変状調書を用いた．本調書には，点検区間毎に，検査方法，変状の概要，今後の対策，経過記録，変状写真等が記載されている．

構造物の変状とその発生位置を判断可能な現行のA2, B判定の50箇所の写真について，同事業者の維持管理手引きに基づいて設定した性能評価基準と照らし合わせて各項目の採点を行った．

性能評価基準を**表-4.2.7～表-4.2.9**に示す．表中の性能評価項目は，要求性能小項目を具体的に評価するための代替指標である．モニタリング項目は，性能評価項目に関わる計測・観察項目である．なお，表中の無記入箇所は，本検討で保有性能評価の対象から除外した項目である．

表-4.2.7 性能評価基準（その1）

番号	性能評価項目	モニタリング項目	配点：0 問題ない・健全・もしくは健全と想定される場合(S,C)	配点：5 日常点検にて注意・継続監視が必要(B)	配点：10 詳細調査・評価が必要(A2)	配点：30 適切な時期での対策が望ましい(A1)	配点：60 直ちに対策が必要(AA)
1	トンネル線形の変位量	水準測量、トンネル中心測量	トンネル線形の変位（沈下・隆起・蛇行）のおそれがない	走行安全性が脅かされることはないが、トンネル線形の変位（沈下・隆起・蛇行）に進行性がある	—	トンネル線形の変位があり、安全走行が脅かされるおそれがある	トンネル線形の変位があり、安全走行が脅かされている
2	走行安全を脅かす範囲（軌道直上等）のセグメント・二次覆工のひび割れ・浮き、鉄筋の腐食等の状況	浮きの範囲：打音、赤外線カメラ	縁端部からのひび割れ等が、前回から進行はなく また、表面だけのはく落で鉄筋が見えない（概ね20mm以下）	縁端部からのひび割れ等が、前回から進行している また、鉄筋の露出が確認でき、又は深さ30mm程度以上で、小範囲（30cm²）以下のもの	縁端部からのひび割れ等が、前回から進行している。また、中・小範囲（広範囲以下のもの）	縁端部からのひび割れ等が、前回から進行している。また、広範囲（1m²）以上のもの	縁端部からのひび割れ等が、日ごとに大きくなることがわかる。
		ひび割れ・腐食等の位置・長さ・幅・範囲：目視、可視画像	概ね0.5ミリ以下のひび割れ 概ね0.5〜1ミリ以上のひび割れで、前回より進行は見られないが、漏水や錆汁も複合はない。	概ね0.5〜1ミリ以上のひび割れで、明らかに前回より進行しており、また、漏水や錆汁も複合はない。	概ね1.5〜3.0ミリ以上のひび割れで、急速な進行はないが、トンネルの変形が懸念される。また、漏水や錆汁も複合はない。	概ね1.5〜3.0ミリ以上のひび割れで、急速な進行はないが、トンネルの変形が懸念される。また、漏水や錆汁も複合がある。	概ね1.5〜3.0ミリ以上のひび割れで、ひび割れ箇所のトンネルが現在明らかに変形・段差が生じつつある。ひび割れが日ごとに進行している。
			一部区間(セグメント区間)に数多くのひび割れが確認できるが、進行性がない。錆汁や漏水との複合はない。または、ひび割れが概ね0.5から1ミリ以上で、変状が前回よりも進行しておらず、漏水や錆汁との複合はない。または、概ね0.5ミリ以下のひび割れ	一部区間(セグメント区間)に数多くのひび割れが確認できるが、進行性がない。錆汁や漏水との複合はない。または、ひび割れが概ね0.5から1ミリ以上で、変状が前回よりも進行しているが、漏水や錆汁との複合はない。	一部区間(セグメント区間)に数多くのひび割れが確認できるが、進行性がない。また、そのひび割れが概ね1.5〜3ミリ以上で錆汁や漏水との複合はない。または、ひび割れが概ね0.5から1ミリ以上で、変状が前回よりも進行しており、または進行していなくても漏水や錆汁と複合している。	一部区間(セグメント区間)に数多くのひび割れが確認できるが、進行性がない。また、そのひび割れが概ね1.5〜3ミリ以上で錆汁や漏水との複合がある。	一部区間(セグメント区間)に数多くのひび割れが確認でき、進行性がある。また、そのひび割れが概ね1.5〜3ミリ以上で錆汁や漏水との複合がある。
		鉄筋の腐食状況：自然電位、分極抵抗、はつり目視	周囲にひび割れその他の変状がない(0点)。 漏水の複合はない(0点)。 鉄筋が広範囲(1m四方以下)にかけて断面減少(腐食)している(1点)、または、ほんの少しであるが鉄筋が確認できる。 鉄筋の断面が見られない(0点)。 合計=2点	周囲にひび割れその他の変状がある(1点)。 漏水の複合はない(0点)。 鉄筋が広範囲(1m四方以下)にかけて断面減少(腐食)している(1点)、または、ほんの少しであるが鉄筋が確認できる。 鉄筋の断面が見られない(0点)。 合計=2点	周囲にひび割れその他の変状がある(1点)。 漏水の複合はない(0点)。 鉄筋が広範囲(1m四方以上)にかけて断面減少(腐食)している(1点)。 鉄筋の断面が見られない(0点)。 合計=4点	周囲にひび割れその他の変状がある(1点)。 漏水の複合がある(1点)。 鉄筋が広範囲(1m四方以上)にかけて断面減少(腐食)している(3点)。 鉄筋の断面が減少している(1点)。 合計=7点	鉄筋露出の部分が明らかに変形している。又は、ひび割れが日ごとに進むのがわかる(6点)。 漏水の複合がある(1点)。 鉄筋が広範囲(1m四方以上)にかけて断面減少(腐食)している(3点)、また、鉄筋の断面がほとんどない(2点)。 合計=11点
3	軌道への漏水かかり状況	漏水の位置・量：目視 漏水の水質：水質検査	漏水が滴下する程度ある(1点)または漏水がない(0点) 他の変状（ひび割れ、鉄筋露出など）と複合していない(0点)。 線路の縦断方向へ1m以下の漏水が発生していない(0点)。 施設に影響しない(0点) 合計=1点	漏水が流下する(2点)または滴下する程度ある(1点)。 他の変状（ひび割れ、鉄筋露出など）と複合していない(0点)。 線路の縦断方向へ1m以下の漏水が発生している(0点)。 施設に影響しない(0点) 合計=2点	漏水が流下する程度ある(2点)。 他の変状（ひび割れ、鉄筋露出など）と複合している(2点)。 線路の縦断方向へ1m以上の漏水が発生している(0点)。 施設に影響しない(0点) 合計=4点	漏水が大量である(8点)。 他の変状（ひび割れ、鉄筋露出など）と複合している(2点)。 線路の縦断方向へ1m以上の漏水が発生している(0点)。 施設に影響しない(0点) 合計=10点	漏水が大量である(8点)。 他の変状（ひび割れ、鉄筋露出など）と複合している(2点)。 線路の縦断方向へ1m以上の漏水が発生している(1点)。 施設に影響する(2点) 合計=13点
4	利用者に安全を脅かす範囲（ホーム・コンコース天井等）のセグメント・二次覆工のひび割れ・浮き等の状況	浮きの範囲：打音、赤外線カメラ	縁端部からのひび割れ等が、前回から進行はなく また、表面だけのはく落で鉄筋が見えない（概ね20mm以下）	縁端部からのひび割れ等が、前回から進行している また、鉄筋の露出が確認でき、又は深さ30mm程度以上で、小範囲（30cm²）以下のもの	縁端部からのひび割れ等が、前回から進行している。また、中・小範囲（広範囲以下のもの）	縁端部からのひび割れ等が、前回から進行している。また、広範囲（1m²）以上のもの	縁端部からのひび割れ等が、日ごとに大きくなることがわかる。
		ひび割れ等の位置・長さ・幅・範囲：目視、可視画像	概ね0.5ミリ以下のひび割れ 概ね0.5〜1ミリ以上のひび割れで、前回より進行は見られないが、漏水や錆汁も複合はない。	概ね0.5〜1ミリ以上のひび割れで、明らかに前回より進行しており、また、漏水や錆汁も複合はない。	概ね1.5〜3.0ミリ以上のひび割れで、急速な進行はないが、トンネルの変形が懸念される。また、漏水や錆汁も複合はない。	概ね1.5〜3.0ミリ以上のひび割れで、急速な進行はないが、トンネルの変形が懸念される。また、漏水や錆汁も複合がある。	概ね1.5〜3.0ミリ以上のひび割れで、ひび割れ箇所のトンネルが現在明らかに変形・段差が生じつつある。ひび割れが日ごとに進行している。
			一部区間(セグメント区間)に数多くのひび割れが確認できるが、進行性がない。錆汁や漏水との複合はない。または、ひび割れが概ね0.5から1ミリ以上で、変状が前回よりも進行しておらず、漏水や錆汁との複合はない。または、概ね0.5ミリ以下のひび割れ	一部区間(セグメント区間)に数多くのひび割れが確認できるが、進行性がない。錆汁や漏水との複合はない。または、ひび割れが概ね0.5から1ミリ以上で、変状が前回よりも進行しているが、漏水や錆汁との複合はない。	一部区間(セグメント区間)に数多くのひび割れが確認できるが、進行性がない。また、そのひび割れが概ね1.5〜3ミリ以上で錆汁や漏水との複合はない。または、ひび割れが概ね0.5から1ミリ以上で、変状が前回よりも進行しており、または進行していなくても漏水や錆汁と複合している。	一部区間(セグメント区間)に数多くのひび割れが確認できるが、進行性がない。また、そのひび割れが概ね1.5〜3ミリ以上で錆汁や漏水との複合がある。	一部区間(セグメント区間)に数多くのひび割れが確認でき、進行性がある。また、そのひび割れが概ね1.5〜3ミリ以上で錆汁や漏水との複合がある。
5	建築限界外余裕量（防災設備との離隔、避難の空間）	建築限界車測定、目視検査	防災設備・避難通路が建築限界を支障せず、適切に配置・使用できている	建築限界を支障するおそれはないが、 ・トンネル変形に進行性がある ・トンネル変形の進行性の有無が確認されていない	—	トンネル変形が進行しており、防災設備・避難通路が適切に配置・使用できなくなるおそれがある	トンネル変形が進行しており、防災設備・避難通路が適切に配置・使用できない
6	内空断面	建築限界車測定、目視検査	定期的に建築限界測定車にて確認しており、今回評価の構造物検査とは別に確認している	定期的に建築限界測定車にて確認しており、今回評価の構造物検査とは別に確認している	—	—	—
7	利用者から見える範囲（ホーム・コンコース天井等）の漏水・ひび割れの発生状況	目視	旅客に見える位置に錆汁が発生していない。	旅客に見える位置に錆汁が発生している。	旅客に見える位置に錆汁が発生している（程度によって）。	—	—
			旅客に見える位置にエフロレッセンスが発生していない。	旅客に見える位置にエフロレッセンスが発生している。	旅客に見える位置にエフロレッセンスが発生している。（程度によって）	—	—
			旅客に見える位置に鉄バクテリア・その他堆積物・汚れがない。	旅客に見える位置に鉄バクテリア・その他堆積物・汚れが発生している。	旅客に見える位置に鉄バクテリア・その他堆積物・汚れが発生している。（程度によって）	—	—
			旅客に見える位置にタールがない。	旅客に見える位置にタールがある。	旅客に見える位置にタールがある。（程度によって）	—	—
8	トンネル内空変位量	内空変位量：内空変位計、光波測距儀	内空変位量の経時変化がない	—	内空変位の進行が見られる	内空変位の進行が見られ、トンネル構造の安定性が脅かされるおそれがある	内空変位の進行が見られ、明らかにトンネル構造の安定性が脅かされている

表-4.2.8 性能評価基準（その2）

番号	性能評価項目	モニタリング項目	配点：0 問題ない・健全・もしくは健全と想定される場合(S,C)	配点：5 日常点検にて注意・継続監視が必要(B)	配点：10 詳細調査・評価が必要(A2)	配点：30 適切な時期での対策が望ましい(A1)	配点：60 直ちに対策が必要(AA)
9	セグメント・二次覆工のひび割れ・損傷等の発生状況（構造的変状の有無）	浮きの範囲：打音, 赤外線カメラ	縁端部からのひび割れ等が、前回から進行はなく また、表面のはく落で鉄筋が見えない(概ね20mm以下)	縁端部からのひび割れ等が、前回から進行はなく また、鉄筋の露出が確認でき、又は深さ30mm程度以上で、小範囲(30cm²)以下のもの	縁端部からのひび割れ等が、前回から進行している。また、中・小範囲(広範囲以下)のもの	縁端部からのひび割れ等が、前回から進行している。また、広範囲(1㎡)以上のもの	縁端部からのひび割れ等が、日ごとに大きくなることがわかる。
		ひび割れ・損傷等の位置等	概ね0.5ミリ以下のひび割れ 概ね0.5〜1ミリ以上のひび割れで、前回より進行は見られないが、漏水や錆汁も複合はない	概ね0.5〜1ミリ以上のひび割れで、明らかに前回より進行しており、また、漏水や錆汁も複合はない。	概ね1.5〜3.0ミリ以上のひび割れで、変形が懸念されるが、トンネルの変形が懸念される。また、漏水や錆汁も複合はない。	概ね1.5〜3.0ミリ以上のひび割れで、急速な進行はないが、トンネルの変形が懸念される。また、漏水や錆汁も複合がある。	概ね1.5〜3.0ミリ以上のひび割れで、ひび割れ箇所のトンネルが現在明らかに変形・段差が生じつつある。ひび割れが日ごとに進行している。
		鉄筋の腐食状況：自然電位, 分極抵抗, はつり目視	周囲にひび割れその他の変状がない(0点). 漏水の複合はない(0点). 鉄筋が広範囲(1m四方以下)にかけて断面減少(腐食している(1点)、または、ほんの少しであるが鉄筋が確認できる。 鉄筋の断面が見られない(0点). 合計＝2点	周囲にひび割れその他の変状がある(1点). 漏水の複合はない(0点). 鉄筋が広範囲(1m四方以下)にかけて断面減少(腐食している(1点)、または、ほんの少しであるが鉄筋が確認できる。 鉄筋の断面が見られない(0点). 合計＝2点	周囲にひび割れその他の変状がある(1点). 漏水の複合はない(0点). 鉄筋が広範囲(1m四方以上)にかけて断面減少(腐食)している(3点)、また、鉄筋の断面が減少している(1点). 合計＝4点	周囲にひび割れその他の変状がある(1点). 漏水の複合がある(1点). 鉄筋が広範囲(1m四方以上)にかけて断面減少(腐食)している(3点)、また、鉄筋の断面が減少している(1点). 合計＝7点	鉄筋露出の部分が明らかに変形している。又は、ひび割れが日ごとに進むのがわかる(6点). 漏水の複合がある(1点). 鉄筋が広範囲(1m四方以上)にかけて断面減少(腐食)している(3点)、また、鉄筋の断面がほとんどない(2点). 合計＝11点
10	変形解析等による覆工の応力度または断面力	変位：内空測定, 目開き・目違い量測定等	解析による照査結果で安全確保が確認できている		解析による照査結果で基本的に安全確保が確認できているが、一部に不明確・不明瞭な点がある		解析による照査結果で明らかに安全確保が損なわれている
11	—						
12	トンネル内空・線形の変位量	天端沈下量：水準測量 内空変位位置：内空変位計 線形変位：水準測量 ひび割れパターン：目視	近接施工や荷重変化に起因するような、トンネル内空・線形の変形やひび割れパターンも見られない	近接施工や荷重変化に起因するような、トンネル内空・線形の変形やひび割れパターンが顕著には見られないが、それが疑われるような進行性が疑われる・変状の進行性の有無が確認されていない		近接施工や荷重変化に起因するような、トンネル内空・線形の変形やひび割れパターンが見られ、安定性が脅かされている恐れがある	近接施工や荷重変化に起因するような、トンネル内空・線形の変形やひび割れパターンが見られ、明らかに安定性が脅かされている
			定期的に内空断面測定を実施しており、今回評価の構造物検査とは別に確認している				
13	影響解析等による覆工の応力度または断面力	変位：内空測定, 目開き・目違い量測定等	近接施工や荷重変化に対し、解析による照査結果で安全確保が確認できている		近接施工や荷重変化に対し、解析による照査結果で基本的に安全確保が確認できているが、一部に不明確・不明瞭な点がある		近接施工や荷重変化に対し、解析による照査結果で明らかに安全確保が損なわれている
14	セグメント・二次覆工のひび割れ・浮き等の有無	ひび割れ・剥離等の位置等	一部区間(セグメント区間)に数多くのひび割れが確認できるが、進行性がない. 錆汁や漏水との複合はない. または、ひび割れが概ね0.5ミリ以上で、変状が前回よりも進行しておらず、漏水や錆汁の複合はない. または、概ね0.5ミリ以下のひび割れ	一部区間(セグメント区間)に数多くのひび割れが確認できるが、進行性がない. 錆汁や漏水の複合はない. または、ひび割れが概ね0.5から1ミリ以上で、変状が前回よりも進行しているが、漏水や錆汁の複合はない.	一部区間(セグメント区間)に数多くのひび割れが確認できるが、進行性がない. また、そのひび割れが概ね1.5〜3ミリ以上で錆汁や漏水の複合はない. または、ひび割れが概ね0.5から1ミリ以上で、変状が前回よりも進行している.	一部区間(セグメント区間)に数多くのひび割れが確認できるが、進行性がない. また、そのひび割れが概ね1.5〜3ミリ以上で、変状が前回よりも進行しており、または進行していなくても漏水や錆汁と複合している.	一部区間(セグメント区間)に数多くのひび割れが確認でき、進行性がある. また、そのひび割れが概ね1.5〜3ミリ以上で錆汁や漏水の複合がある.
		浮きの範囲：打音, 赤外線カメラ	縁端部からのひび割れ等が、前回から進行はなく また、表面だけのはく落で鉄筋が見えない(概ね20mm以下)	縁端部からのひび割れ等が、前回から進行はなく また、鉄筋の露出が確認でき、又は深さ30mm程度以上で、小範囲(30cm²)以下のもの	縁端部からのひび割れ等が、前回から進行している。また、中・小範囲(広範囲以下)のもの	縁端部からのひび割れ等が、前回から進行している。また、広範囲(1㎡)以上のもの	縁端部からのひび割れ等が、日ごとに大きくなることがわかる。
15	鉄筋・継手金物等の腐食状況	露出鋼材の腐食状況：腐食減量測定等 進行性：写真撮影等	周囲にひび割れその他の変状がない(0点). 漏水の複合はない(0点). 鉄筋が広範囲(1m四方以下)にかけて断面減少(腐食)している(1点)、または、ほんの少しであるが鉄筋が確認できる。 鉄筋の断面が見られない(0点). 合計＝2点	周囲にひび割れその他の変状がある(1点). 漏水の複合はない(0点). 鉄筋が広範囲(1m四方以下)にかけて断面減少(腐食)している(1点)、または、ほんの少しであるが鉄筋が確認できる。 鉄筋の断面が見られない(0点). 合計＝2点	周囲にひび割れその他の変状がある(1点). 漏水の複合はない(0点). 鉄筋が広範囲(1m四方以上)にかけて断面減少(腐食)している(3点)、また、鉄筋の断面が減少している(1点). 合計＝4点	周囲にひび割れその他の変状がある(1点). 漏水の複合がある(1点). 鉄筋が広範囲(1m四方以上)にかけて断面減少(腐食)している(3点)、また、鉄筋の断面が減少している(1点). 合計＝7点	鉄筋露出の部分が明らかに変形している. 又は、ひび割れが日ごとに進むのがわかる(6点). 漏水の複合がある(1点). 鉄筋が広範囲(1m四方以上)にかけて断面減少(腐食)している(3点)、また、鉄筋の断面がほとんどない(2点). 合計＝11点
		継手金物等の腐食状況	添加物(止め金具(アンカーボルト・ナット), 植材(金属板))に腐食はないが、近傍に漏水・漏水痕がある状態(上床, 側壁, 中柱の上部, 上床縦桁以外)	添加物(止め金具(アンカーボルト・ナット), 植材(金属板))に腐食はないが、近傍に漏水・漏水痕がある状態、または軽微な腐食がかかっている状態、または軽微なゆるみがある状態(上床, 側壁, 中柱の上部, 上床縦桁以外)	添加物(止め金具(アンカーボルト・ナット), 植材(金属板))に軽微な腐食がかかっている状態、またはボルトのゆるみがある状態(上床, 側壁, 中柱の上部, 上床縦桁以外)	添加物(止め金具(アンカーボルト・ナット), 植材(金属板))が腐食・変形しており、放置しておくと建築限界、サード、架線に影響している状態、今にも落下しそうな状態	添加物(止め金具(アンカーボルト・ナット), 植材(金属板))がすべて建築限界、サード、架線に影響している(落下・変形等)、または今にも落下しそうな状態(腐食等)
16	かぶり・中性化残り等の劣化指標	かぶり深さ：RCレーダー, はつり出し等	A社の維持管理の手引きでは具体的な評価指標なし				
17	ひび割れ	ひび割れ・剥離等の位置・長さ・幅・範囲：目視, 可視画像	一部区間(セグメント区間)に数多くのひび割れが確認できるが、進行性がない. 錆汁や漏水との複合はない. または、ひび割れが概ね0.5から1ミリ以上で、変状が前回よりも進行しておらず、漏水や錆汁との複合はない. または、概ね0.5ミリ以下のひび割れ	一部区間(セグメント区間)に数多くのひび割れが確認できるが、進行性がない. 錆汁や漏水の複合はない. または、ひび割れが概ね0.5から1ミリ以上で、変状が前回よりも進行しているが、漏水や錆汁との複合はない.	一部区間(セグメント区間)に数多くのひび割れが確認できるが、進行性がない. また、そのひび割れが概ね1.5〜3ミリ以上で錆汁や漏水の複合はない. または、ひび割れが概ね0.5から1ミリ以上で、変状が前回よりも進行している.	一部区間(セグメント区間)に数多くのひび割れが確認できるが、進行性がない. また、そのひび割れが概ね1.5〜3ミリ以上で、変状が前回よりも進行しており、または進行していなくても漏水や錆汁と複合している.	一部区間(セグメント区間)に数多くのひび割れが確認でき、進行性がある. また、そのひび割れが概ね1.5〜3ミリ以上で錆汁や漏水の複合がある.
18	漏水の発生状況	漏水の位置・量：目視 漏水の水質：水質検査 漏水の変動状況：センサー測定	漏水が滴下する程度ある(1点)または漏水がない(0点) 他の変状(ひび割れ, 鉄筋露出など)と複合していない(0点). 線路の縦断方向へ1m以下の漏水が発生している(0点). 施設に影響しない(0点). 合計＝1点	漏水が流下(2点)または滴下する程度ある(1点) 他の変状(ひび割れ, 鉄筋露出など)と複合している(2点). 線路の縦断方向へ1m以下の漏水が発生している(0点). 施設に影響しない(0点). 合計＝2点	漏水が流下する程度ある(2点). 他の変状(ひび割れ, 鉄筋露出など)と複合している(2点). 線路の縦断方向へ1m以下の漏水が発生している(0点). 施設に影響しない(0点). 合計＝4点	漏水が大量である(8点). 他の変状(ひび割れ, 鉄筋露出など)と複合している(2点). 線路の縦断方向へ1m以下の漏水が発生している(0点). 施設に影響しない(0点). 合計＝10点	漏水が大量である(8点). 他の変状(ひび割れ, 鉄筋露出など)と複合している(2点). 線路の縦断方向へ1m以上の漏水が発生している(1点). 施設に影響する(2点). 合計＝13点

表-4.2.9 性能評価基準（その3）

番号	性能評価項目	モニタリング項目	配点:0 問題ない・健全もしくは健全と想定される場合(S,C)	配点:5 日常点検にて注意・継続監視が必要(B)	配点:10 詳細調査・評価が必要(A2)	配点:30 適切な時期での対策が望ましい(A1)	配点:60 直ちに対策が必要(AA)
19	列車運行に関わる諸設備に影響する範囲のセグメント・二次覆工のひび割れ・浮き等の状況	浮きの範囲:打音、赤外線カメラ	縁端部からのひび割れ等が、前回から進行はなく、また、表面だけのはく落で鉄筋が見えない（概ね20mm以下）	縁端部からのひび割れ等が、前回から進行はなく、また、鉄筋の露出が確認でき、又は深さ30mm程度以上で、小範囲(30cm²)以下のもの	縁端部からのひび割れ等が、前回から進行している。また、中・小範囲(広範囲以下)のもの／一部区間（セグメント区間）に数多くのひび割れが確認できるが、進行性はない。また、鉄筋の露出が確認でき、又は深さ30mm程度以上で、広範囲(30cm²)以上のもの	縁端部からのひび割れ等が、前回から進行している。また、広範囲(1m²)以上のもの／一部区間（セグメント区間）に数多くのひび割れが確認できるが、進行性はないが、鉄筋の奥まではく落している。また、広範囲(1m²)以上のもの	縁端部からのひび割れ等が、日ごとに大きくなることがわかる。
		ひび割れ等の位置・長さ・幅・範囲:目視、可視画像	概ね0.5ミリ以下のひび割れ／概ね0.5～1ミリ以上のひび割れで、前回より進行は見られないが、漏水や錆汁との複合はない。／一部区間（セグメント区間）に数多くのひび割れが確認できるが、進行性がない。錆汁や漏水との複合はない。または、ひび割れが概ね0.5から1ミリ以上で、変状が前回よりも進行していおらず、漏水や錆汁との複合はない。または、概ね0.5ミリ以下のひび割れ	概ね0.5～1ミリ以上のひび割れで、明らかに前回より進行しており、また、漏水や錆汁も複合はない。／一部区間（セグメント区間）に数多くのひび割れが確認できるが、進行性がない。錆汁や漏水との複合はない。または、ひび割れが概ね0.5から1ミリ以上で、変状が前回よりも進行しているが、漏水や錆汁との複合はない。	概ね1.5～3.0ミリ以上のひび割れで、急激な進行はないが、トンネルの変形が懸念される。また、漏水や錆汁も複合はない。／一部区間（セグメント区間）に数多くのひび割れが確認できるが、進行性がない。また、そのひび割れが概ね1.5～3ミリ以上で、錆汁や漏水との複合はない。	概ね1.5～3.0ミリ以上のひび割れで、急速な進行はないが、トンネルの変形・段差が生じている。また、漏水や錆汁も複合がある。／一部区間（セグメント区間）に数多くのひび割れが確認できるが、進行性がない。また、そのひび割れが概ね1.5～3ミリ以上で、変状が前回よりも進行しており、または進行していなくても漏水や錆汁と複合がある。	概ね1.5～3.0ミリ以上のひび割れで、ひび割れ箇所のトンネルが現在明らかに変形・段差が生じつつある。ひび割れが日ごとに進行している。／一部区間（セグメント区間）に数多くのひび割れが確認でき、進行性がある。また、そのひび割れが概ね1.5～3ミリ以上で錆汁や漏水との複合がある。
20	列車運行に関わる諸設備に影響する範囲の鋼材の腐食状況	露出鋼材の腐食状況:目視、腐食減厚測定	周囲にひび割れその他の変状がない(0点)。漏水の複合はない(0点)。鉄筋が広範囲(1m四方以下)にかけて断面減少(腐食)している(1点)、または、ほんの少しであるが鉄筋が確認できる。鉄筋の断面が見られない(0点)。合計=2点	周囲にひび割れその他の変状がある(1点)。漏水の複合はない(0点)。鉄筋が広範囲(1m四方以下)にかけて断面減少(腐食)している(1点)、または、ほんの少しであるが鉄筋が確認できる。鉄筋の断面が見られない(0点)。合計=2点	周囲にひび割れその他の変状がある(1点)。漏水の複合はない(0点)。鉄筋が広範囲(1m四方以上)にかけて断面減少(腐食)している(3点)、また、鉄筋の断面が減少している(1点)。合計=4点	周囲にひび割れその他の変状がある(1点)。漏水の複合がある(1点)。鉄筋が広範囲(1m四方以上)にかけて断面減少(腐食)している(3点)、また、鉄筋の断面が減少している(2点)。合計=7点	鉄筋露出の部分が明らかに変形している。又は、ひび割れが日ごとに進むのがわかる(6点)。漏水の複合がある(1点)。鉄筋が広範囲(1m四方以上)にかけて断面減少(腐食)している(3点)、また、鉄筋の断面がほとんどない(2点)。合計=11点
		進行性:写真撮影、錆汁の状況	旅客に見える位置に錆汁が発生していない。	旅客に見える位置に錆汁が発生していない。	旅客に見える位置に錆汁が発生している(程度によって)。		
		[セグメント関係]	添加物(止め金具(アンカーボルト・ナット)、樋材(金属板))に腐食はないが、近傍に漏水・漏水痕がある状態。(上床、側壁、中柱の上部、上床縦桁以外)	添加物(止め金具(アンカーボルト・ナット)、樋材(金属板))に腐食はないが、近傍に漏水・漏水痕がある状態。(上床、側壁、中柱の上部、上床縦桁以外)	添加物(止め金具(アンカーボルト・ナット)、樋材(金属板))が軽微な腐食が進行している。または軽微なゆるみがある状態(上床、側壁、中柱の上部、上床縦桁以外)	添加物(止め金具(アンカーボルト・ナット)、樋材(金属板))が腐食・変形が進行している。またはボルトのゆるみ・抜けがあり、放置しておくと建築限界、サード、架線に影響している状態、今にも落下しそうな状態	添加物(止め金具(アンカーボルト・ナット)、樋材(金属板))がすでに建築限界、サード、架線に影響している状態(落下・変形等)、または今にも落下しそうな状態(腐食等)
		[添加関係]	添加物(止め金具(アンカーボルト・ナット)、樋材(金属板))に腐食はないが、近傍に漏水・漏水痕がある状態。(上床、側壁、中柱の上部、上床縦桁)	添加物(止め金具(アンカーボルト・ナット)、樋材(金属板))に腐食はないが、近傍に漏水・漏水痕がある状態。(上床、側壁、中柱の上部、上床縦桁)	添加物(止め金具(アンカーボルト・ナット)、樋材(金属板))が軽微な腐食または漏水がかかっている状態。または軽微なゆるみがある状態(上床、側壁、中柱の上部、上床縦桁)	添加物(止め金具(アンカーボルト・ナット)、樋材(金属板))が腐食・変形が進行している。またはボルトのゆるみ・抜けがあり、放置しておくと建築限界、サード、架線に影響している状態、今にも落下しそうな状態	添加物(止め金具(アンカーボルト・ナット)、樋材(金属板))がすでに建築限界、サード、架線に影響している状態(落下・変形等)、または今にも落下しそうな状態(腐食等)
21	列車運行に関わる諸設備に影響する範囲の漏水状況	漏水の位置:目視／漏水の水質:水質検査	漏水が滴下する程度ある(1点)または漏水がない(0点)。他の変状(ひび割れ、鉄筋露出など)と複合していない(0点)。線路の縦断方向へ1m以下の漏水が発生していない(0点)。施設に影響しない(0点)。合計=1点	漏水が流下(2点)または滴下する程度ある(1点)。他の変状(ひび割れ、鉄筋露出など)と複合していない(0点)。線路の縦断方向へ1m以下の漏水が発生していない(0点)。施設に影響しない(0点)。合計=2点	漏水が流下する程度ある(2点)。他の変状(ひび割れ、鉄筋露出など)と複合しない(0点)。線路の縦断方向へ1m以下の漏水が発生していない(0点)。施設に影響しない(0点)。合計=4点	漏水が大量である(8点)。他の変状(ひび割れ、鉄筋露出など)と複合している(2点)。線路の縦断方向へ1m以下の漏水が発生している(0点)。施設に影響しない(0点)。合計=10点	漏水が大量である(8点)。他の変状(ひび割れ、鉄筋露出など)と複合している(2点)。線路の縦断方向へ1m以上の漏水が発生している(1点)。施設に影響する(2点)。合計=13点
22	内空断面	建築限界と内空断面					
23	排水設備の状況(排水溝のつまり等)	位置・程度:目視、写真撮影	適切に排水されている／エフロレッセンスがないまたは堆積が微量／鉄バクテリア・その他堆積物・汚れがないまたは堆積が微量	適切な排水を阻害するような変状(エフロレッセンスなど析出物等)が見られる／エフロレッセンスが旅客から見える所にあり、極端に不快感・不安感を与えかねない／鉄バクテリア・その他堆積物・汚れが旅客から見える所にあり、極端に不快感・不安感を与えかねない	エフロレッセンスがある程度の堆積があり、進行して将来施設障害や排水障害の可能性／または、程度によって旅客から見える所にあり、極端に不快感・不安感を与えかねない／鉄バクテリア・その他堆積物・汚れがある程度の堆積があり、進行して将来施設障害や排水障害の可能性。または、程度によって旅客から見える所にあり、極端に不快感・不安感を与えかねない	適切な排水を阻害するような変状(エフロレッセンスなど析出物等)により排水が阻害され、諸設備の稼動に影響している可能性がある／エフロレッセンスがかなりの量堆積進行しており近いうちに右記になるおそれまた巡回歩行する位置に固まっていて、つまづく危険／鉄バクテリア・その他堆積物・汚れがかなりの量堆積進行しており近いうちに右記になるおそれまた巡回歩行する位置にヌメヌメ広がって滑る危険	エフロレッセンスがかなりの量堆積、すでに建築限界、サード・架線に影響している。または排水障害で冠水して運転保安に影響している／鉄バクテリア・その他堆積物・汚れがかなりの量堆積。すでに建築限界、サード・架線に影響している。または排水障害で冠水して運転保安に影響している
24	建築限界外余裕量(巡回・点検における待避用の空間)	建築限界車測定、目視検査	巡回・点検時の退避用空間が十分に確保されている／定期的に建築限界測定車にて確認しており、今回評価の構造物検査とは別に確認している			トンネル変形が進行しており、巡回・点検における退避用の空間が確保できなくなるおそれがある	トンネル変形が進行しており、巡回・点検における退避用の空間が確保できていない
25	内空断面	建築限界と内空断面					
26	周辺地下水位の変動	水位計測	周辺地下水位に変動が無い		周辺地下水位に変動が見られる		周辺地下水位に変動が見られ、悪影響を与えている
27	周辺地下水質	水質調査	周辺地下水質に問題が無い		周辺地下水質に問題がある可能性がある		周辺地下水質に問題があり、悪影響を与えている
28	トンネル内漏水状況調査	目視、写真撮影	周辺地下水位に影響するような顕著な漏水は見られない		周辺地下水位に影響する可能性のある漏水が見られる		周辺地下水位を低下させほどの漏水が生じている
29	地下水質	地下水質変化予測と許容範囲					
30	地表面・周辺建物での振動・騒音レベル	振動・騒音レベル:振動・騒音測定	地表面・周辺建物での振動・騒音レベルが許容範囲内である		地表面・周辺建物での振動・騒音レベルが許容範囲内をやや超えている		地表面・周辺建物での振動・騒音レベルが許容範囲内を超え、悪影響を与えている

表-4.2.10に示すように，重み係数は，事業者Aの土木構造物の維持管理に携わる技術者29名にアンケートを実施して設定した．重み係数は，1.000点に近いほど重要度が高くなる．

表-4.2.10 重み係数

性能（要求性能）					
大項目		中項目		小項目	
利用者の安全性能	0.244	安全に走行できる	0.102	走行安全性を確保できる	0.102
		利用者の安全を直接脅かさない	0.068	剥落が生じない	0.068
		非常時に利用者が安全に避難できる	0.074	非常時に防火設備が確実に稼働する	0.043
				防火設備を適切に配置できている	0.031
利用者の使用性能	0.084	利用者に不快感・不安感を与えない	0.084	利用者が不快感・不安感を持つような漏水・ひび割れが見られない	0.084
構造安定性能	0.214	常時作用する荷重に対して安定している	0.108	常時作用する荷重に対して必要な耐荷性能を有している	0.071
				想定される地盤沈下に対して必要な追従性を有する	0.037
		想定される荷重の変化に対して安定している	0.106	供用期間中に想定される近接施工による影響や周辺環境の変化等、荷重条件の変化に対して必要な耐荷性能を有する	0.106
耐久性能	0.172	防食性がよい	0.095	鉄筋・鋼製セグメント・継手金物等、鋼材の防食性がよい	0.057
				耐久性を脅かす有害なひび割れが少ない	0.038
		止水性が良い	0.077	覆工、諸設備の劣化原因となる漏水が最小限に抑えられている	0.077
管理者の使用性能	0.065	列車が安定的(定時に)に運行できる	0.027	列車運行に関わる諸設備の機能を支障するような剥落が生じない	0.017
				列車運行に関わる諸設備の機能を支障するような漏水が生じない	0.010
		列車運行のための諸設備が確実に稼働できる	0.038	列車運行に関わる諸設備を適切に配置・使用できる	0.021
				トンネル内の水が適切に排水され諸設備に影響しない	0.017
維持管理性能	0.125	安全・容易に点検・清掃ができる	0.067	日常の巡回・点検が安全・容易にできる	0.067
		安全・容易に補修・補強ができる	0.058	対策工の足場の設置と資材置場の確保ができる	0.058
周辺への影響度	0.095	地下水への影響が少ない	0.035	地下水位変動が許容範囲内である	0.018
				周辺への地下水汚濁影響が許容範囲内である	0.017
		周辺での振動・騒音が少ない	0.060	列車走行等による周辺での振動・騒音が最小限である	0.060
合計	1.000		1.000		1.000

(3) 現行の健全度判定結果と保有性能評価結果との比較分析

現行の健全度判定結果の変状要因を整理したものを図-4.2.1に示す．現行の判定では，主にひび割れ，鉄筋露出および漏水を変状要因の指標として評価している．

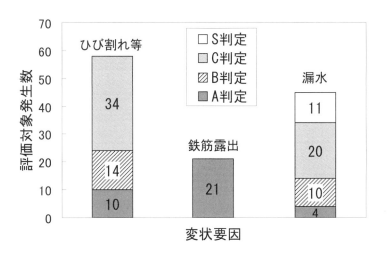

図-4.2.1　現行の判定結果の変状要因（平成20年度）

現行の点検判定結果とTPIによる保有性能評価結果との整合性を分析するため，現行の判定結果の各区分（AA～S）について求めたTPIの集団を各判定区分の母集団ととらえ，各母集団について，TPIの分布を正規分布で示して比較を行った．

図-4.2.2は，平成18年度および平成20年度の現行の健全度判定区分ごとに，TPIの分布を示したものである．平成18年度では見られなかったA2判定の分布が平成20年度に現れているが，平成20年度のB判定とA2判定では，A2判定の方が正規分布の中央値が大きくなっていることから，A2判定はB判定よりも劣化が進行した母集団の分布であることがわかる．

B判定についてはA2判定よりもTPIの分布幅が広くなっているが，これは現行のB判定区分の判定基準が曖昧で判定者による結果のバラツキが大きいためと考えられる．この様にTPIを用いて定量的な評価を行うことにより，現行の健全度判定方法の問題点の抽出が可能となると考えられる．

判定区分	S・C	B	A2	A1	AA
データ数	12	36	2	0	0
平均値	0.000	3.160	4.300	−	−
標準偏差	0.000	1.779	0.000	−	−
分散	0.000	3.427	0.000	−	−

判定区分	S・C	B	A2	A1	AA
データ数	0	18	31	0	0
平均値	−	3.109	3.316	−	−
標準偏差	−	1.808	1.159	−	−
分散	−	3.088	1.300	−	−

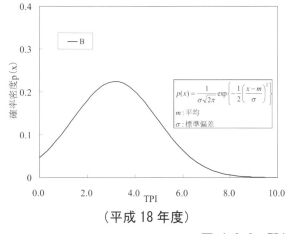

（平成18年度）

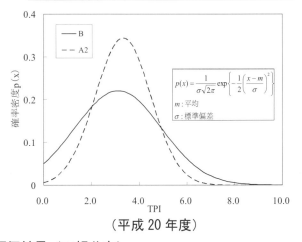

（平成20年度）

図-4.2.2　TPIの評価結果（正規分布）

次に，TPIを決定づけた要求性能大項目，要求性能中項目および要求性能小項目ごとに，どの要求性能項目がTPIに影響しているのかを分析するため，健全度判定結果の各区分（A2,B）について求めたTPIの集団に対して各要求性能項目のTPIが占める割合についての確率分布を求めた．

平成18年度ならびに平成20年度のB判定の要求性能大項目については**図-4.2.3**ならびに**図-4.2.4**に，平成20年度のA2判定については**図-4.2.5～図-4.2.7**にそれぞれ示す．図中の横軸の値は，各項目についてTPIの合計値に占める割合を示している．要求性能の分類ごとの確率分布を示し，中央値の大小や分布幅を比較することにより，どの要求性能がTPIに影響を与えているか，つまり補修対象とした主要因を読み取ることが可能となる．

なお，**図-4.2.2**に示した全点検結果（B判定36個，A2判定31個）のうち要求性能に影響を与えないTPI＝0のデータ（H18年度B判定：4個，H20年度B判定：3個，H20年度A2判定：1個）は検討対象外とした．

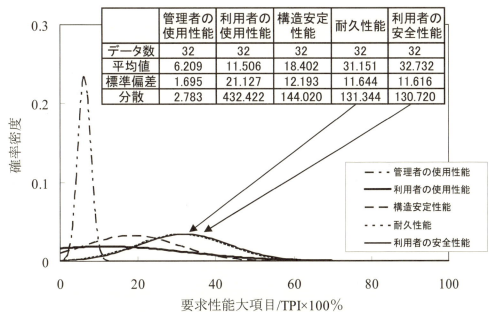

図-4.2.3 要求性能大項目の主要因（平成18年度B判定）

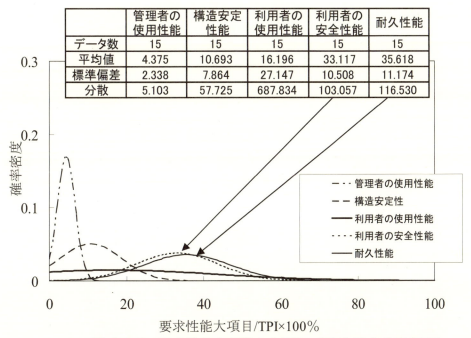

図-4.2.4 要求性能大項目の主要因（平成20年度B判定）

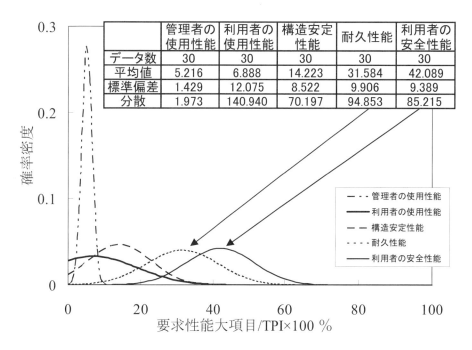

図-4.2.5　要求性能大項目の主要因（平成 20 年度 A2 判定）

図-4.2.3 と図-4.2.4 をみると，点検時においては詳細調査や補修を必要としない軽微な変状が分類される B 判定では平成 18 年度と平成 20 年度に差がないが，図-4.2.5 をみると平成 18 年度の B 判定から時間の経過に伴い劣化が進行した平成 20 年度の A2 判定では"耐久性能"よりも"利用者の安全性能"の方が TPI に影響を与えていることが分かる．

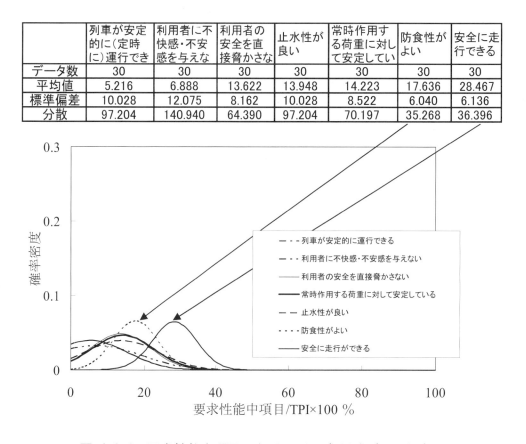

図-4.2.6　要求性能中項目の主要因（平成 20 年度 A2 判定）

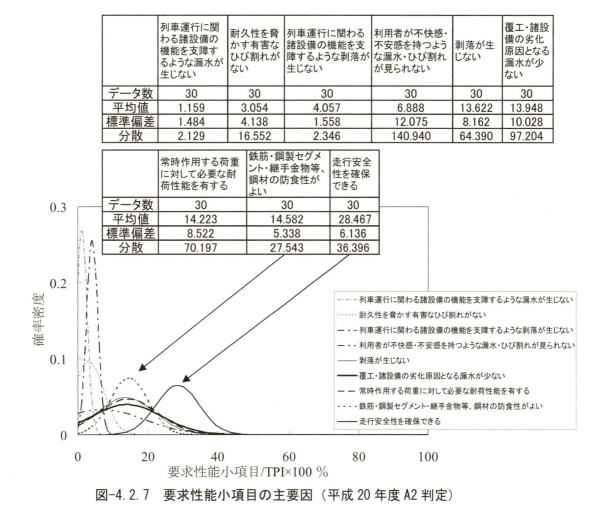

図-4.2.7 要求性能小項目の主要因（平成20年度 A2 判定）

図-4.2.1 によれば，現行の A2 判定に影響を与えた主要因は，"鉄筋露出"および"ひび割れ"となっている．一方，**図-4.2.5** の要求性能大項目の主要因をみると，"利用者の安全性能"および"耐久性能"が TPI に影響している．また，要求性能中項目ごとの確率分布を示した**図-4.2.6**をみると，"安全に走行できる"，"鋼材の防食性がよい"が TPI に影響している．さらに，要求性能小項目ごとの確率分布を示した**図-4.2.7**をみると，"走行安全性を確保できる"，"鉄筋・鋼製セグメント・継手金物等，鋼材の防食性がよい"等が TPI に影響している．つまり，現行の健全度判定結果の主要変状要因ならびに保有性能耐力評価結果の要求性能項目の主要因ともに，"ひび割れ"および"鉄筋露出"に注目したモニタリングが必要であることを示している．

今回の検討では，現行の健全度判定に大きく影響する変状要因と TPI に大きく影響する要求性能項目とは整合していることを確認することができた．一方で，健全度判定の区分ごとの TPI には明確な差が認められない（判定区分が明確でない）という結果となった．この理由としては，対象区間の劣化程度が大きくなかったこと（A 判定のほとんどが A2 判定），ならびに要求性能項目や重み係数および性能評価基準の配点等が影響していると考えられる．

今後の検討課題としては，変状の進行程度および集中度が異なる区間における比較分析および要求性能項目や性能評価基準の配点の見直し等が挙げられる．

4.3 まとめ

各事業者の現状の取り組みでは，維持管理方法（点検方法）の合理化については検討が進められているが，アセットマネジメントの導入までには至っていない状況がうかがえる．

シールドトンネルについては，各事業者が独自のアセットマネジメントに取り組むだけでなく，

各事業者の設備が同じ地域に集中していることや，トンネル構成材料および変状現象にも共通する部分があることから，今後は，点検方法だけでなく，補修や補強方法等も含めて情報共有を積極的に実施することで，重要な社会資本の維持管理を効率的に進めることができ，コストの低減にも貢献できると考えられる．

今回，アセットマネジメントに向けた優先順位付けの一つの方法として，要求性能に基づく劣化状況の定量的な評価手法の適用を鉄道のモデルトンネルにおいて試みた．

要求性能の再整理については，土木学会トンネル工学委員会[4]で整理された要求性能を基本とし，実際に行われている点検との整合を考慮して，実務的な観点から見直しを実施した．今後，要求性能の数値化作業を簡素化するために，要求性能項目の分類についても簡素化する方向が望ましい．

性能評価結果については，現行の健全度判定に大きく影響する要因と TPI に大きく影響する要求性能項目とは整合するという結果となった．現行の健全度判定は人によるバラツキがあり単純な比較はできないが，TPI による保有性能評価を適用することにより定量的な主要因となる要求性能項目の絞り込みが可能であることを示せた．

一方，今回検証の対象区間では健全度判定の区分ごとの TPI には明確な差が認められない（判定区分が明確でない）という結果となった．今後，変状の進行程度および集中度が異なる区間における比較分析，要求性能項目や性能評価基準の配点の見直し等の検討により健全度判定区分ごとの TPI の差の明確化が可能と考えられる．

以上，今回の検証結果を基に，より精度の高い保有性能評価手法を構築することができると考えられる．さらには，山岳トンネルと同様に，本手法による現在状態の性能評価ならびに劣化予測手法による将来予測へと繋げていくことが望まれる．

最後に，維持管理の実務においては，各事業者が補修・補強工事の実施を判断する際は，点検結果だけではなく，個別の路線ごとの収容物の条件（収容計画や撤去計画）や周辺設備との関係，予算環境，リスク管理も含めた最終判断を行うことになると考えられる．今後は，このような点検結果以外の判断項目も考慮した数値化を取り入れていくことも課題と考えられる．

参考文献

1) 土木学会：トンネル・ライブラリー第 14 号　トンネルの維持管理，pp. 131-154, 2005.
2) 塩冶幸男，阿南健一，大塚正博，小泉淳：地中送電用シールドトンネルの維持管理に関する研究：土木学会論文集 F1（トンネル工学），Vol. 67, No. 2, pp. 108-125, 2011.
3) 木村定雄：トンネル構造物と機能施設の維持管理マネジメントにおける要求性能規定とリスクの考え方，第 7 回日中シールド技術交流会論文集，人民交通出版社，pp. 119-129, 2013.
4) 土木学会：トンネル・ライブラリー第 21 号　性能規定に基づくトンネルの設計とマネジメント，2009.
5) 国土交通省鉄道局，財団法人鉄道総合技術研究所：鉄道構造物等維持管理標準・同解説（構造物編）トンネル，pp. 11～16, 2007.
6) 横山正浩，木村定雄，山本努：性能規定に基づく既設地下鉄シールドトンネルの保有性能評価手法の検討，第 5 回日中シールドトンネル技術交流会，pp. 267-277, 2009.

5. アセットマネジメントの導入事例

　アセットマネジメントの運用状況について都道府県，政令指定都市，それ以外の事業者についてホームページで調査をおこなった．その結果，多くの自治体において，2006年～2010年度にかけて外部有識者による「橋梁の長寿命化に関する検討委員会」などを設置していることが明らかになった．そして，2010年～2011年頃より，計画に基づき点検，補修を行い，またデータ蓄積を実施している．2012年度以降は，この計画の実施，運用のための新たな補助事業が策定されており，橋梁の長寿命化計画は確実に進んでいるものと考えられる．

　橋梁に特化すれば，点検方法，健全度評価，劣化予測，優先度順位付け，経済性評価，標準対策工などを規定してアセットマネジメントを実践しているのは，数箇所である．その他のほとんどの自治体においても，外部有識者による委員会を設置し，方針を作成しているが，それに基づくアセットマネジメントの導入と運用には至っていない自治体も多い，中には，点検やデータベース作成に止まっているところもある．

　また，橋梁以外の構造物まで範囲を広げて，維持管理計画，マニュアル，手引き等を策定している自治体はごくわずかなようである．特にトンネルについては，ほとんどの自治体で手をつけてないようであるが，2010年度から導入に関して検討を行っている自治体が数箇所見られる．また，高速道路各社（NEXCO，首都高速，阪神高速），東京地下鉄などでは，トンネル維持管理システムの導入を検討中または試行中であり，点検結果などのデータベースへの蓄積は進んでいるようで，アセットマネジメントの前段階を実施中と考えられる．

　下水道では，維持管理のための基準を整備し，マッピングシステムを使って資産データベースを整備して，設備の更新を進めているところもある．

　第5章では，トンネルにこだわらず，地方自治体，鉄道，高速道路，エネルギー・通信，地下街，下水道など，社会資本を整備する事業主体の中からアセットマネジメントの導入が比較的進んでいる事業主体のアセットマネジメント導入事例やアセットマネジメント手法を導入していないが現状のデータが整備されつつある地下街の実状も紹介する．

　今回紹介する事例（12事例）を，以下に示す．
① 事例-1　寒地土木研究所におけるトンネルマネジメント手法
② 事例-2　青森県における橋梁アセットマネジメントの取組み
③ 事例-3　新潟県の道路施設維持管理計画
④ 事例-4　静岡県における社会資本長寿命化の取組について
⑤ 事例-5　長崎県におけるマネジメント手法
⑥ 事例-6　鉄道総合技術研究所におけるトンネルマネジメントの適用に向けて
⑦ 事例-7　首都高速道路における維持管理の現状とアセットマネジメント
⑧ 事例-8　中日本高速道路におけるトンネルマネジメントについて
⑨ 事例-9　東京電力における地中送電ケーブル用洞道の維持管理方法について
⑩ 事例-10　NTTの開削トンネルにおける予防保全に向けた取組みについて
⑪ 事例-11　地下街におけるアセットマネジメント
⑫ 事例-12　東京都下水道局におけるアセットマネジメントの導入事例

事例-1：寒地土木研究所におけるトンネルマネジメント手法

1. 概要

現在，既存の社会基盤施設の維持管理や超寿命化が課題となっており，それらすべてを最適な健全状態に維持していく費用は経済的・社会的にあまり期待できない．そして何よりも維持管理を進めてゆくための技術的問題を数多く抱えているのが現状である．したがって既存のインフラ・ストックを維持管理しながら最大限有効に活用して，より効率的・経済的な更新投資が求められ始めている．

このような状況下，アセットマネジメントシステムが注目されており，社会基盤の計画・建設・維持・補修・更新において，その計画から実行までライフサイクルコスト（Life Cycle Cost：LCC）より合理化を図るマネジメント手法が導入されはじめている．

一方，北海道は積雪寒冷地と云う地域特性に加えて広域分散型の社会構造であるため，各地域の間を結ぶ交通・物流手段として道路への依存度が非常に高くなっており，図-1.1に示すように昭和30年代後半から道路網の拡充にともなって山岳トンネルの整備（国道）が進められてきている．加えて北部や山間部などの厳しい気象環境の地域では，冬期の間トンネル坑内に氷柱・つらら・路面凍結などが発生するため，トンネル覆工などに寒冷地特有の環境による劣化現象が生じており，建設から30年以上を経過したトンネルでは老朽化もしくは環境劣化が進行してきている．したがって，効率的かつ経済的なメンテナンス・維持管理（トンネルの改築や補強・補修など）が求められることは，現在の社会情勢や経済的状況より必然的であり，計画的な維持管理を行うライフ・サイクル・マネージメント（Life Cycle Management：LCM）の計画とその実施が急務である．

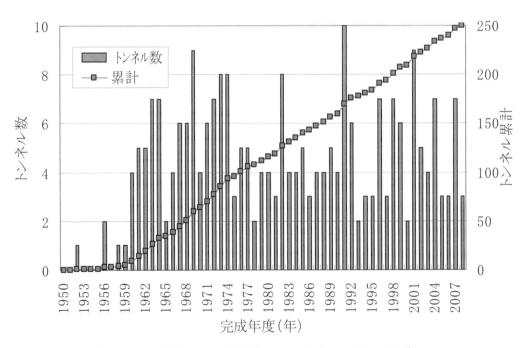

図-1.1 北海道における道路トンネル数と累計（国道）

2. 劣化予測手法

　北海道開発局では平成12年10月に国土交通省により示された「道路トンネル定期点検要領(案)」を基本(一部「道路トンネル維持管理便覧」(日本道路協会:平成5年11月)を参考とする)として,平成15年度より在来とNATMトンネルの双方において二次覆工の点検を実施している.また,平成11,12年度から平成15年度まで「トンネル台帳システム(トンネル2003)」を整備しており,道内における国道トンネルの基本諸元,施工記録,補修履歴,その後の覆工の点検データなどが基本データベースとして構成されている.

　一方,(独)土木研究所寒地土木研究所では,寒冷地における道路トンネルのロングライフ化を図る目的から,北海道の国道トンネルの点検結果を基にして,トンネルマネジメント・システム(Tunnel Management system::TMS)を構築するための検討を実施している.

　TMSとは,既設トンネルの計画的な維持管理と延命対策を行う予防保全の考え方を基本姿勢として,トンネルの耐久性の向上などを行ういわゆるストック・マネジメントの考え方で構成されている.具体的には**図-1.2**に示すように,構造物の障害発生時期C点を予測し,その状態に至る前に適切な時期や工法で補修・補強を施して(B点→D点)構造物の延命対策を図る維持管理手法である.

　図-1.3にTMSシステムを適用する場合の考え方として基本フローを示す.

　フロー図に示すようにTMSの主要構成は,1)二次覆工における点検記録のデータベース化として①点検データのCAD化と②数量化システムで構成され,2)トンネル覆工の管理基準として覆工が必要とされる要求性能を定量的に把握・評価する部分である.

　次に3)トンネルにおける覆工の健全度評価として,①全道および地域別の覆工,②個々の覆工,③特定の覆工それぞれの劣化度の現状把握および将来予測を蓄積された点検データに基づいて実施される.さらに4)トンネルの維持管理,補修・補強として,得られた二次覆工の健全度とその予測値より,補修・補強およびライフサイクルコストを検討するシステムで構成されている.

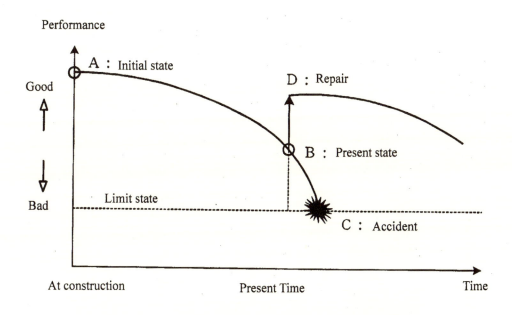

図-1.2　トンネルの性能劣化と補修・補強の概念図

U.S.L.1 地下構造物のアセットマネジメント −導入に向けて−

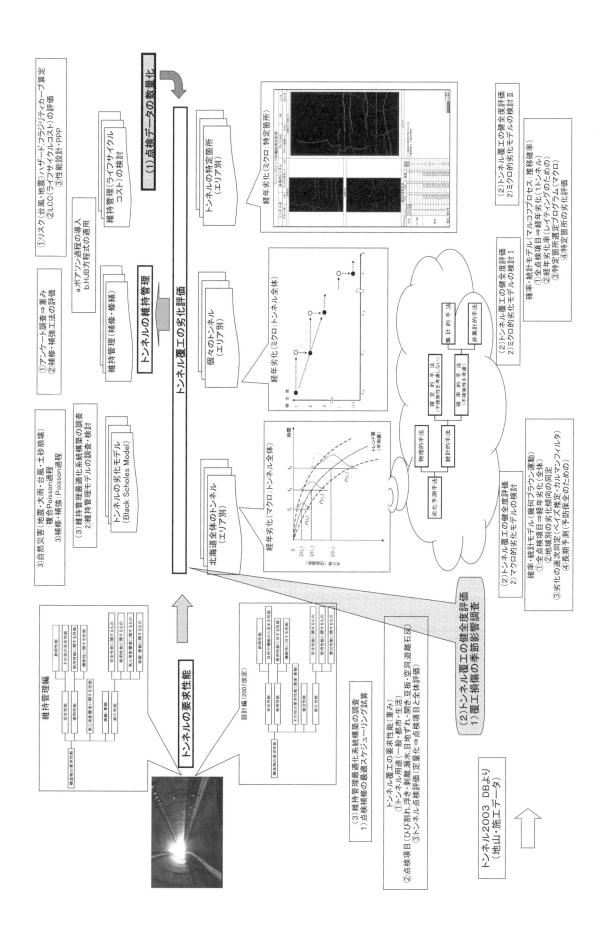

図-1.3 TMS フロー図

3. 点検データのデータベース化・数量化
3.1 点検データ（項目）と整理・蓄積方法
　トンネルの点検データ（項目）は二次覆工の変状種類ごとに以下に示す6種類を基本として整理・蓄積を行っており，覆工の各スパンを1単位としている．

　①ひび割れ，②浮き・はく離，③漏水，④目地ズレ・開き，⑤豆板・空洞，⑥遊離石灰　これら6種類の変状種類について，変状展開図などを**図-1.4**の事例に示すようにCAD化するとともに点検データの整理・蓄積を行い，これらを基本データとして覆工における変状など劣化評価値の数値化を求めている．

3.2 点検データの数量化
　トンネルにおける覆工の点検データは，様々な要因による複合した劣化現象と考えられるため，その定量的評価は非常に難しく，点検技術者の主観的判断に委ねているのが現状である．
そこで，点検項目は，①ひび割れ，②浮き・はく離，③漏水，④目地ずれ・開き，⑤豆板・空洞，⑥遊離石灰など劣化状態を点検技術者のアンケート調査を基に数量化を試みている．

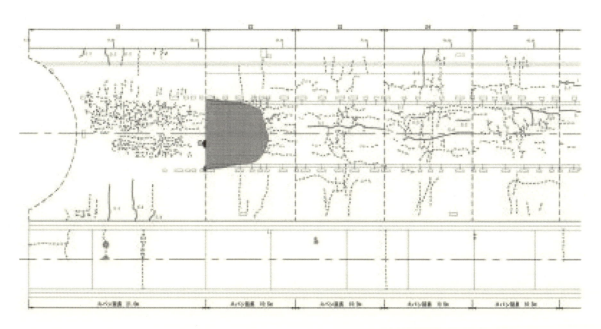

図-1.4　トンネル点検データのCAD化の事例

4. 要求性能の評価
　トンネルの覆工における健全度評価は，変化を追跡して，亀裂や漏水などの変状の進行性などに基づいて，覆工の健全度を評価する．

　一般にトンネルにおける覆工の劣化推移は**図-1.5**に示すように経過年数t_iと劣化度$Q(t_i)$との関係として表され，この健全度低下モデルは健全度低下傾向の不確実性を考慮して，経過年数t_iにおける劣化度の分布は$P(t_i)$となり，幾何ブラウン運動（伊藤型確率微分方程式）モデルを適用すると劣化過程は次式で表される．

$$dX(t) = \beta X(t)dt + \sigma X(t)dW_1(t) \qquad \text{式 1-1}$$

ここで β は平均劣化率（トレンドもしくはドリフト），σ は拡散（ボラティリティ）の程度を表すパラメータである．

TMS では，得られている複数のトンネルの覆工点検データ等に基づいて，この幾何ブラウン運動方程式のパラメータを最尤法などの統計的手法により同定することにより，健全度評価の変化を追跡している．

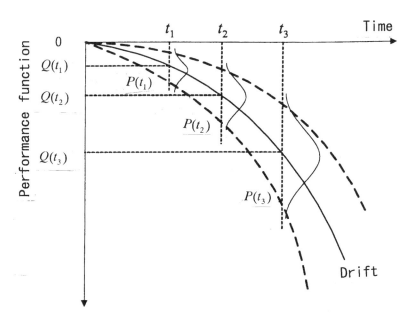

図-1.5 トンネルにおける覆工の劣化推移

4.1 トンネル覆工の経年劣化

北海道内において矢板工法と NATM で施工されたトンネル（180個所）で得られた覆工の点検データから①ひび割れと②はく離，はく落に着目して幾何ブラウン運動（伊藤型確率微分）方程式による経年劣化過程を求める．

ここで実際にトンネルの覆工におけるひび割れとはく離，はく落の点検データから得られた，矢板工法および NATM における経年劣化過程を図-1.6に示す．図-1.6より，複数の点検項目においても劣化評価値は建設年代に伴い低下の傾向を示している．

以上より，トンネル点検値①ひび割れ，②浮き・はく離，③漏水，④目地ずれ・開き，⑤豆板，空洞，⑥遊離石灰を数値化して，トンネルの覆工における劣化評価を幾何ブラウン運動（伊藤型確率微分）方程式を用いて表すことが基本的に可能である．

ここで，同一のトンネルの覆工における経年にわたる観測データが存在しないため，現在得られている複数の点検データから劣化過程の時間推移を求めている．

4.2 劣化過程の地域性

北海道における土木構造物では，冬期の間厳しい気候に曝されるため，トンネルの覆工は様々な環境劣化を受けている．しかし，北海道は面積が大きく，加えて気象環境も異なるため地域によって様々な劣化作用を受けていると考えられる．

そこで，北海道の気象特性により区分けした地域においてトンネルの建設年代（経年）にともなう覆工における劣化度（ひび割れ，はく離・はく落）の評価値を求めた結果を図-1.7に示す．

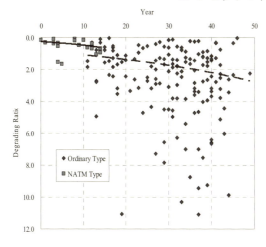
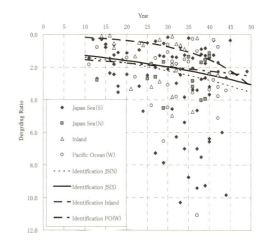

図-1.6 矢板工法およびNATMにおける経年劣化過程　　図-1.7 覆工における劣化度（地域別）

5. 維持管理への適用と評価

道路トンネルの覆工に対する適切な補修時期および最適な補修工法の選定（交通確保や通行止めなどの間接的影響も考慮）を目的とし，加えて補修後のトンネルの覆工における機能・性能との関係を明確にするために①ひび割れ，②浮き・はく離，③漏水，④目地ずれ・開き，⑤豆板・空洞，⑥遊離石灰の6項目に対する補修・補強工法の選定やその後の評価についてトンネル点検技術者および一般の土木技術者へのアンケートより求めた結果を表-1.1に示す．表-1.1に示すように①ひび割れ：保護工法，②浮き・はく離：吹付け工法，③漏水：面導水，④目地ずれ・開き：目地補修，⑤豆板・空洞：注入工法，⑥遊離石灰：除去などの対策工法が選定されており，また補修後の覆工コンクリートにおける劣化評価値の定量的なランクアップ量も得られている．

表-1.1 トンネルにおける覆工の劣化と選択される主な対策工法

補修・補強 劣化現象	損傷（多）		損傷（少）	
①ひび割れ	1：保護工法	2：注入工法	1：充填工法	2：注入工法
②浮き・剥離	1：吹付け工法	2：繊維シート	1：浮き剥離処理	2：繊維シート
③漏水	1：面導水	2：線導水	1：線導水	2：面導水
④目地ズレ・開き	1：目地補修	2：充填工法	1：劣化部処理	2：目地補修
⑤豆板・空洞	1：注入工法	2：劣化部処理	1：充填工法	2：その他
⑥遊離石灰	1：除去	2：無処理	1：無処理	2：除去

6. 今後の展望

本事例では，積雪寒冷地という地域特性を有する北海道における道路トンネルの効率的かつ経済的なメンテナンス・維持管理（トンネルの改築や補強・補修など）を実施するために検討しているトンネルマネジメント・システム（TMS）の一部を紹介した．今後も寒冷地トンネルの維持管理（ロングライフ化）の取組みにより合理的な維持管理の実現が期待されている．

「編集WG注」

本事例は，積雪寒冷地という地域特性を有する北海道の山岳トンネルの維持管理に関して，(独)土木研究所寒地土木研究所佐藤氏、西氏、および東京都市大学須藤氏らの研究について示したものである．

事例-2：青森県における橋梁アセットマネジメントの取組み

はじめに

青森県では，高度経済成長期に建設された橋梁が近い将来大量更新時代を迎えるのに備え，橋梁の維持管理を計画的に行うため，アセットマネジメントの手法を導入し，長期的な視点から橋梁を効率的・効果的に管理し，維持更新コストの最小化・平準化を図っていく取組みを実施してきた．

全国に先駆けて平成17年度に構築した「青森県橋梁アセットマネジメントシステム」は，平成18年度から運用が始まり，現在8年目を迎えている．

ここでは，その導入から現在までの取組み等について紹介する．

1. 橋梁アセットマネジメントの導入

1.1 橋梁アセットマネジメントの開発の背景

青森県では，平成15年時点で15m以上の橋梁を747橋（平成24年4月現在795橋）有しており，その多くが高度経済成長期の1970年以降から建設されたものであった．そのため，橋梁の大量更新時代が迫っていることが明白であった（図2.1）．

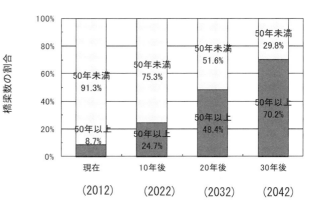

図-2.1 建設後経過年数別の割合

しかし，平成15年度での橋梁更新費用は14.5億円，耐震補強などを行う予算は6.5億円，橋梁の維持管理のための予算は年間わずか5千万円程度と，十分なメンテナンスを行えない状況であったため，場当たり的な対応を余儀なくされていた．

さらに，県の財政状況としては，平成11年度をピークに公共投資が年々減少してきており，平成14年度に策定された「財政改革プラン」により投資的経費は平成20年度には15年度比で40%削減が目標に掲げられるなど，ますます厳しい運営を強いられることは確実な状況であった．

そのような厳しい予算状況から，当時県庁内各部局に設置されていた，政策課題の洗い出しと解決策の検討を行う「プロジェクトチームX」では，早急にアセットマネジメントに取り組むことが必要と考え，「厳しい財政状況の中，橋梁の大量更新時代に対応していくことは難しいこと」「アセットマネジメントが新たな公共施設の維持管理手法となり得ること」「将来の橋梁維持管理費の大幅な縮減が期待できること」のプレゼンを知事に行い、その結果，全庁的な理解が得られ，県の重点事業として取り組むこととなった．

1.2 橋梁アセットマネジメントシステムの構築

橋梁アセットマネジメントシステムを構築する準備として，平成15年11月に公募による7法人の参加をいただき「青森県橋梁アセットマネジメント共同研究会」を立ち上げ，アセットマネジメントの基礎的事項の整理を中心に，文献資料の整理や国内外の動向，県の橋梁データ等の整理を行った．そして，その成果を基に具体的に平成16,17年度にシステムの構築を進めた．

システムの構築にあたっては，大学教授等の有識者で構成される開発コンソーシアムを設置した（図-2.2）．開発コンソーシアムは、意志決定機関として統括会議，その下に維持管理・点検マニュアルの検討を行う「点検・調査・診断WG」，運営全般の検討を行う「維持運営WG」，補修・

補強マニュアルの検討を行う「対策工法WG」，事業優先度評価手法等の検討を行う「計画・評価 WG」等から組織された．システムの内容は，①橋梁アセットマネジメント基本計画策定②マネジメント支援システム基本設計・構築③データベースシステム基本設計・構築④維持管理・点検マニュアル策定⑤補修・補強マニュアル策定となっており，統括会議によりこれらの事項の決定を行った．

図-2.2 開発コンソーシアム組織図

平成18年3月には橋長15m以上の橋梁の初期点検を完了し，その点検データを基に，構築したアセットマネジメントシステムを活用し橋長15m以上の橋梁を対象とする5箇年の橋梁長寿命化の計画として「アクションプラン」（平成18年度～平成22年度）を策定し，この計画に従って平成18年度より橋梁補修を進める等システムの運用を本格的に開始している．

さらに，平成20年3月には青森県橋梁長寿命化修繕計画（10箇年計画：平成20年度～平成29年度）を策定し，橋長15m未満の橋梁も含め全ての橋梁を対象とした事業を進めてきた．

また，平成24年度には平成18年度から6年間の実績を元に新たな橋梁長寿命化修繕計画（平成24年度～平成33年度）の策定を行っている．

2. 橋梁アセットマネジメントによる橋梁の長寿命化

2.1 橋梁アセットマネジメントの基本フロー

本県が管理している道路橋は平成24年4月1日現在で2,275橋有り，その維持管理については，Aグループ橋梁（851橋：橋長15m以上の橋梁、橋長15m未満の鋼橋及び横断歩道橋）とBグループ橋梁（1,424橋：橋長15m未満のコンクリート橋）で異なるマネジメント手法を用いている．

それぞれのグループの橋梁長寿命化修繕計画の基本フローについては図-2.3, 図2-4のとおりである．

比較的橋長が長くLCCが大きくなるAグループ橋梁については，「定期点検・劣化予測・LCC算定・予算シミュレーション・データベース管理」といった詳細な計画管理を行

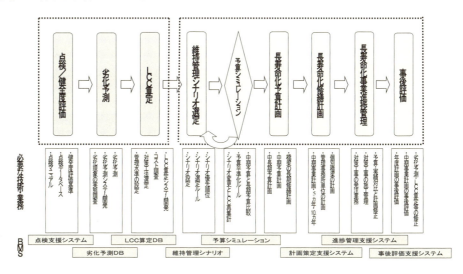

図-2.3 橋梁アセットマネジメントの基本フロー（Aグループ橋梁）

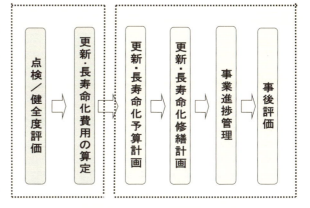

図-2.4 橋梁アセットマネジメントの基本フロー（Bグループ橋梁）

う管理手法を取り入れているが，橋長の短いBグループ橋梁については、小型橋梁に適した効率的な維持管理手法として日常管理（日常点検・維持工事）を主体とする比較的簡易な維持管理を行うこととした．これは、Bグループ橋梁の数が1,424橋と多く全橋梁数の64%を占めており，Aグループ橋梁と同様の管理手法を取り入れた場合に一橋あたりの管理コストが高くなるが，橋長が短いために一橋当たりのLCCが小さくLCC縮減効果が小さくなり，管理コストに見合うLCC縮減効果が得られないためである．以下では，主にAグループ橋梁の維持管理について述べる．

2.2 維持管理体系

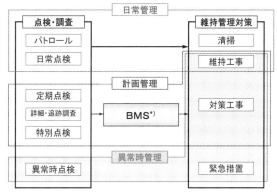

図-2.5 維持管理体系

橋梁の維持管理体系の枠組みは図-2.5維持管理体系で示すとおりである．橋梁の維持管理は「日常管理」，「計画管理」，「異常時管理」から構成されており，それぞれの内容は以下のとおりとなっている．

「日常管理」交通安全の確保，第三者被害の防止，劣化・損傷を促進させる原因の早期除去及び構造安全の確保を目的として，パトロール，日常点検，清掃，維持工事の実施．

「計画管理」構造安全の確保，交通安全性の確保，第三者被害の防止，並びにBMSを活用した効率的かつ計画的な維持管理を行うことを目的に，定期点検，各種点検・調査，対策工事等を実施．

「異常時管理」地震，台風，大雨などの自然災害時，ならびに事故等の発生時に，交通安全性の確保，第三者被害の防止及び構造安全性の確保を目的として，異常時点検，緊急措置，各種調査等を実施．

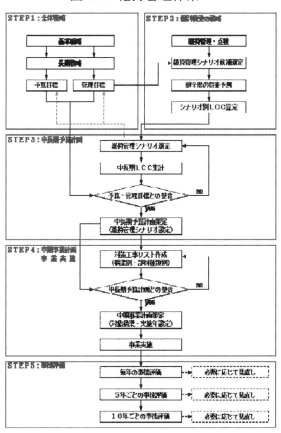

図-2.6 橋梁アセットマネジメントのフロー

2.3 BMSを用いた橋梁アセットマネジメント

本県の橋梁アセットマネジメントは5つのSTEPで構成されており，そのフローは図-2.6のとおりである．

STEP1では維持管理の基本方針ともいえる「基本戦略」を定める．

STEP2では環境条件，点検結果，道路ネットワークの重要性から「個別橋梁の戦略」を選定しLCC

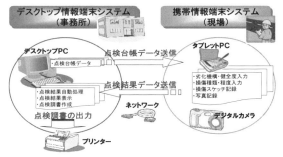

図-2.7 橋梁点検支援システム

を算定する．

STEP3 では全橋梁の LCC を集計し予算目標などに合わせて予算の平準化を行い「中長期予算計画」を策定する．

STEP4 では決定した中長期の予算に基づき「中期事業計画」を策定し事業を実施する．

STEP5 では「事後評価」を行い事業の進行管理や必要な見直しを行う．

各 STEP は何度も繰り返しながら行われるため，膨大な作業が必要となるが青森県が独自に構築した IT システムである BMS（ブリッジマネジメントシステム）がこの作業を容易にしている．

2.3.1 維持管理・点検

BMS の機能の一つに橋梁点検支援システムがあるが，この支援システムは，タブレット PC に点検現場で必要なデータをあらかじめインストールし，点検結果を現場で直接 PC に入力する仕組みとなっている．現場作業終了後は自動的に点検結果を出力することが可能であり，これにより事後の写真整理や点検調書の作成が不要となるため，作業の効率化が図られ点検コストの大幅な削減を可能としている．（図-2.7）

2.3.2 維持管理シナリオ

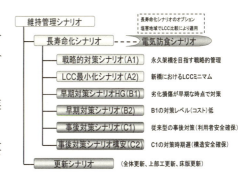

図 2-8 維持管理シナリオ

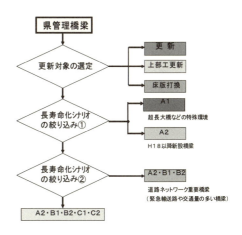

図 2-9 シナリオ選定フロー

橋梁の維持管理においては，橋梁のおかれている状況（環境・道路ネットワーク上の重要性）や劣化・損傷の状況（橋梁健全度）に応じて，異なった管理水準を設けており，これを「維持管理シナリオ」と呼んでいる．維持管理シナリオは大きく長寿命化シナリオと更新シナリオに分かれており，長寿命化シナリオは更に 6 種類に分類されている．（図-2.8）

シナリオの選定は，橋梁の健全度や架設されている環境条件，特殊性などを考慮して行っている．主要部材の劣化・損傷が著しく進行している老朽橋梁や塩害の進行が著しい重度の劣化橋梁等は更新した方が LCC で有利と判断される場合は更新シナリオを選定する．

長寿命化シナリオのうち，長大橋などの特殊環境橋梁については，劣化が表面に現れる以前の鋼部材の定期的な塗装塗替等の戦略的な予防対策を行う戦略的対策シナリオ（A1）と位置づけている．また，新設橋梁では LCC 最小シナリオ（A2）を選定する．

それ以外の橋梁については，道路ネットワークの重要性などを考慮し，A2 シナリオから事後対策シナリオ（C2）を設定しており，複数のシナリオから選択することにより，予算目標や平準化に柔軟に対応できるようにしている（図-2.9）．

2.3.3 健全度の将来予測（表-2.1）

橋梁の健全度はアセットマネジメントの一連のプロセ

表-2.1 健全度評価基準

5	潜伏期	劣化現象が発生していないか、発生していたとしても表面に現れない段階。予防対策はこの段階で実施するのが効果的。
4	進展期	劣化現象が発生し始めた初期の段階。劣化現象によっては劣化の発生が表面に現れない場合がある。
3	加速期前期	劣化現象が加速度的に進行する段階の前半期。部材耐力が低下し始めるが安全性はまだ十分確保されている。
2	加速期後期	劣化現象が加速度的に進行する段階の後半期。部材耐力が低下し、安全性が損なわれている。
1	劣化期	劣化の進行が著しく、部材の耐荷力が著しく低下した段階。部材種類によっては安全性が損なわれている場合があり緊急措置が必要。

スに共通する評価指標として，潜伏期，進展期，加速期前期・後期，劣化期の5段階で数値化したものであり，各部材・劣化機構ごとに評価基準を設定している．

健全度評価については，国土交通省定期点検要領（案）に準じ，最小評価単位（要素）で行うこととしつつ，さらに，点検の重点化の考えに基づき劣化進行の激しい端支点部を一要素として加え評価することとしている．

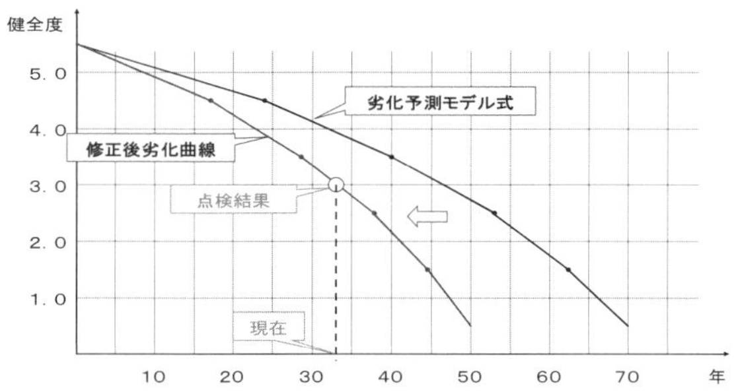

劣化の将来予測に際しては，これらの要素ごとの健全度評価を5段階の健全度評価基準の各期間及び部材，材質，劣化機構，仕様ごとに行い，更に塩害対策区分などの環境条件により細分化し設定しており，トータルで1,288個の劣化予測式により劣化速度を設定している．

要素は，補修工事の最小単位に相当し補修箇所が特定できることに加え，劣化予測式を点検結果に併せて自動修正していることから，劣化予測が現実に近いものとすることが可能であり，補修工事費用算定も実態に近いものとすることを可能としている（図-2.10）．

図-2.10 予算平準化のイメージ

2.3.4 予算の平準化

中長期予算計画の策定に際しては，まず全橋梁のLCC（50年間）をシナリオ毎に算定し，将来のコストが最小となる維持管理シナリオをそれぞれの橋梁で選択する．その予算を全橋梁で集計し，予算目標との調整を行う．LCCが目標値と整合する場合にはそのまま決定するが，予算の目標値を超過する場合には，維持管理シナリオを変更することにより，対策時期

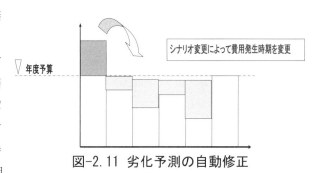

図-2.11 劣化予測の自動修正

を後の年度にシフトし，予算目標との調整を図ることとしている．シナリオ再選定では，シナリオの変更によりLCCの増加が少ない橋梁から変更を行っている．また，維持管理予算が年度ごとに大きく変動しないよう，複数年の平均値を予算とする平準化を行っている（図-2.11）．

3. 青森県橋梁アセットマネジメントの実践

3.1 運営体制

平成16年度からはアセットマネジメントの取組を推進するため本庁（道路課）の橋梁に関する組織体制を変更した．それまでの体制としては橋梁の更新と補修は，別々のグループが担当していたが，グループを横断する「アセットマネジメント推進チーム」を設置し橋梁の更新から補修まで一元的に管理を行える組織体制（現在は、橋梁・アセット推進グループが担当）とした．また、平成18年4月からは各出先機関にもアセットマネジメント担当チームを設置している．それまでは，主に清掃・維持工事を実施する日常管理，対策工事を実施する計画管理をそれぞれ補修系，改築系の担当が縦割りで仕事をしていたが，新設から維持管理までが一元化され，効率的に仕事を進めることが出来る組織体制となっている．

また，橋梁の長寿命化を図るためには劣化・損傷の早期発見とそれに対する初期段階での対策が有効である．このため日常点検から，支承の清掃や点検で発見された箇所の対策を行うメンテナンスと5箇年計画に計上されている小規模な長寿命化補修工事を「橋梁維持工事」として包括的に地元の建設業者に発注している．発注にあたっては橋梁アセットマネジメントに関する理解

と技術力を重視し，技術提案により受注者を決定している．

3.2 行政職員の技術力向上

アセットマネジメントを実践していく上で，補修計画が個別橋梁の維持管理シナリオに合致しているか，最適工法かについては，現場で実際に対策に携わる担当職員の判断に委ねられているため，職員の技術力がシステムの運用に及ぼす影響は小さくはない．また、アセットマネジメントは継続して長期にわたり運用していくことで初めてその効果が現れるものであり，アセットマネジメントの考え方が常に担当する職員に浸透している必要がある．

表-2.2 年間職員研修計画

	研修の名称	内　容
4月	・日常管理講習会 ・第1回橋梁アセットマネジメント担当者会議	日常管理に必要な知識の習得 アセットマネジメント業務の説明
6月	・定期点検研修	定期点検の照査に必要な知識の習得
7月	・橋梁設計研修	新設橋梁設計に関する知識の習得
9月	・施工管理研修	橋梁補修工事の施工管理に関する知識の習得
11月	・橋梁補修設計研修	橋梁補修設計に関する知識の習得
2月	・第2回橋梁アセットマネジメント担当者会議	橋梁補修技術発表会 橋梁維持工事の説明

そのため，本県では現場担当者を対象に点検のポイントを習得する点検研修，設計の基礎的知識習得のための設計研修等，様々な会議・研修を実施している（**表-2.2**）．

また，建設当時の施工不良が劣化の原因と考えられる事例が多く確認されたことから，適切な施工管理のノウハウを習得するための施工管理研修も実施している．

3.3 県内建設業関係者の技術力向上

調査・設計を担うコンサルタントや補修工事を担う建設会社の技術力向上も重要となる．

橋梁アセットマネジメントを実施していく上で橋梁の状態を正確に把握することが基本となるが，本県では5年に1度の定期点検により劣化・損傷を把握し，劣化機構の推定や健全度評価を行っており，この点検の精度を向上させ，点検者による評価のバラツキ等の発生を防ぐため，「橋梁点検研修」を県の外郭団体を活用し有料で行っている．橋梁点検のポイントについて講習し，実橋の点検を行い，研修会終了後には試験を実施，合格者のみに修了証を渡している．なお，この修了証取得者のいないコンサルタントは県の定期点検を実施できないこととしている．

このほか，建設会社に対する講習として，橋梁補修技術研修を実施しており，メンテナンスの重要性を認識してもらうとともに，工事の施工の際に求められる知識・ノウハウを習得する機会，新工法・新技術に接する機会を提供している．なお，橋梁維持工事の技術提案時における選定の際には工事担当者の本講習受講の有無も考慮に入れている．

4. 青森県橋梁アセットマネジメントの課題

本県の橋梁アセットマネジメントは，システムの構築，初期の集中投資，人材育成研修の継続的な開催等により，概ね順調に運用されて来ていると考えられるが，アセットマネジメントは永続的に継続していく必要がある．以下は本県がアセットマネジメントを継続していくための現状での課題である．

① 組織・人員確保

本県では，行財政改革の一貫で職員の削減が続いているが，平成18年度から全ての出先機関に設置しているアセットマネジメントチームも例外ではなく，現在ぎりぎりの人員で取り組みを進めている状況である．アセットマネジメントチームの組織・人員の確保は最も重要な課題となる．

② BMS 使用環境の保持

BMS は IT システムであることから，開発後の保守をいかに継続可能なものとするかが重要な課題となる．IT システムを県単独で保守していくことは役所の仕組み上困難なため，青森県以外の橋梁管理者も使用できる汎用BMSの開発を，これまで青森県版 BMS に関わってきた団体に依頼した．現在，この汎用 BMS は「BMStar」というプログラム名で商品化されており，本県が使用している BMS も「BMstar」に切り替わっている．今後も引き続きこの使用環境を保持していくことが，組織・人員の確保と並ぶ重要な課題となっている．

③ データの蓄積及び適正管理

定期点検結果のデータや新設又は補修工事のデータは毎年増え続けるが，これらのデータが適正に更新されない場合はアセットマネジメントの運用に支障を来すこととなる．データの登録や適正管理を行うためにはかなりの労力を必要とするが，地道に登録し管理していく必要がある．県という組織上，点検業務等の受注者を永続的に固定することは出来ず，人事異動による担当者の移動も避けられないが，データの蓄積及び適正管理に努めていくことも課題の一つである．

おわりに

本県では，当初策定した橋梁長寿命化計画を過去の実績及び定期点検の結果を基に2度の見直しを行っている．その結果，50 年間の LCC 試算は当初の計画よりも縮減されていることが確認される等，橋梁アセットマネジメントの効果の一端が見え始めてきたところである（**図-2.12**）．

本県では引き続き，運営体制・システムの維持に努めるとともに，橋梁の長寿命化に関する調査研究等の成果をアセットマネジメントに反映させシステムの向上を図りながら、継続的に取り組んでいきたいと考えている．

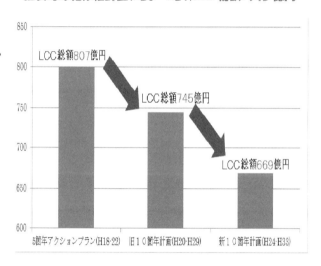

図-2.12 新計画との LCC 比較

事例-3：新潟県の道路施設維持管理計画

1. 道路施設維持管理計画策定の背景・目的

新潟県が管理する道路延長は，約5,390kmあり，全国3位の管理延長を有している．また，新潟県は世帯あたりの自動車保有数が全国平均の約1.4倍と，車社会であり，道路は県民生活を支える重要施設であるが，今後，道路施設の高齢化に伴う損傷箇所の増加や，損傷の拡大が懸念されており，このままでは安全性の低下を招き，現状予算規模で補修や更新が対応しきれないことが想定される．

そこで，道路ネットワークの安全性・信頼性の確保を目的とした，新たな維持管理に向けたアセットマネジメント手法による仕組みを橋梁以外の施設についても構築することとし，平成21年度から計画策定の取り組みを行っている．

この取り組みは，先行して運用している橋梁の長寿命化修繕計画をその他の道路施設に拡大するもので，

① PDCAサイクルにおける継続的な実行と精度向上を図る仕組み
② 意思決定プロセスの"見える化"
③ 職員をはじめとする"人"を中心とした仕組み
④ 優先度を考慮した管理の考え方の導入

を踏襲してトンネル，シェッド・シェルター，舗装，消融雪施設，道路横断施設，道路付属施設，防災防雪施設の7施設について維持管理計画を平成25年度末目標に策定するものである．

この7施設の維持管理計画においては次の4つの基本方針に沿って検討を行っている．

① 最適な管理体系の構築
　　管理目標の設定と確実な状態把握の実施
　　中長期的な施設の状態と費用の予測によりコスト縮減と平準化を図り，施設を維持管理するのに必要な予算を確保
② 限られた予算において峻別した維持管理の実施
　　予算制約がある場合の対処方法，対策を先送りした場合のリスク軽減方策の設定や，将来展望を踏まえて段階的に目標を達成
③ データを活用した効率的管理」
　　点検及び補修履歴の蓄積と活用，さらに運用を支援するシステム構築で業務を効率化
④ 段階的，継続的な運用と改善
　　できるところから着手し，段階的に精度を向上（＝PDCAマネジメントサイクルの実践により継続的な改善を図る）

2. 新潟県の道路施設の資産量

新潟県の道路施設の資産量を表-3.1に示す．なおトンネルの総延長は約100kmであり，工法別の内訳は表-3.2のとおりとなっている．

表-3.1 道路施設の資産量（橋梁を除く）

施設名	種別	資産量(数量)	施設名	種別	資産量(数量)
トンネル	矢板工法 NATM 素堀　等	207箇所	道路付属施設	大型案内標識 道路照明 道路情報板	約3,790本 約9,400本 68箇所
シェッド・シェルター	鋼製 RC製 PC製	351箇所	防災防雪施設	防災施設	ロックネット15.5km 落石防護擁壁13.2km その他防災施設(吹き付けモルタル、ロックアンカーエ 等)21.4km
舗装	アスファルト コンクリート　等	約5,210km		防雪施設	雪崩予防柵79.6km(14,151基) 雪崩予防杭0.6km(31箇所) 雪崩防護擁壁8.4km(111箇所) 防雪柵(固定式)15.3km(25箇所) 等
消融雪施設	消雪パイプ 井戸 ポンプ 散水管 流雪溝ポンプ 等	2949箇所 (1003km)			
道路横断施設	横断歩道橋 地下横断歩道 アンダーパス 道路横断ボックス	17橋 24箇所 23箇所 16箇所			

平成24年4月1日現在

表-3.2 トンネル工法別内訳

工法	トンネル数	延長（km）
矢板	112	47.6
NATM	75	51.4
素堀（吹付）	11	0.6
その他	9	1.5

平成24年4月1日現在

3. 計画策定の取組みスケジュール

道路施設の計画策定の取り組みは平成21年度から着手し，平成25年度までの5カ年で行うこととしている(**表-3.3**)．計画策定に向けて，資料収集および現状把握を行い，基本方針を定めて，トンネル，シェッドから計画策定手法の検討，点検要領作成および点検を進めている．また，個別施設計画の支援システムであるデータベースシステム，マネジメントシステム，GISは，点検データの登録と分析を行うのにあわせて構築を行っている．

表-3.3 取組みスケジュール

		H21	H22	H23	H24	H25
①計画策定手法		資料収集 現状把握 基本方針	トンネル シェッド	舗装 消融雪施設 道路横断施設 道路付属施設 防災防雪施設 統合マネジメント	統合マネジメント	統合マネジメント ガイドライン
②点検要領		トンネル(初回点検要領) シェッド(初回点検要領) 定期パトロールの手引き	トンネル(改訂) シェッド(改訂) 舗装(路面調査要領)	道路横断(点検要領)	防災防雪(点検要領) 道路付属(点検要領) 定期パトロール(改訂)	トンネル(改訂) シェッド(改訂) 舗装(改訂) 道路横断(改訂)
③点検		消融雪施設	トンネル シェッド 消融雪施設	トンネル シェッド 舗装 道路横断施設 消融雪施設	トンネル シェッド 舗装 消融雪施設	防災防雪施設 道路付属施設 消融雪施設
④マネジメント支援システム	データベースシステム		トンネル シェッド	道路横断施設 道路付属施設	舗装 消融雪施設 防災防雪施設	
	マネジメントシステム			トンネル シェッド	舗装 消融雪施設 道路横断施設 道路付属施設 防災防雪施設	統合
	GIS		構築	改良	改良	
⑤ワーキング・委員会		WG①	WG②	WG③	WG④ 委員会①	WG⑤ 委員会②

4. 維持管理手法
4.1 維持管理計画策定プロセス

新潟県ではトンネルなど各施設のマネジメントを図-3.1のフローにより行うことを検討している．まず，施設の特性，安全性，路線の機能から管理区分を設定し，データベースに登録されている諸元，点検データ，補修履歴などの施設管理データや，利用状況などのデータから状態を把握し，損傷程度を損傷箇所や設置箇所に応じて評価する．次に，この損傷程度に対し劣化環境，要求性能を踏まえて対策の必要性を評価する．さらに既存のデータからの経過年を考慮した劣化予測も行う．

この劣化予測に対し，管理目標を満足しつつ経済的である対策工法を中長期費用推計により検討し，必要な予算規模を把握する．なお，維持管理計画の中長期は50年としている．この中長期計画にもとづく向こう10年間の事業計画が短期計画となる．

この短期計画において事業箇所の優先度評価を行う必要があり，道路施設の維持管理計画においては，拠点間の連絡性と，損傷に対するリスクの大きさを主に重視した評価としている．なお，施設によっては，耐久性や代替性を考慮する指標等も設定している．

補修事業実施後，点検などで施設状態をモニタリングや事後評価し，データベースに登録することで，次回の劣化予測や中長期計画に反映される．

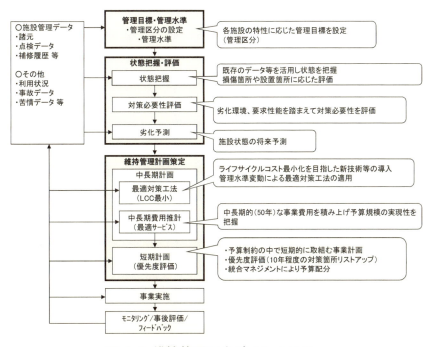

図-3.1 維持管理マネジメントフロー

4.1.1 管理区分と管理水準

管理区分は，施設の規模や量に対する作業の効率性，劣化損傷特性，機能喪失時の社会的影響，維持管理費用を踏まえ，施設ごとに設定する．**表-3.4**は，維持管理手法とそれに対応する管理区分，状態把握手法について示したものである．事後維持型に管理区分ⅡとⅢがあるが，これは状態把握手法の違いによるものであり，Ⅱは定期点検により損傷を評価して限界水準を下回る前に対策を実施し施設の機能を維持するもの，Ⅲは定期パトロールや簡易点検による状態把握のため，基本的にⅡと同様，限界水準を下回る前に対策を実施するが場合によっては機能不全となった後での対応も許容するものである．Ⅲは第三者被害のない施設に適用することを検討している．

表-3.4 維持管理手法と管理区分

管理区分	維持管理手法	管理目標	状態把握手法
I	予防維持型	・損傷が軽微な段階で対策実施 ・施設の長寿命化やLCC縮減、安全性確保によるリスク低減を図る	定期点検等
II	事後維持型	・発生した損傷を事後的に補修しながら限界水準を下回る前に対策実施し、施設の機能を維持	定期点検等
III		・限界水準を下回る前に対策実施(場合により、限界水準を下回り、機能が果たせなくなった後の対応を許容)	定期パトロール 簡易点検 等
IV	観察維持型	・限界水準を下回り、機能が果たせなくなったことを確認し、更新および交換し道路利用に対する支障を回避	定期パトロール 通常パトロール、通報等
V	時間維持型	・施設の状態や機能の状況によらず、時間経過で更新および交換	ー

　管理水準は，施設の機能，要求性能，状態ごとに設定する．点検により施設の機能，性能，状態の劣化を把握し，管理水準に対してどうかを見定めて，補修，更新時期を判断する．**図-3.2**は，維持管理手法である予防維持型，事後維持型，観察維持型，時間維持型の対応領域を示す．ここでの管理水準は，事後維持型の管理水準を表しているが，この水準よりも早めに補修するものを予防維持型，限界水準を下回ってからの対応は観察維持型となる．時間維持型は，機能，要求性能，状態によらずに一定時間が経過後に更新する対応である．

　なお道路施設の管理水準には，快適性，安全性，物理的劣化等に関する要素があるため，利用環境・劣化環境ごとの設定が重要になる．そのうえで，下記が重要である．
① 利用者の快適性を保つ水準の把握
② 安全性を保てる水準の把握
③ ライフサイクルコストが最小となる水準の把握

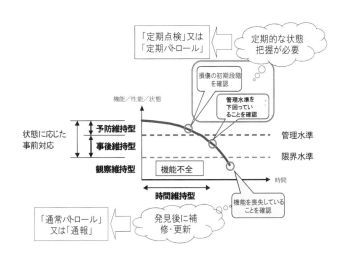

図-3.2 維持管理手法の対応領域（イメージ）

4.1.2 状態把握・評価

　適確な維持管理を行うには，定期点検などにより統一的な施設状態の把握を実施することが重要となる．状態把握の方法として定期点検，簡易点検，定期パトロール等の巡視があるが，施設の特徴，道路利用者に対する安全性およびコストを勘案して，状態把握の方法を決定する．

　施設の状態を評価するには，点検で確認した損傷の程度を部材および損傷種類毎に記録・評価し，損傷の程度から対策区分を判定する．損傷の程度は，a～eまでの5段階に区分している．対策区分は部材，損傷の種類毎に設定した判定フローにより決定され，A，B，C，E，M，Sの6段階に区分している（**図-3.3**）．なお，トンネルはCがC1，C2に細分され7段階区分となっている．

図-3.3 損傷の程度，対策区分

計画的な維持管理の実施に重要となる劣化予測は，周辺環境，使用環境，材料，施工等劣化を左右する要因が複数存在し，定式化することは難しい．本県では点検データが1巡目のみであり，現段階では点検データから得られた対策区分と経過年のプロットにより回帰分析を行う方法を採用することとしている．なおデータの不足を補うため，既往の知見による更新サイクルの設定を行っている．今後，継続的な点検や詳細な調査結果から情報を蓄積し，段階的に精度の向上を図っていく方針である．

4.1.3 維持管理計画の策定

維持管理計画は，道路ネットワークの安全性，信頼性を確保するとともに，コスト縮減と事業費の平準化を図ることが目的であり，中長期計画と短期計画を策定し，戦略的な維持管理の推進を図る．中長期計画は，計画時から概ね50年間を対象とした道路施設全体の中長期的な管理方針および目標を策定するもので，費用推計や管理水準の変動などをシミュレーションし，維持管理の戦略を検討する．短期計画は中長期計画の管理方針に沿って，計画時から10年間を対象とした個別施設の点検・補修，更新計画を策定するもので，事業計画の位置づけとなる．

4.2 路線機能分類

本県の道路施設維持管理計画では，日常の道路利用形態を踏まえ，拠点連絡性に着目した路線機能の分類を検討している．優先度評価では，この路線機能分類を拠点連絡性を表す指標として使用する．

路線機能分類の設定は，まず5段階の拠点ランク(A)～(E)を設定し，同じ拠点ランク間を結ぶネットワークを抽出する．複数のルートがある場合は，最短距離か規格の高いルートを選定する．同じ拠点ランク同士を結ぶ路線区分を設定後，下位の拠点について同様の手順で設定する．これにより路線区分(A)を上位として(E)までの5区分を設定した（**図-3.4，表-3.5**）．

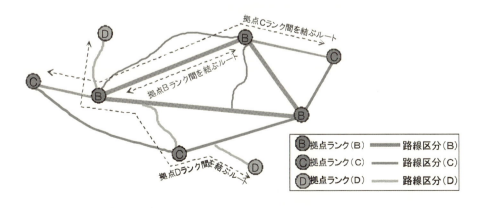

図-3.4 路線機能分類の設定（イメージ）

表-3.5 拠点分類および路線区分延長

		路線区分					
		(A) 他県との都市間を連絡する道路〔高速道路、地域高規格道路〕	(B) 中枢都市間(新潟市、長岡市、上越市、及び隣接県)を連絡する道路〔社会経済活動上、広域的に重要な道路(物流、空港、新幹線駅など)〕	(C) 県内の主要都市間を連絡する道路〔地方生活圏相互を連絡する道路〕	(D) 生活する上で幹線となっている道路〔隣接市町村間相互を連絡する道路〕	(E) 日常生活に密着した道路〔上記A～D以外の道路〕	
		拠点ランク(A)	拠点ランク(B)	拠点ランク(C)	拠点ランク(D)	拠点ランク(E)	合計
拠点分類	行政	－(該当なし)	中枢都市:新潟(県庁、市役所)、長岡、上越【4箇所】	地方生活圏中心都市:村上、三条、燕、南魚沼、十日町、佐渡【6箇所】国交省の事務所、出張所等【50箇所】新潟県出先機関【22箇所】	市町村役場本庁舎、市町村役場の支所・出張所【112箇所】	左記以外	188箇所
	医療	－(該当なし)	第三次救急医療施設【4箇所】	第二次救急医療施設【67箇所】消防本部【19箇所】	－	左記以外	90箇所
	産業	－(該当なし)	空港:新潟、佐渡【2箇所】特定重要港湾、重要港湾【4箇所】新幹線駅【5箇所】流通センター【1箇所】卸売り市場(中央)【1箇所】	地方港湾【6箇所】特急停車駅【14箇所】貨物駅【6箇所】卸売り市場(総合地方)【5箇所】高速IC【42箇所】工業団地【43箇所】	第1種～第4種港【64箇所】乗降客数1000人以上駅【27箇所】卸売り市場(地方)【30箇所】	左記以外	246箇所
	観光	－(該当なし)	－	観光施設(50万人以上)【18箇所】	観光施設(25万人以上)【37箇所】道の駅【33箇所】	左記以外	82箇所
箇所数		0箇所	21箇所	298箇所	303箇所	－	606箇所
対象延長(km)		483km	842km	1,584km	1,452km	2,709km	7,070km
うち県管理延長(km)		5km	214km	1,333km	1,320km	2,491km	5,363km

※H22センサスによる路線延長

5. トンネル維持管理計画

ここでは策定作業が進んでいるトンネルについて，点検要領の概要，県管理トンネルの損傷状況，マネジメント検討案について紹介する．

5.1 トンネル点検

5.1.1 点検要領の策定

新潟県では，特に1950年代以降，継続的に多くのトンネルが建設され，これらのトンネルの老朽化等による利用者被害の発生やトンネルの構造体としての安定性の喪失が懸念される一方で，財政状況は厳しくなると予想されることから，従来の事後対策的な維持管理手法から脱却した効率的・効果的な維持管理を実施することが求められる．

そこでまずトンネルの現状を把握し，損傷の早期発見に努めることで安全・円滑な道路交通を確保するとともに，今後の効率的・効果的な維持管理を行うために必要な情報を得ることを目的として，初回点検を実施するものとし，平成22年3月に点検要領を策定した．

これは新潟県が管理する山岳工法で建設された道路トンネル，およびボックスカルバートの道路トンネルの「本体工」を対象とした初回点検に適用する．

5.1.2 点検項目および点検方法

点検では変状に関する情報が得られるよう，点検する部位，部材に応じて適切な項目（変状の種類）に対して実施する．部材は覆工，坑門，内装板，路面・路肩および排水施設，ボックスカルバートの5つに分類し，それぞれに対応した変状の種類を設定している．覆工では主なものとして，ひび割れ，うき・はく離・はく落，漏水・遊離石灰・つらら・側氷，覆工厚・背面空洞等を設定している．

点検方法は次の①～⑤に示すものであり，図-3.5のフローに従い，トンネルの状態に応じて点検方法を選定する．

① 遠望目視点検 …トンネル全体の把握，点検方法の選定
② 走行型画像計測 …ひび割れや漏水等の変状，補修履歴の把握
③ 走行型レーザ計測 …傾き，沈下，変形，段差，うき，はく離，はく落の把握
④ 近接目視・打音点検 …うき，はく離の疑いの箇所に実施
⑤ 覆工厚・背面空洞調査（レーダー調査）　…覆工裏面の異常が懸念される場合に実施

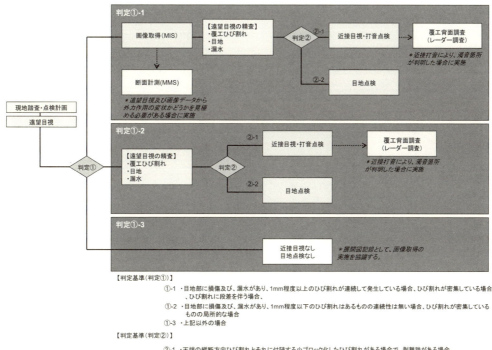

図-3.5 トンネル点検項目フロー

トンネルは平成24年度で1巡目の点検を終了したが，今後の点検については，安全性・機能性の確保および経済性を考慮した点検方法と頻度を平成25年度に設定する方針である．特に，第三者被害や損傷しやすい部材に着目した，重大な損傷を見逃さない点検を行う．また，ジェットファンや照明などの附属施設の点検についても，トンネル本体点検と合わせ，実施していくこととしている．

5.1.3 損傷区分と対策区分

点検結果の評価は，「損傷程度の評価」および「対策区分の判定」の2段階で行う．トンネル点検では覆工等の部材およびひび割れ等の損傷種類毎の対策区分判定フローにより判定している．例として覆工のひび割れ（外力）の損傷区分，対策区分判定フローを**表-3.6**および**図-3.6**に示す．一般的なRC部材の場合，対策が必要なひび割れ幅は0.2mm～0.3mm程度に設定されている．しかし覆工は無筋構造物であること，また過去の実績等から覆工のひび割れが相当進行してもトンネル構造が崩壊することがないと想定されることから「道路トンネル維持管理便覧（平成5.11（社）日本道路協会）」を参考に，幅3mm程度を評価基準とした．

表-3.6 覆工ひび割れ（外力）の損傷程度の評価区分

区分	一般的状況
a	ひび割れなし
b	―
c	幅 3mm 未満のひび割れが発生
d	―
e	幅 3mm 以上のひび割れが発生

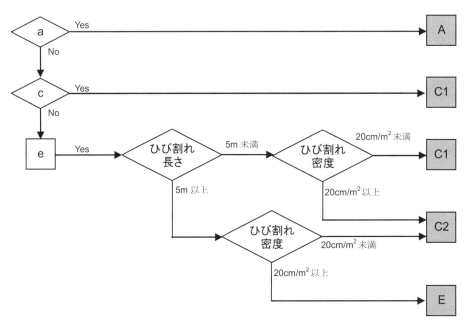

図-3.6 覆工ひび割れ（外力）の対策区分判定フロー

5.2 新潟県管理トンネルの損傷状況（中間取りまとめ結果）

県管理トンネルの初回点検は平成 24 年度末で完了したが，平成 24 年度実施の点検結果は分析中であり，ここでは平成 22 年度及び平成 23 年度で点検を実施した 143 トンネルの結果について紹介する（図-3.7，図-3.8）．なお，コンクリートの打ち継ぎ目で区切られる区間を 1 スパンとして，スパン単位で損傷状態を分析している．

全スパン数のうち，約 30％が C1 から E 判定の要対策であり，工法別で見ると，矢板工法で約 50％，部材別で見ると，覆工で約 30％が要対策であることがわかる．

なお，点検時に覆工のうき・はく離に対して可能な限りの叩き落としなどの応急措置を行い，道路利用者の安全確保を図っている．

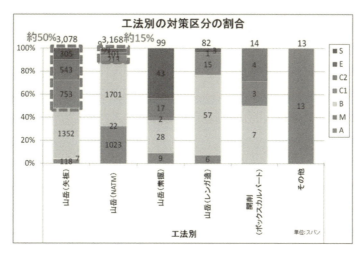

図-3.7 工法別の対策区分の割合

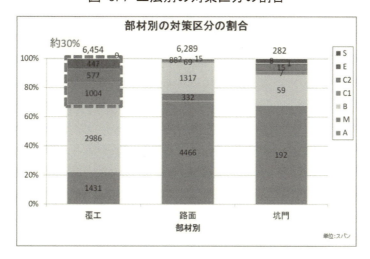

図-3.8 部材別の対策区分の割合

5.3 トンネルのマネジメント検討案
5.3.1 管理区分の設定

　管理区分については，施設の安全性と経済性を考慮して設定する．経済性に関し，予防維持型の管理区分Ⅰ，事後維持型の管理区分Ⅱ，観察維持型の管理区分Ⅳを比較検討した結果，ひび割れ，段差の対策工では，Ⅳは補修に加えて補強が必要となるため，対策費が安いⅠとⅡが経済的となる．また，うき，はく離，はく落，漏水の対策工では，Ⅰ，Ⅱ，Ⅳ，とも同じ工法のため，対策周期の長い，すなわち補修回数の少ないⅣが経済的となる．ただし，ひび割れ，段差の補強費が高額なため，管理区分Ⅱが中長期的に経済的となる．このような点を考慮し，安全性を確保しつつ合理的な管理区分の設定を行う．

5.3.2 劣化予測

　トンネルの劣化予測では，143本のトンネル点検結果を使って，工法別，地質別での経過年と対策区分の関係をプロットし，回帰分析を行った．中間とりまとめの結果として，工法別による損傷進展速度，損傷発生割合の関係が見られたことから，工法別の劣化予測式を採用することとしている．

　図-3.9は，矢板工法の覆工の「ひび割れ，段差」，「うき，はく離，はく落，」，「漏水」の3つの損傷別のプロットと，曲線回帰の劣化予測式を示したものである．

矢板工法		
覆工：ひび割れ・段差（外力作用）	覆工：うき・はく離・はく落	覆工：漏水
到達年：A=0年、B=30年、C1=42年、C2=52年、E=60年	到達年：A=0年、B=31年、C1=44年、C2=54年、E=63年	到達年：A=0年、B=44年、C1=63年、C2=77年、E=89年
損傷発生割合 0.28（ﾃﾞｰﾀ数　B:159、C1:243、C2:8、E:0、計410ｽﾊﾟﾝ）	損傷発生割合 0.67（ﾃﾞｰﾀ数　B:1,054、C1:595、C2:230、E:177、計2,056ｽﾊﾟﾝ）	損傷発生割合 0.75（ﾃﾞｰﾀ数　B:1,850、C1:92、C2:202、E:19、計2,163ｽﾊﾟﾝ）

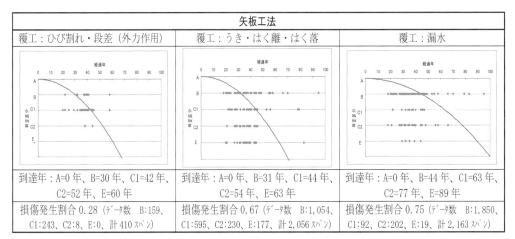

図-3.9 覆工（矢板工法）の劣化予測式

5.3.3 優先度評価（図-3.10）

トンネルの優先度評価では優先する指標を次のように設定している．ステップ1として現在の対策の緊急度の高い順を優先する．これは対策区分Eを上位として，S，C2，C1の順に対策を実施する．ここで詳細調査を示すSが，Eの次に位置しているが，原因不明の損傷については早急に原因を調査する必要があることからEに次いで優先することとしている．

次にステップ2として路線機能分類の高い順に対策を実施する．それでも優先順位が並ぶ場合は，ステップ3として，対策が実施できなかった場合の影響度を考慮する．具体的には対策区分の最悪値のスパン数が多いトンネルを優先することになる．

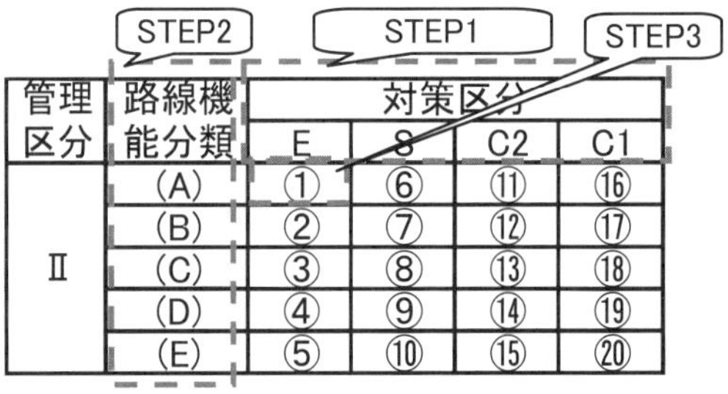

図-3.10 優先度評価（トンネル）

6. 維持管理計画策定に向けて

新潟県では以上に紹介したとおり，計画策定済みの橋梁とは別に，トンネルをはじめとした道路施設について，平成25年度末の維持管理計画策定に向けた検討作業を行っている．維持管理計画では各施設の管理方針と管理水準を設定し，向こう10年間の補修計画となる短期計画を策定し，それに基づき補修を計画的に進めることになる．しかし重要なのは維持管理計画の策定ではなく，点検→評価→計画→補修→点検と維持管理マネジメントサイクルを確立することであり，維持管理計画策定作業で構築するマネジメント支援システムが運用上使い続けていけるものであることを重要視している．特に点検・評価を蓄積し継続的な改善を行っていくことがマネジメントの信頼性向上につながり，道路施設の安全性・信頼性の確保に寄与すると考えている．維持管理計画策定作業の最終年度となる平成25年度は支援システムの試行運用を行い，機能・操作性の向上を図り，平成26年度からの運用に支障がないよう作業を進めていく．

事例-4：静岡県における社会資本長寿命化の取組について

1. はじめに

わが国では，近年の厳しい財政状況や公共投資の減少の下，高度経済成長期に建設された多くの社会資本が近い将来更新時期を迎える．このため，施設の更新などに要する多額の費用や増大する維持管理費用への対応が，社会資本の管理者における喫緊の課題と認識され，個別施設ごとに国や地方自治体等で課題解決のための取組が進められている．

静岡県（以下「本県」という）では，平成15年度に策定した「土木施設長寿命化行動方針（案）」に基づき，限られた予算の中で橋梁，舗装，水門，陸閘などの土木施設について最適な維持管理を行うために各施設の長寿命化に取り組んできたが，平成25年3月には，対象施設を追加するとともに最新の技術的知見を取り入れた新たな「社会資本長寿命化行動方針」（以下「行動方針」という）を策定し，長寿命化のより一層の推進を図っている．

2. 静岡県の社会資本の現状と課題

本県では，これまで多くの道路，河川，港湾，農業水利施設などの社会資本を建設し，維持管理を行っているが，明治・大正年間や昭和初期に建設され老朽化が進んでいるものも数多く存在しているうえに，高度経済成長期に集中的に多くの施設が整備されたことから，近い将来，大量更新時代を迎えることが懸念され，それらの施設にかかる更新費や増大する維持管理費用が大きな課題となっている．

図-4.1は，県交通基盤部道路局が所管する橋梁の供用開始年次別のグラフであるが，その約50%が高度経済成長期に作られたものであることがわかる．また，図-4.2によれば，20年後の平成44年度には，供用後50年を経過する橋梁数が75%となり，老朽化が更に加速する．これは，高度経済成長期に太平洋ベルト地帯の交通網整備が進められた中で，本県においても橋梁を含む道路整備が集中的に行われた結果と言える．

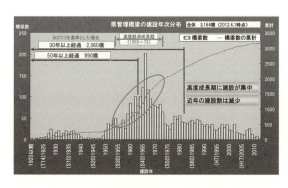
図-4.1 県管理橋梁の建設年次分布

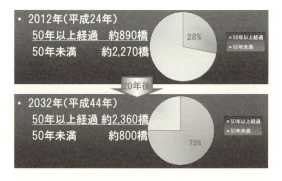
図-4.2 建設後50年以上経過した橋梁の割合

3. 社会資本長寿命化行動方針について

3.1 概要

本県では，行政サービス提供の基盤である社会資本の効率的かつ効果的な維持管理・運営を行うため，社会資本の維持管理にアセットマネジメントの考えを取り入れている．行動方針においては，ガイドライン（GL）の策定を経て，中長期管理計画を策定し，その計画に基づきマネジメントを実践するという基本ルールを示すとともに，工種単位のマネジメント方法や，社会資本全体のマネジメントとして事業計画に関する方向を示している．

3.2 アセットマネジメントの考え方

社会資本である公共施設を資産（アセット）として捉え、次のような運営（マネジメント）を行うこととしている．
① 社会資本を資産として，各施設の現状を的確に把握する．
② 各施設の供用期間（寿命）の中で計画（目標設定）→実施→評価→改善のサイクルを回す．
③ 限られた財源の中で，合理的かつ効果的・効率的な維持管理・運営を行う．

3.3 社会資本長寿命化計画の策定及び運営

社会資本について工種単位でGLと中長期管理計画を作成し，効率的、効果的な維持管理・運営を行う．
① 工種毎に，各施設の特性を反映させたGLの作成
② 中長期的に効果的な対策と費用を示した中長期管理計画の作成
③ 中長期管理計画に基づいた戦略的な維持管理・運営

3.4 行動方針の主な項目
3.4.1 工種ごとのマネジメント

以下の①から⑤を行い，施設の維持管理・運営を行う．
① 維持管理目標の設定
② 個別の状態を把握、評価，データベース化（点検結果等により，劣化予測を行う）
③ 中長期管理計画の立案（ライフサイクルコストを最小化するための必要な対策およびその期間，費用を立案する）
④ 事業実施
⑤ モニタリング・事後評価・フィードバック（事後評価等により，目標や計画を改善していく）

3.4.2 全体マネジメント

① 工種を単位としたマネジメントで策定された中長期管理計画を統合し，各施設分野間の事業優先度評価や全体としての事業計画を策定する．
② それらの計画策定に当たっては，予算の平準化に，特に留意する．
③ 事業実施に当たっては，年度毎にフォローアップを行い，その結果をフィードバックすることで，戦略的なマネジメントを推進し，より費用対効果に優れた行政運営を目指す．

3.4.3 長寿命化計画のより一層の充実を図る取組

維持管理・運営において，より一層，効率性や効果を向上するためには，既存の枠にとらわれない多様な事業手法の導入について検討する．
① IT化
　マネジメントに関わる情報システム化は現在，橋梁や舗装などの施設・工種・事業単位の個別に行われているが，将来的には，社会資本全体を統合したマネジメントシステムの構築を検討する．
② PPP（官民連携）
　指定管理者制度，PFI（民間資金を活用した社会資本整備）など，民間資金・能力を活用する多様な事業手法を検討する．

③ 県民との協働

新たな公共サービスの担い手として地域住民や施設利用者，企業等が自発的に参加する取組など，協働による社会資本の維持管理を推進する．

3.4.4 戦略的な維持管理・運営

長寿命化計画の効果を早期に発現するため優先的に取り組む工種として，橋梁，舗装，トンネル，斜面施設（道路、砂防），水門・陸閘，港湾の係留施設，ダム，管路（下水道），空港，公園，漁港，農業水利施設の12工種を選定し，工種毎に中長期管理計画策定や事業実施にかかる進捗管理を行っている．

4. 施設の長寿命化に対するこれまでの取組について

4.1 各工種の取組状況

工種毎に，GL及び中長期管理計画の策定，維持管理・運営を順次展開している．（表-4.1）

現在，中長期管理計画が未策定の工種については，各施設の点検結果を蓄積しながら，中長期管理計画の策定に向けた検討を行っている．

表-4.1 各工種取組状況

工　種	GL策定年度	中長期管理計画	計画に基づく事業実施状況
舗　装	H17	H17策定	H22から計画に基づく事業実施
橋　梁	H16	H21策定	H21から計画に基づく事業実施
トンネル	H17	検討中	
斜面施設	H18	検討中	
水門・陸閘	H18	検討中	大規模施設を対象に一部事業実施
ダ　ム	H18	検討中	
港　湾	H18	検討中	
漁　港	国GL等準用	検討中	
空　港	国GL等準用	検討中	
下水道（管路）	H20	検討中	
公　園	国GL等準用	H23策定	一部の施設について事業実施
農業水利施設	国GL等準用	H24策定	一部の施設について事業実施

※平成25年3月末日現在

5. 橋梁における長寿命化の取組事例

5.1 概要

本県の管理する橋梁は，近い将来，高度経済成長期に架けられた大量の橋梁が，"高齢化"していくため，これらにかかる維持修繕・架替費の増大が課題となることから，長寿命化を含めた最適な維持管理を実施することを目的として，平成21年に「橋梁の中長期管理計画」を策定し、公表した．

橋梁長寿命化の効果
① 道路交通の安全確保（点検による損傷の早期発見と効率的な修繕の実施）
② トータルコストの縮減と予算の集中回避（予防的な対応へ転換し、費用を平準化）
③ 環境への配慮（産業廃棄物の発生量の抑制）

5.2 計画に基づく事業実施
5.2.1 管理方針・管理限界の設定

　管理橋梁について、立地条件や道路ネットワークの特性等を考慮して**表-4.2**のように分類し、それぞれの管理手法に適切な管理限界を設定したうえで、常に管理限界を下回らないよう管理を実施する（**図-4.3**）．

表-4.2 橋梁の管理手法

管理手法	維持修繕方法	橋梁の特徴
予防保全型	重要な橋梁に対して、損傷が軽微なうちに損傷の進行を防止するために、予防的に対策を実施 管理限界：主部材の健全度 HI を 60 とする．	○橋長 100m 以上の長大橋 ○下記のいずれかを満たす橋長 15m 以上の橋梁 ・重交通路線への影響が大きい橋梁（跨道橋・跨線橋等） ・緊急輸送路上の橋梁 ・落橋時に孤立集落が発生する橋梁 ・厳しい環境条件の橋梁（塩害），疲労
事後保全型	損傷が進行し顕在化した後に、損傷状況に対応した比較的大規模な対策を実施 管理限界：主部材の健全度 HI を 40 とする。	○予防保全に属さない橋長 15m 以上の橋梁 ○橋長 15m 未満の橋梁
維持型	定期的な点検および部分的に軽微な補修を継続し、損傷が深刻化した時点で、部材の取替えまたは架替えを実施	ボックスカルバート

※重交通路線：東海道新幹線，東海道本線，JR 御殿場線，JR 身延線，伊豆急行，伊豆箱根鉄道，大井川鉄道，天竜浜名湖鉄道，東名高速道路，国道 1 号，国道 139 号，西富士道路を跨ぐ橋梁．
※橋梁の健全度（HI：Health Index）とは、橋梁に全く損傷がなく健全な状態を 100 とし、損傷状況に応じて 100 から減点した評価点．

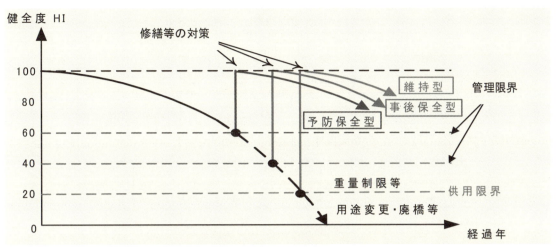

図-4.3 管理手法と管理限界の関係

5.2.2 橋梁点検

管理計画策定にあたり，個々の橋の健康診断を行い，損傷状況等を的確に把握する．

通常点検（道路パトロール）と5年に1回実施する定期点検（詳細点検（外部点検）または概略点検（土木事務所の職員が実施））を実施し，点検サイクルを確立する．（図-4.4）．

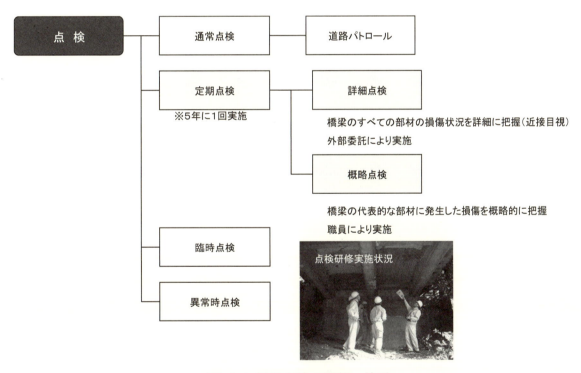

図-4.4 橋梁点検の種類・体系

詳細点検は，橋長15m以上で架橋から30年以上経過し，第1次もしくは第2次の緊急輸送路に指定している橋梁を対象としている（図-4.5）．

また，重交通路線等への影響が大きい跨線橋，跨道橋については，橋長に関わらず詳細点検を実施している．

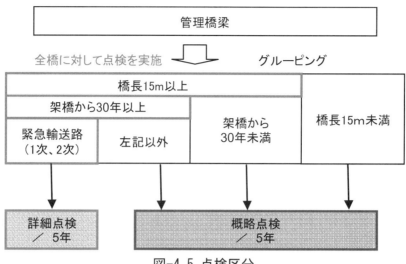

図-4.5 点検区分

5.3.3 道路施設長寿命化緊急対策の実施

管理上重要な橋梁のうち特に劣化の著しい橋梁については，平成22年度から平成28年度までの7年間で緊急対策を行うことにより健全度を向上させ，効率的で経済的な「予防保全型の管理」へ移行していく．

＊出典「土木施設長寿命化計画橋梁ガイドライン（改訂版）」（平成21.8）

6. 今後について

今後，本県では行動方針で優先的に取り組むと位置付けた工種について，戦略的な維持管理・運営を進めていく．

今回紹介した橋梁のほかにも中長期管理計画が策定済の舗装，公園，農業水利施設については，計画に基づく事業を進めていくが，トンネルや下水道などのその他の工種についても，この行動方針によりガイドラインに基づく点検や調査を進め，平成29年度までに中長期管理計画の策定を全て完了する予定である．

中長期管理計画が策定できた工種毎に，順次計画に基づいた維持管理を実施していく（**図-4.6**）．

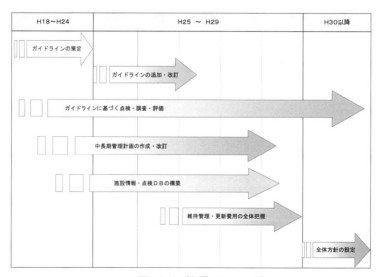

図-4.6 整備イメージ

7. おわりに

　静岡県交通基盤部では,「富国有徳の理想郷"ふじのくに"づくり」を目指し,「いっしょに,未来の地域づくり.」を基本理念に掲げ,社会資本の適切な維持・更新による長寿命化対策も含めた社会資本整備を進めている.

　しかし,高度経済成長期を中心に整備された多くの施設の老朽化が進み,維持管理費・更新費が増加する中で,予算規模の縮小や職員数の減少など社会資本整備を取り巻く環境は厳しく,施設の計画的な更新が困難となっている.

　このような状況の下では,今後は,既存の枠にとらわれず,民間活力や地域住民,利用者などとの協働による取組などを取り入れ,適切な官民の役割分担による効率的な維持管理も進めることも有効な手段である.今後も,さまざまな手法を活用しながら,県民目線に立った効率的かつ効果的なマネジメントを行い,県民の安全・安心の確保に努めていきたい.

事例-5：長崎県におけるマネジメント手法

1. 概要

長崎県では、長崎大学と連携して、道路トンネルの合理的維持管理を支援するために、データベース機能，空間解析機能と視覚化機能を有するGIS（地理情報システム）を活用した維持管理データベースの構築手法を採用している．以下に長崎県の道路トンネルを例として構築した維持管理データベースと変状シミュレーションに基づいて，トンネル性能の評価と最終補修費の試算を行い，道路トンネルの維持管理費の縮減および最適な予算配分のためのアセットマネジメント手法の導入に関する試みを紹介する．

2. 道路トンネルの変状調査・分析
2.1 調査対象トンネルの概要

山陽新幹線トンネル内覆工コンクリート剥落事故を機に，長崎県が管轄している百数本の道路トンネルについて緊急点検を実施した．図-5.1に詳細調査が行われた37本の概要を示す．供用経過年数12年未満のトンネルはNATMで，残りのトンネルは在来工法で施工されたものである．また，トンネル周辺の地山はほとんどが変状を生じ易い第三紀層である．本研究で対象としているトンネルの立地を数値地図上で表示したものを図-5.2に示す．

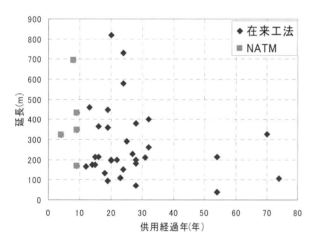

図-5.1 調査トンネル(2003年)供用経過年と延長

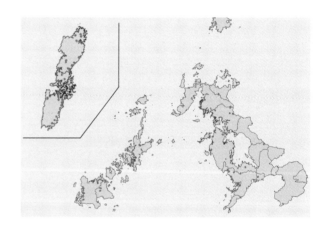

図-5.2 対象トンネルの位置

2.2 トンネル変状の現状把握

調査対象トンネルの変状について，施工スパン（9～10.5m）毎の健全度判定を基に「覆工背面空洞」，「ひび割れ」のトンネル延長に対する発生割合を検討した．図-5.3(a)に覆工背面空洞による健全度判定のトンネル延長に対する割合を示す．横軸のアルファベットはトンネル別を示している．

NATMで施工したトンネル（A～C）は覆工背面空洞が生じている割合が低く，在来工法で施工された場合（D～f）についてほぼすべてのトンネルにおいて空洞が確認された．しかも，供用経過年が25年を過ぎると（図-5.3(a)横軸のRより右側），危険度が増す傾向にある．また，覆工背面空洞はアーチ部を中心に発生していることが確認された．図-5.3(b)にひび割れによる健全度判定のトンネル延長に対する割合を示す．ひび割れについて，NATMに比べ在来工法トンネルではひび割れが進んでいることが確認できる．特に，供用経過年25年を過ぎると判定2Aの割合が増えていることが分かる．

2.3 変状要因の抽出

トンネル変状は様々な要因が関連して発生するが，主として，供用経過年，地質，土被り厚，傾斜角，覆工背面空洞の有無などが考えられる．

ここでは，トンネルの変状傾向を定量的に把握するために，変状要因毎にウェイトを与えて，下式（式-5.1）のように変状容易度を定義する．

$$\delta_i = \sum A_{ij} a_j \qquad 式\text{-}5.1$$

ここで，A_{ij}は評価対象トンネルの変状評価点，a_jは変状要因におけるウェイト，δ_iはトンネル変状容易度を示す．ただし，δ_iが高いほど変状が生じ易い．

ここでは，長崎県の管轄トンネルを対象とし，変状容易度の試算を行う．変状要因について点数化を行い，それらを重ね合わせることで変状傾向を予測する．変状要因の抽出と影響ウェイト算定のために実施した数量化Ⅱ類解析では，対象トンネルの詳細調査において資料が揃えた供用経過年，地質，土被り厚を説明変数とした．変状容易度の算出における評価点及びウェイトの計算結果を表-5.1に示す．評価点が大きいほど危険度が高い．図-5.4は変状容易度を算出し，実際に変状しているトンネルの調査結果と比較したものである．トンネル延長に対する変状割合が大きいほど変状容易度も大きな値となる傾向にある．また，比較の結果から，一部バラつきがあるものの，変状容易度30点付近から変状割合が低くなっている．

3. アセットマネジメント手法の導入

アセットマネジメントとは，公共施設の維持管理に対する総合的な意思決定のためのフレームワークと言われており，資産管理（AM：Asset Management）の方法である．道路管理においては，橋梁，トンネル，舗装等を道路資産ととらえ，その損傷・劣化等を将来にわたり把握することにより最も費用対効果の高い維持管理を行うための方法である．

アセットマネジメントの仕組みは，まず従来の点検台帳をデジタル化しデータベース化することによる一元管理および検索を実現し，つぎに，そのデータベースを用いて既設構造物の劣化予測を行い，補修工法（対策工法）と補修の時期を検討する．最終的には，路線の重要度や費用対効果分析といった諸条件を加味することで補修の優先順位を決定し，予算に見合った補修場所，補修時期，補

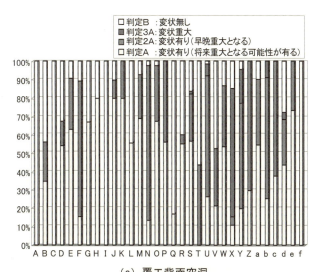
(a) 覆工背面空洞

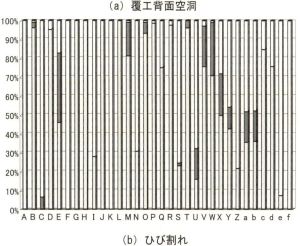
(b) ひび割れ

図-5.3 健全度判定のトンネル延長に対する割合

修工法の選定を行うことになっている．つまり，これまでの対処療法から予防保全への転換が可能となり，ライフサイクルコスト（LCC）の低減を図ることができる．また，透明性の高い定量評価による地元住民への説明責任の向上も期待できる．このように，アセットマネジメントは予防保全を基本とし，より低コストで効率的な構造物のマネジメントを可能にする強力なツールであると考えられる．

以下は，道路トンネルの維持管理においてアセットマネジメント手法を導入するために必要な項目について検討する．

3.1 健全度（性能）の評価

まずは，実際の点検結果に基づきトンネルの現状の性能レベル（完全健全1.0〜完全劣化0.0）を推定する作業を行う．性能と判定区分の内容を**表-5.2**に示す．本研究では，日本道路協会が発行している「道路トンネルの維持管理便覧」を基に，劣化段階と性能を決定し，トンネルがそのレベルまで劣化したとき補修に着手する限界点（管理限界）を性能レベル0.5とし，それ以下の利用者の安全性の観点から許されない限界点（使用限界）を0.4とした．境界値の設定は非常に重要な要素であり，慎重な対応が求められる．境界値の設定方法の具体化と検証については，実際の多量のデータ解析が必要であり，今後の課題とする．

一方，トンネル健全度（性能）の総合的な評価については，「道路トンネルの維持管理便覧」に具体的な基準が示されていない．一般的には，トンネルの状況に応じ，各項目（ひび割れ，覆工背面空洞，浮き・はく落，漏水）の判定のうち最も危険性の高いものを優先して総合判定を行うことが多い．そこで本研究では，調査結果の各スパンにおいて最も危険な要素と判断されるものについての判定を重視し，スパンごとに総合判定を行い，延長を考慮した各スパンの判定結果の平均値をそのトンネルの性能とする．

表-5.1 変状容易度算出の評価点とウェイト

項目名	カテゴリー名	カテゴリースコア	A(変状評価点)	レンジ	a(ウェイト)
供用経過年	41年以上	0.34	51	2.58	0.41
	36〜40年	-0.87	98		
	31〜35年	-0.81	96		
	26〜30年	-0.92	100		
	21〜25年	1.66	0		
	20年以下	-0.83	97		
土被り厚	0〜20m	-0.04	56	0.41	0.07
	20〜40m	0.10	22		
	40〜60m	0.08	25		
	60〜80m	-0.23	100		
	80〜100m	0.19	0		
	100m以上	-0.17	88		
地質	安山岩質溶岩	0.28	16	3.35	0.52
	崖錘堆積物	0.46	11		
	頁岩	0.44	11		
	黒色片岩	-2.53	100		
	砂岩	-0.42	37		
	斜長斑岩	-0.16	29		
	泥岩	0.22	18		
	斑レイ岩	0.12	21		
	凝灰角礫岩	0.82	0		
	流紋岩	-0.18	30		

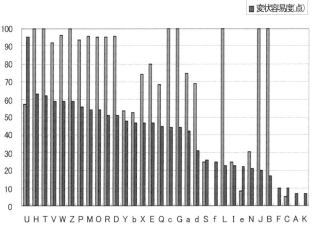

図−5.4 変状（ひび割れ）割合と変状容易度の関係
（図中の記号は図-5.3と同じ意味である）

表-5.2 性能と判定区分の内容

判定区分	判定の内容	性能
3A	変状が大きく，通行者・通行車両に対して危険があるため，直ちになんらかの対策を必要とするもの	50
2A	変状があり，それらが進行して，早晩通行者・通行車両に対して危険を与えるため，早急に対策を必要とするもの	60
A	変状があり，将来通行者・通行車両に対して危険を与えるため，重点的に監視をし，計画的に対策を必要とするもの	70
B	変状がないか，あっても軽微な変状で，現状では通行者・通行車両に対して影響はないが，監視を必要とするもの	80
S	健全で機能的にも問題がない	90
		100

3.2 劣化曲線の決定

トンネルの将来の劣化傾向を予測するためには，あらかじめ個々のトンネル毎に劣化曲線を設定しておかなければならない．しかし，トンネルは様々な要因（地山自体の劣化，地下水の影響，外力・地圧の変化など）により劣化が促進されるものであり，また何に着目するか（覆工コンクリートのクラック，または漏水量など）によっても用いるべき劣化曲線は異なってくる．本研究では，地山強度の経時変化と覆工劣化を考慮したトンネル変状シミュレーションを実施することにより，供用年数による性能の低下度合いに応じる劣化曲線群を図-5.5のように求めた．例えば，Case 1 は供用経過年50年時において性能が0.6まで低下するが，Case 5 の場合は劣化の進みが速く，供用30年経過時に性能が0.6まで低下する．次に，調査対象トンネルの劣化曲線を決定するために，変状についての調査結果との比較で，もっとも実際の変状傾向を示せる劣化曲線を抽出する．その一例を図-5.6に示す．この図から，バラつきがあるものの，劣化曲線（Case 5）は変状傾向から，おおよそ調査結果（非線形最小二乗法による解析分析で得られたもの）と一致していると判断した．これより，本研究では劣化曲線（Case 5）を用いたアセットマネジメントの試算を行うことにした．勿論，トンネルによって劣化曲線が変われば，試算結果が異なるので，以下は試算結果の値そのものより，具体的な例を用いて，アセットマネジメントの適用手順を述べる．

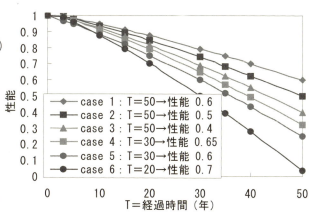

図-5.5 基本劣化曲線

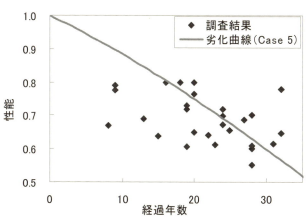

図-5.6 劣化曲線の妥当性の検証

3.3 優先順位の決定

トンネル群が一つの路線からなる場合は，補修は性能が劣る（劣化度が著しい）トンネルから行うことは言うまでもない．しかし，トンネルは所管の複数路線に位置するために，どのトンネルから補修に着手するかは単に個々のトンネルの性能レベルだけでなく，路線の重要度を考慮しなければならない．本研究では，交通量と交通容量（車道幅員）に着目したトンネル路線の重要度の評価を考える．表-5.3に示す具体的内容に対して重み係数を設定し，加重平均法により100点満点で算定した．

表-5.3 路線の重要度の決定

重要度指標	重み	具体的項目	評価点
交通量 (台/日)	0.7	1-5000	25
		5001-10000	50
		10001-15000	75
		15000-	100
交通容量 (車道幅員)	0.3	4m 未満	25
		4m 以上 6m 未満	50
		6m 以上 12m 未満	75
		12m 以上	100

次に，トンネルの健全度およびトンネルの重要度から，トンネルの保全更新の優先度を総合的に評価する算定式（**式-5.2**）を以下のように定義する．

$$P = \alpha_1 P_1 + \alpha_2 P_2 \qquad \text{式-5.2}$$

ここで，P_1 は(100－トンネルの健全度)を，P_2 はトンネルの重要度を表す．係数 $\alpha_i\ (i=1,2)$ については，環境条件などに応じて決定されるが，ここでは，α_1 は0.6，α_2 は0.4とした．

3.4 アセットマネジメントの試算

3.4.1 直接補修費の分析

補修検討が行われたトンネルの内，補修費の資料のある27本についての直接補修費に着目して分析を行った．なお，単位延長補修費とは，直接補修費をその対象トンネルの延長で除した値とする．回帰分析した結果，年数が経過するほど単位延長補修費は増加しており，相乗的な発生をみせる変状を早期に対策することでコストを低減させることが分かる．この直接補修費の分析結果と劣化曲線を基に，性能ごとの補修費を設定する．**図-5.7** に経過年に対する性能と補修費の推移を示す．

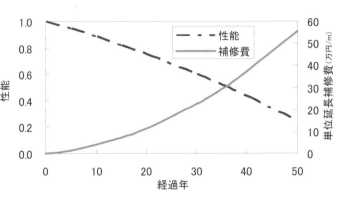

図-5.7 経過年に対する性能と補修費の推移

すなわち，性能毎の補修費は以下のようになる．

性能 0.8→1.0 : 7.92（万円/m）
性能 0.6→1.0 : 22.41（万円/m）
性能 0.4→1.0 : 40.45（万円/m）

3.4.2 試算結果と考察

試算条件を以下のように設定し，それぞれのケースにおいて最終補修費の試算を行った．

① 詳細点検が行われた長崎県内のトンネルを対象とする．
② 性能をアップする費用は単位延長補修費の回帰分析結果に基づく．
③ 補修は劣化レベルに係わらず必ず性能1.0までアップする．

(1) 参考順位と優先順位

トンネルからコンクリート片などが落下した場合，トンネルの下を通過する車などへの被害が甚大であるため，そのようなリスク（期待損害額）を考

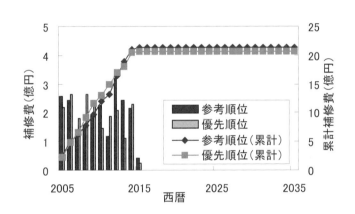

(a) 補修費の経年変化

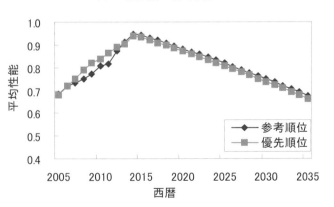

(b) 平均性能の経年変化

図-5.8 参考順位と優先順位

慮した補修順位が必要である．そこで，参考順位と優先順位による補修ケースにおいて，2005年から毎年3本ずつトンネルの補修を実施した場合の平均性能と補修費の経年変化を図-5.8に示す．ここで定義する参考順位は現行（2005年度）の劣化レベルのみを考慮して劣化度の大きいものから，また，優先順位は式-5.2で得られたトンネル評価点より，その値の大きいものから順序付けしたものである．本来なら，劣化度を最優先する参考順位により補修を行った場合の方が，最終的な性能が高く補修費は安くなるが，今回の試算では優先順位の方が補修費は安くなっていることが分かる．これは，優先順位による補修ケースでは劣化度が低いトンネルでも，補修費の多くかかる延長が長いものを早めに補修したためと考えられる．

(2) 補修時期選定の試み

公共施設の維持管理にあたっては，最適な時期に補修を行うことによって，長期的な費用を低減させることが必要となっている．そこで，2005年から毎年3本ずつ補修を実施し，性能がそれぞれ0.4，0.5，0.6，0.7，0.8に落ちた段階で性能1.0までアップする補修を行った結果を図-5.9に示す．早めに補修を行うことで，平均的に見て高性能を維持できることが分かる．しかし，最初の7，8年は毎年の出費が大きなものとなる．また，補修を遅らせるほど，つまり，補修時の性能が著しく低いほど最終的に補修コスト増を招くことが分かる．この図より，少なくとも性能が0.7に落ちた段階で，すなわち，約23

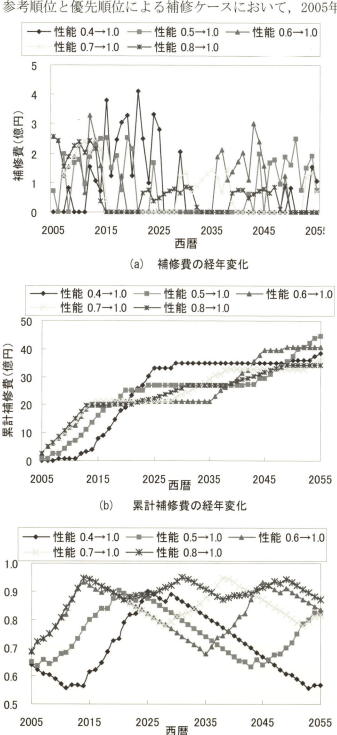

(a) 補修費の経年変化

(b) 累計補修費の経年変化

(c) 平均劣化度の経年変化

図-5.9 補修時期選定

年ごとに補修を行えば（図-5.9(c)中の性能0.7→1.0の線を参照），高性能を維持でき最終的な補修費を削減することができると言える．

(3) 予算平滑化の試み

補修予算計画を立案する場合，年度予算には限りがあり，予算の平滑化を考慮した補修計画立案も必要である．そこで，毎年に補修できるトンネルを1，2，3，4，5本として，性能が0.7に落ちた段階で，それを性能1.0にアップする補修を行った結果を**図-5.10**に示す．ただし，第一回目の補修は補修本数との兼ね合いで性能0.7以下になってもやむを得ないものとする．この図より，やはり年に1本ずつ補修を行えば最も補修費を平滑化できる（つまり，累計補修費の経年変化率がほぼ一定である）ことが分かる．しかし，補修を遅らせたため最終的に補修コスト増を招くこととなる．また，年に3～5本ずつ補修する場合では，最終的な補修費はおおよそ同じ値となった．したがって，年に3本ずつ補修を行うことは，最終補修費の削減と予算平滑化の両方の側面から優位であることが分かる．

最終的なコストは最も削減できるが，トンネルの平均性能が0.6以下となる場合もあり（**図-5.9(c)**を参照），リスク（期待損害額）が高くなると考えられる．

4. まとめ

長崎県道路トンネルの維持管理のデータを例として，維持管理の最適化におけるアセットマネジメントの適用性について検討し，特に直接補修費用の分析とLCC試算により，最終的補修費を縮減できる補修計画の提案を試みることができた．ただし，

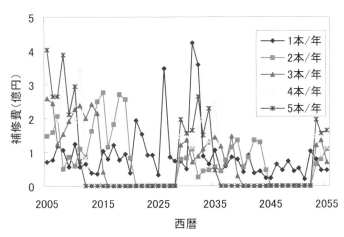

(a) 補修費の経年変化

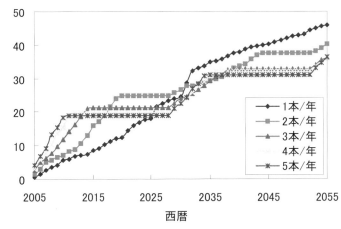

(b) 累計補修費の経年変化

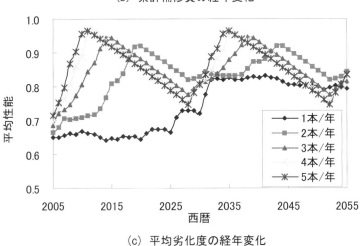

(c) 平均劣化度の経年変化

図-5.10 予算平滑化

アセットマネジメント手法は多くの重要な情報をもとに様々な分析，評価法を駆使し，最適なマネジメントを実行していくことを目標としているため，今後は，維持管理データベースにおけるさらなるデータの蓄積・運用を進めて，試算結果の信頼性を高めていく必要がある．

以上の検討結果を踏まえ，合理的維持管理を実現するために，**図-5.11**に示すトンネル維持管理フローを提案する．基本的には，点検結果等を含む維持管理データベース構築，現況健全度評

価，将来健全度低下モデリング，ライフサイクルコストによる最適化を行い，補修のタイミング・効率的投資・優先順位などの意思決定を支援するシステムとする．また，多くの重要な情報をもとに様々な分析法，評価法を駆使し，最適なマネジメントを実行していく．

また最近では，数値解析によるトンネル変状のシミュレーションが実務的にも行われているため，それらとのリンクを行うことで，トンネル変状の予測を行い，シミュレーション結果とデータベースに蓄積しているデータを比較することで，より最適な方法による変状予測，最適維持管理時期の決定が行えると考えられる．

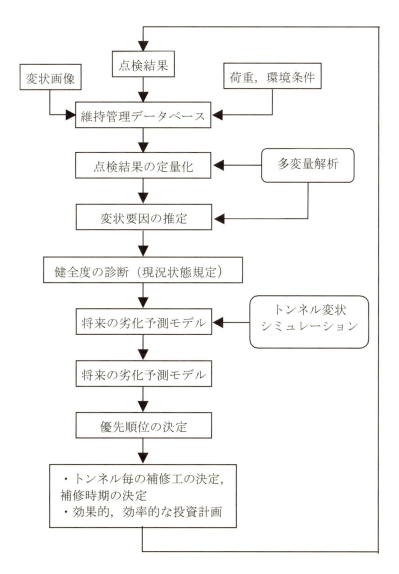

図-5.11 トンネル維持管理フロー

事例-6：鉄道総合技術研究所におけるトンネルマネジメントの適用に向けて

1. はじめに

　トンネルの老朽化は通常，急激に進むものではなく緩やかに進行すると言われている．また，その細かいメカニズムは不明な点が多く，地盤や地下水等の自然現象，トンネル覆工の材料や完成時の品質などに依存していると推定できる程度までしか解明されていないのが現状である．このような実状に鑑み，鉄道トンネルでは，定期的な検査と措置からなる維持管理の枠組みが構築され，トンネルの維持管理がなされてきている．これらは，定性的な判断指標からなる維持管理の規準に準拠するものではあるが，過去の膨大な経験を生かしつつ，トンネルは安全に供用されてきている．しかし，その一方で，清水谷戸トンネル（1887年供用開始，供用中で最も古いトンネル）を筆頭に，鉄道トンネルも年々経年が増加しており，維持管理にかかる費用が増加するとともに，材料の劣化に起因する損傷事故等によるコスト（＝リスク）も増加しているものと推察される．また，鉄道トンネルは，狭隘な作業空間，作業時間の制限に起因して，補修作業は困難なものとなる．その他，高い公共性の観点から，土木構造物に関する維持費用とその効果に対して説明を求める声も高まってきている．

　以上のような背景から，実務において適用するにはまだ至っていないものの，鉄道トンネルの分野においても，客観的で定量的に維持管理を行うための計画手法の研究が行われ始めている[1),2)3)]．ここでは，客観的で定量的な維持管理手法の策定を目指して実施した，リスクマネジメントに関する研究の例について紹介することとしたい．

2. 検討の考え方

　鉄道トンネルの維持管理では，「定期検査」として外観調査を実施し健全度判定を行い，検査時あるいは必要に応じて随時「補修」を行っている．この定期検査，補修を適切に行うことで必要な性能を維持することができる．しかし，この定期検査と補修の組み合わせにはいろいろな組み合わせがあり，これをどう組み合わせるかが計画のひとつとなる．つまり，短い間隔で定期検査を実施すると，検査費用ばかりがかさみ累積コストが増大する．また検査間隔を長くすると，その間に劣化が進行し大規模な補修を実施することになったり，その性能を保持できない状態になったりしてしまうことも考えられる．また，どの健全度判定区分になったら補修を行うのが良策なのか，そのときの補修工法はどのようなものを想定するべきかという判断も必要である．

　本検討では，上記課題に対する検討の一環として，どのような周期で検査を行い，どういう状態（健全度判定区分）になったときにどのような補修を行うことが最適かという「検査周期と補修方法のタイミング」の評価を実施した．

3. 対象トンネルおよび想定する事象

3.1 対象トンネル

　さまざまな山岳トンネルの既存のデータを分析した上で，一般的と考えられる架空の山岳トンネルデータを作成した．以下にトンネルの諸元を示す．また，路線の諸元は，**表-6.1**のように設定した．

　　経年：30年
　　延長：1008m
　　（内訳）　S　：91.1m　　　A2：14.9m
　　　　　　 C　：881.0m　　　A1：1.4m
　　　　　　 B　：19.2m　　　 AA：0.4m

表-6.1 想定路線の諸元

項目	条件
工法	在来工法
列車本数	20本/時
営業キロ	14km
平均乗車人数	65人/両
車両編成	16m 6両編成
環境	地山の地質は均一
営業収入	400億円/年

3.2 想定する事象

実際のトンネルでは漏水，外力による変形，材料劣化等さまざまな問題が起こるが，モデルを簡素化するため，今回は覆工の剥落だけを対象とした．また，剥落に関してもその対象の大きさを50cm×50cm×50cm程度とし，その大きさの剥落が起こる場合だけに限定した場合についてのモデルとした．

4. 検討の入力値

4.1 劣化モデル

4.1.1 劣化モデルの考え方

トンネルの性能低下の代表的な原因として，中性化，塩害，凍害，化学的侵食，アルカリ骨材反応などのコンクリートの劣化に起因するものや膨張時山，地下水位の変動などの外力に起因するものなどがある．しかし，これらの劣化要因が単独で及ぼす劣化のメカニズムについてはある程度定量的な指標はあるものの，複合して及ぼす劣化のメカニズムはまだ研究段階である．トンネルでは，性能低下の要因は複合している場合が多く明確には解明されていないのが現状である．よって，劣化モデルには，遷移マトリクスを用いることにした．

4.1.2 エレメントとエレメントグループ

遷移マトリクスの適用に際し，まず，対象となるトンネルを最小単位の部材（エレメント）に分割する．エレメントは，**図-6.1**に示すように，アーチ覆工をトンネル延長方向にコンクリートの打設幅を考慮して分割し，さらに剥落が生じた際の被害状況の違いを考慮してアーチ部と側壁部に分割することにより生成した．具体的には，トンネル延長方向は施工目地（@10.5m）で分割し，トンネル横断方向はアーチ（80m^2），両側壁（片側25m^2）の3分割とした．さらに，属性が同じエレメントを集めてエレメントグループを作成し，これを評価検討の単位として劣化モデルに組み込み劣化を表現する．なお，今回対象としたトンネルの地山は均一な地質のため，環境による違いは考慮していない．

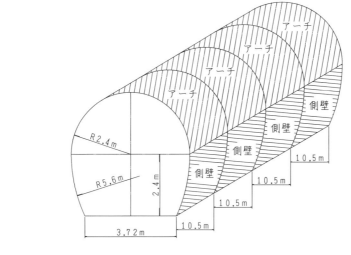

図-6.1 エレメントとエレメントグループ

4.1.3 遷移マトリクス

エレメントグループ毎に劣化傾向を表す遷移マトリクスを用いて劣化状況の予測を行う．一般に，大量の検査データがある場合にはデータの処理に基づき遷移マトリクスを作成することができる．具体的には，今回仮定したトンネルは経年30年であるので，30年の繰り返しで既存のデータを表現することができるように，遷移マトリクスを求める．図-6.2に計算された遷移マトリクスを示す．現在Sランクのものは，来年（1年後），そのうちの92.3%がSランク，7.7%がCランクになることを示している．図-6.2の遷移マトリクスを用いた遷移を1年経過ごとに累乗して，図-6.3のように経過年数に対する健全度の割合を求めた．なお，A1〜Cは，健全性を示す指標で，表-6.2に示す通りである．

	S	C	B	A2	A1	AA	D
S	0.923	0.000	0.000	0.000	0.000	0.000	0.000
C	0.077	0.979	0.000	0.000	0.000	0.000	0.000
B	0.000	0.021	0.994	0.000	0.000	0.000	0.000
A2	0.000	0.000	0.006	0.976	0.000	0.000	0.000
A1	0.000	0.000	0.000	0.021	0.959	0.000	0.000
AA	0.000	0.000	0.000	0.000	0.008	0.670	0.000
D	0.000	0.000	0.000	0.003	0.033	0.330	1.000

図-6.2 遷移マトリクス

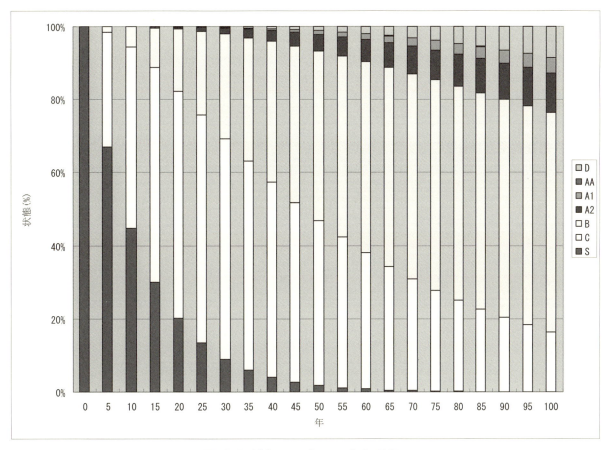

図-6.3 対象トンネルの劣化過程

表-6.2 健全度判定区分

判定区分	運転保安等に対する影響	変状の程度	措置
D	危険	災害発生	直ちに措置
AA	危険	重大	直ちに措置
A1	早晩脅かす 異常外力の作用時危険	変状が進行し， 機能低下も進行	早急に措置
A2	将来脅かす	変状が進行し， 機能低下の恐れ	必要な時期に措置
B	進行すればAランクになる	進行すれば Aランクになる	監視 （必要に応じて措置）
C	現状では影響なし	軽微	重点的に検査
S	影響なし	なし	

※区分 D：通常の管理状態を逸脱する構造物の損傷を考える（何かしらの損害を与える）状態

4.2 検査

定期検査の入力情報は，検査費用(円／エレメント)である．
① 定期検査：叩き落しを含む，検査速度＝トンネル延長200m／日（≒2500 m²）
② 検査費用：13千円／エレメント（ある事業者の実績より）

4.3 補修

4.3.1 補修費用と補修後の健全度

補修費用は，外注費と職員人件費を含めたものとした．外注費は，一般的な昼間直接工事費に，夜間（1.5）および間接経費（1.5）を考慮した値とした．また，緊急補修（検査間で補修が急遽必要となった場合に行う補修）の費用については定期的な補修費用の50％増しとそた．**表-6.3**に補修費用と補修後の健全度を示す．この表は，補修として注入工法を実施するものとし，これにより，健全度の状態はどのレベルに回復するか，およびそのときの補修費用について整理したものである．なお，これは初めて補修を行う場合の例であり，また，補修としては注入工法を採用する場合の例である．補修としては他に充填工法がある．その他，アーチ部と側壁部では補修費用が異なると考えられるが，トンネルによってその差は異なるためここでは同一とした．

表-6.3 補修費用と補修後の健全度（初めて補修を行う場合の例）

状　態	工法名	補修後の状態	補修費用 （円／Element）
S	なし	なし	—
C	注入工法	S	96,000
B	注入工法	C	96,000
A2	注入工法	C	96,000
A1	注入工法	B	144,000
AA	注入工法	A2	144,000

4.3.2 補修後の遷移マトリクス

補修後の劣化進行は補修前の劣化進行とは異なるものとした．本来は「補修前」の遷移マトリクスと同様，それぞれのエレメントグループごとにデータを分析して作成すべきものである．しかし今回はデータが十分でないため「補修前」の遷移マトリクスに係数を乗じて劣化の進行度合いを若干変化させることにより作成した．具体的には，充填工法を行った場合，劣化進行は「補修前」より遅くなる傾向にあるとし，「補修前」遷移マトリクスに1.01を乗じた．なお，注入工法については，「補修前」遷移マトリクスと同じ遷移マトリクスとしている．充填工法を行った後の遷移マトリクスと劣化過程を**図-6.4**に示す．

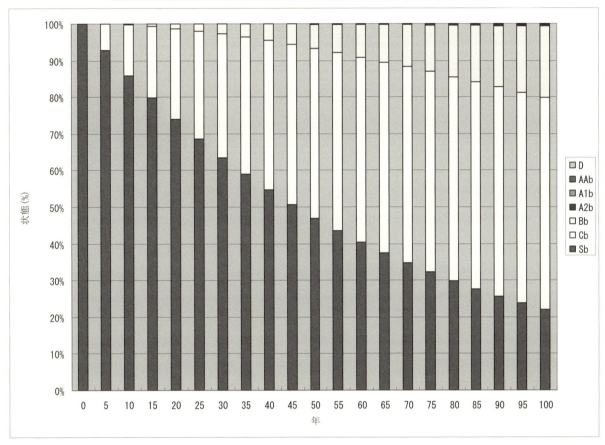

図-6.4 充填工法後の遷移マトリクスと劣化過程

4.3.3 代替案

表-6.4に示すように,定期検査で評価された健全度ランクに対し,どのタイミングで補修を行うことが最良かを比較するために代替案1～4を作成した.

表-6.4 代替案

補修時期と保守工法	代替案 点検間隔(年)	代替案0 2	代替案1 2	代替案2 2	代替案3 2	代替案4 2
通常補修対策の時期・種類の選択	状態 S	無	無	無	無	無
	状態 C	無	無	無	無	注入工法
	状態 B	無	無	無	注入工法	注入工法
	状態 A2	無	無	注入工法	注入工法	注入工法
	状態 A1	無	注入工法	注入工法	注入工法	注入工法
	状態 AA	無	注入工法	注入工法	注入工法	注入工法
緊急補修対策の時期・種類の選択	状態 S	無	無	無	無	無
	状態 C	無	無	無	無	無
	状態 B	無	無	無	無	無
	状態 A2	無	無	無	無	無
	状態 A1	無	充填工法	充填工法	充填工法	充填工法
	状態 AA	無	充填工法	充填工法	充填工法	充填工法

※通常補修:検査時点で行う補修
緊急補修:変状が生じた時点で行う補修

4.4 リスクについての期待損失額

Dランクにおいては剥落が発生するものとし,損失額を計上する.この時の損失額は,イベントツリー等を用いて各エレメントグループ別に算出することとした.これにより,被害等のリスクも考慮したトータルコストによる評価が可能となる.

イベントツリーは,各項目に,「起こるか起こらないか」もしくは「どの程度のことがどのくらいの割合で起こるか」をそれぞれの割合に応じて事象を分割していくものである.この項目については,より細かくした方が精度が高くなると考えるのが一般的であるが,一方で分岐確率等の想定が難しく分析結果が実状に則さなくなる危険性がある.これらをふまえ,今回の検討では,簡便なモデルとして,①営業時間内か営業時間外か,②電車に直撃するかしないか,③電気施設が破損するかしないか,④走行に支障するかしないか,の4つを分岐項目とした.なお,今回用いた確率は,詳細な調査等によって実状を反映したものではなく,適当な値を任意に設定したものである.

また,はく落が発生した場合の費用の算定には,先ほどの理由と同様に簡便なモデルとして①剥落箇所の補修費,②営業損失費用,③物的損失費用,④その他の損失,の4つを用いて検討を行った.図-6.5にイベントツリーのイメージを,図-6.6に損失期待値(個別)の算出方法の例を示す.

5. アセットマネジメントの導入事例

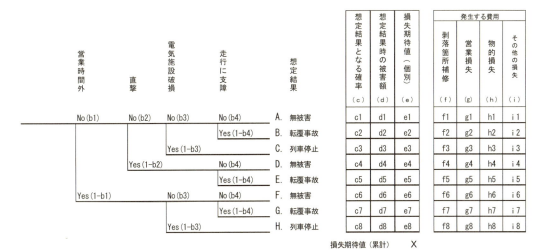

- （ ）は分岐する割合（例：b1=営業時間／24）
- 想定結果となる確率（c）は事象が起こった際に想定結果になる割合（例：c2=b1×b2×b3×(1-b4)）
- 被害想定額（d）は想定結果となったときの営業損失（g），物的損失（h）等想定される被害額（例：d3=f3+g3+h3+i3）
- 損失期待値（個別）（e）は事象の起こった際の想定結果ごとの期待値（e4=c4×d4）
- 損失期待値（累計）Xは損失期待値（個別）の累計（X=e1+e2+・・・+e8）で，これが発生した事象の重大性（被害費用期待値）となる．

図-6.5 イベントツリーのイメージ

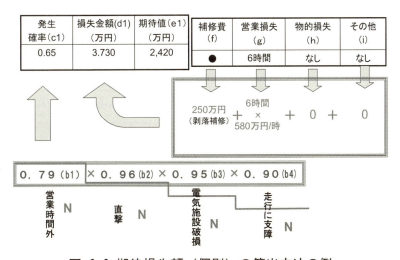

図-6.6 期待損失額（個別）の算出方法の例

4.5 コストの算定と最適案の選択

上記のような仮定の下，累積するコストを算定した．算定するコストは以下のとおりである．
① 定期検査費用コスト
② 補修費用コスト
③ 緊急補修費用コスト
④ リスクについての期待損失額

①～④を合算したトータルコストを比較し，トータルコスト最小となる案を最適案として選択する．ただし，このとき，トータルコスト（①～④合算）最小にとらわれすぎて，その案がかなりのリスク（④）を含んでいたということにならないように，リスク単独についてもあわせて確認した．公共性の高い構造物ほど，このリスクについて考慮すべきであると考えたためである．

5. ケーススタディの結果

前章で設定した代替案に関し，ケーススタディを実施し検討を行った．

5.1 補修実施時期による違い

供用期間として50年を想定し，累積トータルコストと単年度リスク変動を比較項目として，健全度ランクに対する補修の実施時期を変えることにより**表-6.4**で設定した5つの案について，評価を行った．累積トータルコストグラフを**図-6.7**に，リスク項目の変動グラフを**図-6.8**に示す．**図-6.7**より，トータルコストを比較した場合，代替案3（健全度ランクB以下で補修）が最小となる．しかし，**図-6.8**より，リスクを比較した場合，代替案4（健全度ランクC以下で補修）のほうが代替案3よりもリスクの変動が抑えられている．累積トータルコストと単年度リスク変動を指標とした場合，代替案4が最適な補修とも考えられる．

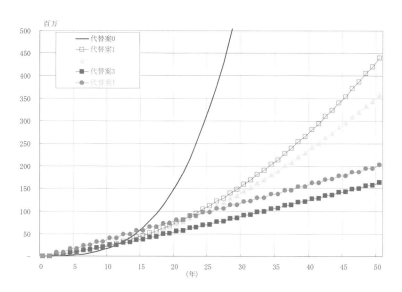

図-6.7 累積トータルコストグラフ

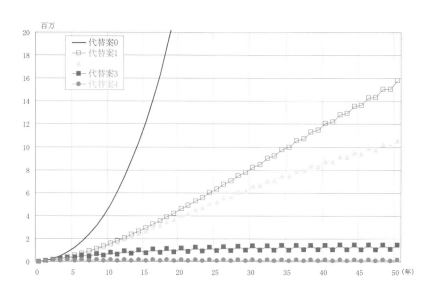

図-6.8 リスク項目の変動グラフ

5.2 検査間隔による違い

さらに，トータルコストを指標として，検査間隔をパラメータとして検討を行った．検査間隔は，2年（現行），5年，8年，10年の4案とした．表-6.5に検査間隔によるトータルコストの差を示す．50年の供用期間を想定しトータルコストを指標とした場合，5年の検査間隔で検査を行うことが有効であるという結果を得た．コストだけに着目すると，「事後保全型」補修が適する傾向にあるといえる．

表-6.5 検査間隔によるトータルコストの差

点検間隔	2年	5年	8年	10年
代替案0	4,030,000,000	4,030,000,000	4,030,000,000	4,030,000,000
代替案1	440,000,000	388,000,000	374,000,000	372,000,000
代替案2	358,000,000	312,000,000	305,000,000	310,000,000
代替案3	164,000,000	130,000,000	133,000,000	147,000,000
代替案4	203,000,000	147,000,000	133,000,000	139,000,000

6. まとめ

鉄道トンネルに対し，遷移マトリクスを適用してケーススタディを行った．ケーススタディでは，経年による健全度の低下を考慮し，定期検査費用コスト，補修費用コスト，緊急補修費用コスト，リスクについての期待損失額を算出し，補修実施時期や検査間隔がコストに与える影響について検討した．

なお，ここで検討したのは，簡易な想定に基づいてのものであり，想定による影響が大き過ぎるため，実務上の判断の参考とするには現状のレベルでは問題があると考えている．今後は，データの蓄積方法を進め，的確な劣化予測モデルの適用と精度の向上を行う必要があると考えている．

参考文献

1) 小西真治，須藤幸司，栗林健一：リスクを考慮した構造物の維持管理手法－特集 鉄道設備のコストダウン－，RRR, Vol.60, No.8, 2003.
2) 堀倫裕，亀村勝美，畠中千野，村田清満，佐藤豊：リスクを考慮した土木構造物の維持管理計画手法について，第58回年次学術講演会，土木学会，2003.
3) 栗林健一，小西真治，亀村勝美，堀倫裕，田口洋輔：鉄道構造物の維持管理へのリスクマネジメントの適用(2) 鉄道トンネル，第58回年次学術講演会，土木学会，2003.

事例-7：首都高速道路における維持管理の現状とアセットマネジメント手法

1. はじめに

首都高速道路は、東京都、神奈川県、埼玉県、千葉県にある総延長301.3km(2013年4月1日現在)の自動車専用道路で，首都高速道路株式会社(以下「首都高速会社」という)が建設，維持，修繕を行っている道路である．

首都高速道路の最初の供用は京橋と芝浦の間4.5kmで東京オリンピックを翌年に控えた1962（昭和37）年12月20日のことであった．当初の構想では，東京都道317号環状6号線(山手通り)まで事業範囲としていたが，現在では首都圏の主要交通を担う一都三県にまたがる道路ネットワークとなっている（図-7.1）．

2005（平成17）年の道路関係四公団民営化までは，首都高速道路公団が建設，維持，修繕を行っていた．民営化以降は，その債務の返済及び資産の保有は，独立行政法人日本高速道路保有・債務返済機構(以下「高速道路機構」という)が行い，建設，維持，

図-7.1 首都高速道路網道路

修繕等は首都高速会社が行うこととなっている(いわゆる「上下分離」方式)．なお，高速道路機構と首都高速会社の間では，道路の貸付，債務返済等に関する協定が締結されている．

2. 首都高速道路の現状

現在の首都高速道路の特徴として，交通量の多さ，構造物の多さ，経過年数をあげることができる．構造物の割合が高く，高齢化が進展している中で，大型車の利用が多い過酷な使用状況にある．

2.1 交通量

首都高速道路は，全体で985,282台/日(2013(平成25)年3月平均)の交通量があり，首都圏の他の道路に比べ交通量が非常に多い．東京23区内においては，首都高速道路の延長が国道・都道の14.6%であるのに対し，走行台キロは30.4%，貨物輸送量は27.5%とそれぞれ2倍になっており，首都圏の自動車交通の大動脈となっている（図-7.2）．

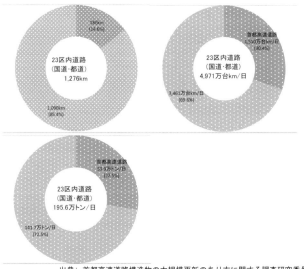

出典：首都高速道路構造物の大規模更新のあり方に関する調査研究委員会報告書

図-7.2 道路延長と走行台キロ及び貨物輸送量の関係

首都高速道路の最大断面交通量は，高速湾岸線の葛西ジャンクションと辰巳ジャンクションの間の交通量で 16.3 万台/日となっている．

また，図-7.3 にあるように大型車の通行台数は，東京都（23区）の約 5 倍，高速国道の約 2 倍と他の道路に比べて多くなっている．

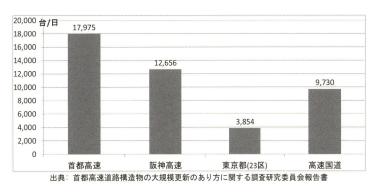

図-7.3 大型車通行台数

2.2 構造物

図-7.4 にあるように，首都高速道路の総延長のうち高架橋が 79.2%，トンネルが 9.6%，半地下が 6.1%と 94.9%が構造物となっており，土工は 5.1%に過ぎない．これに対し，高架橋やトンネルといった構造物は都道では 4.6%，高速国道では 25.1%となっている．

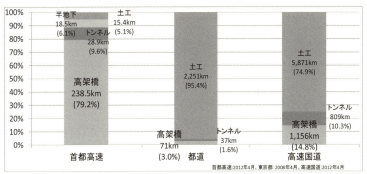

図-7.4 構造物別道路延長

2.3 経過年数

首都高速道路総延長のうち経過年数 40 年以上の構造物は 97.5km（32.4%），30〜39 年までのものが 48.1km（16.0%）となっており，48.4%が経過年数 30 年以上の構造物が占めている．

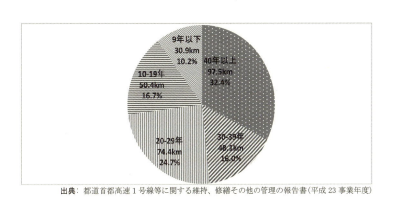

図-7.5 経過年数

3. 点検・補修

交通量，構造物が多く，供用後 30 年以上経過した道路が多い首都高速道路を表-7.1 にあるようにきめ細かな点検を行っている．これにより，道路構造物及び道路附属施設の損傷，機能の損失，それらの前兆の発生状況を把握している．

表-7.1 点検により把握する主な損傷等

		巡回点検により把握する損傷等	定期点検により把握する損傷等	災害・事故により発生する損傷等
土木構造物	橋梁	・伸縮継手の損傷 ・高欄・地覆の損傷 ・異常音	・鋼桁の腐食 ・鋼桁の疲労損傷 ・コンクリートのひび割れ・浮き ・鉄筋の腐食 ・支承の損傷	・火災による損傷 ・事故による損傷 ・地震による損傷
	トンネル	・漏水 ・側面パネルの損傷	・壁面のひび割れ ・コンクリートのひび割れ・浮き ・側面タイルの浮き	
	舗装・路面	・路面の段差 ・舗装の穴 ・ごみ・落下物 ・滞水	・わだち ・舗装面のひび割れ ・路面下の空洞	
	道路附属物	・遮音壁，標識の損傷	・標識柱の疲労損傷 ・取付治具の腐食・緩み	
施設・設備	電気通信設備（照明・受変電設備・ETC）	・照明設備の不具合	・照明柱の疲労損傷	
	建築施設（換気所・パーキングエリア・料金所）		・施設物の損傷	
	機械設備（換気・ポンプ排水設備）		・水噴霧ノズルのつまり	

　日常点検としては，以下を行っている．
① 巡回点検：パトロールカーによる目視点検，2～3回/週
② 徒歩点検：高架下からの目視点検，2回/年（第三者被害が想定される箇所），1回/2年（その他の箇所）
　定期点検としては，以下を行っている．
① 機械足場：高所作業車を用いた接近点検，1回/5年（年路線を定めて実施）
② 工事用仮設吊足場内での接近点検：工事用吊足場設置時
③ 施設関係接近点検：施設に応じて定めた頻度
④ 機器点検：舗装，1回/年
　臨時点検として，以下を行っている．
① 異常時点検：地震・暴風雨等
② 事故発生時点検
③ 特別点検

　首都高速会社では，**図-7.6**にあるようなPDCA（Plan Do Check Action）サイクルで点検・補修システムを構築し，構造物の点検，補修を行っている．点検結果の判定は，**表-7.2**にあるように損傷具合によりランク分け（損傷ランク）を行い，この損傷ランクを基に補修している．

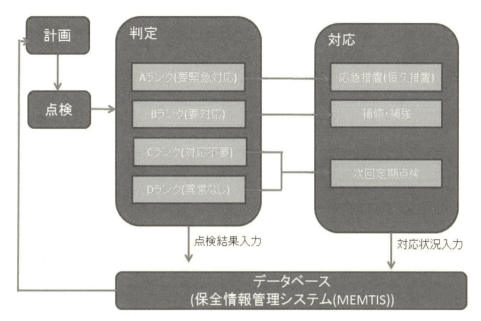

図-7.6 点検・補修システム

表-7.2 点検損傷ランク

Aランク	緊急対応が必要な損傷（第三者被害の恐れ等）
Bランク	計画的に補修が必要な損傷
Cランク	損傷が軽微なため対応は不要（損傷は記録する）
Dランク	損傷なし（点検は記録する）

　首都高速道路には 27 本のトンネルがあり，供用後 30 年以上を経過しているトンネルが半数をこえる．今までのところ，構造物全体の安全性に影響があり緊急対応が必要な損傷（A ランク）は発見されていないが，計画的な補修が必要な損傷（B ランク）は発見されている．

　トンネル・半地下部の点検は，巡回点検（2～3 回/週）や徒歩点検（2 回/年）の日常点検と接近点検（1 回/5 年）の定期点検に加えて，必要に応じてコンクリート躯体調査を実施し，躯体の健全性を確認している．

4. アセットマネジメント手法の活用

　首都高速会社では，道路の合理的かつ効率的な維持管理を行うために，適切な目標水準の設定，維持管理計画が必要なことから，2001（平成 13）年度に「アセットマネジメント研究会（委員長：藤野陽三東京大学教授）」を立ち上げ，検討を進め，アセットマネジメント手法を活用した維持管理手法を導入している（**図-7.7**）．既に開発・導入した首都高保全情報管理システム（以下，MEMTIS<Metropolitan Expressway Maintenance Technical Information System>）を活用し橋梁台帳，舗装台帳，塗装台帳等の資産データ，定期点検等の点検データ，補修・補強工事の補修データ等の道路構造物に関するデータの入力を終え，これらデータの集積・分析を実施し，各損傷に対する対策優先箇所を抽出して計画的に補修を実施することにより，構造物の安全性能を保持している．

　現在，MEMTIS のデータ精度，内容に関する修正を随時行い，スピーディで使用しやすいよう MEMTIS の改善を図っているところである．

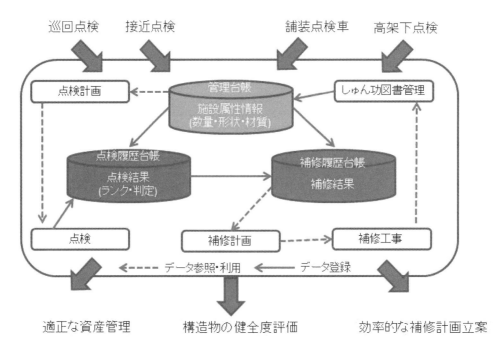

図-7.7 MEMTIS

5. 大規模修繕と大規模更新

　特に重大な損傷が発見されており，大規模更新・大規模修繕を実施しなければ通行止めなどの可能性が高い箇所において，直ちに更新事業に取り組み，長期耐久性を確保する必要が生じている．

　首都高速道路では，首都高族道路構造物の大規模更新のあり方に関する調査研究委員会において，道路構造物の大規模更新，大規模修繕を検討するにあたり，**図-7.8**にあるようなフローで検討を行った．

　委員会は，約75kmのうち検討が必要な区間を約47km，うち大規模更新を15〜19km，大規模修繕を28〜32kmとし，それぞれに要する費用を5,250〜6,600億円，950〜1,050億円と試算している．

　また，検討対象の約75kmについて，大規模修繕，大規模更新を行わなかった場合に要する補修費用は，今後100年間で約2兆円であるとされている．大規模修繕，大規模更新を実施した場合，補修に必要な費用も含めて約1.5兆円とされている．

　首都高では，大規模更新として1号羽田線（東品川桟橋・鮫洲埋立部，高速大師橋），3号渋谷線（池尻〜三軒茶屋），都心環状線（竹橋〜江戸橋，銀座〜新富町）を約8km，大規模修繕として3号渋谷線（南青山付近），4号新宿線（幡ヶ谷付近）等約55kmを早期に着手できるよう国，地方公共団体等と連携をとりながら進めている．

5. アセットマネジメントの導入事例

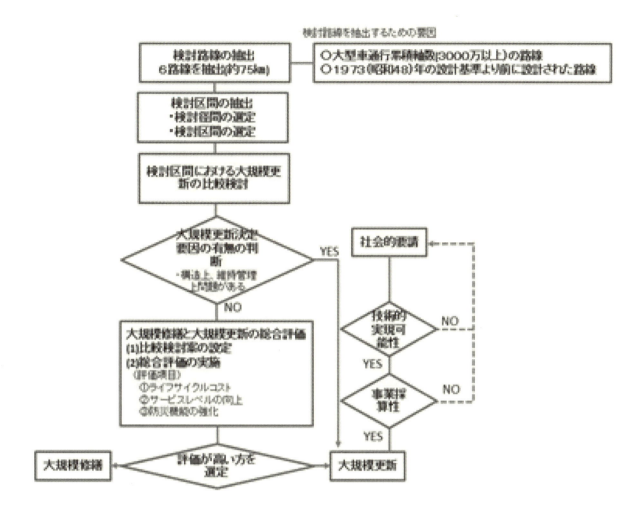

図-7.8 検討フロー

事例-8：中日本高速道路におけるトンネルマネジメントについて

1. はじめに

老朽化あるいは変状したトンネルの補修を計画するうえで，トンネル覆工コンクリートに発生したひび割れなどの状態を点検し把握することは不可欠である．

道路トンネルの維持管理では，構造物となる覆工や道路の運用上必要となる施設・設備等が複雑に存在する．詳細点検は，日本全国の高速道路会社で共通に，または独自に定められた点検要領[1]やマニュアルによって点検・評価，ならびにその対応が図られている．

要求性能を体系的に明確化する効用は，以下のとおりである．
① 道路トンネルを構成する要素ごと，および構成要素相互のリスクが顕在化可能
② わかりやすい表現で要求性能を記述することにより，ステークホルダーへの説明が容易

また，トンネルの性能評価法の設定において，現在実用されている点検・評価法を活用する効用は，以下のとおりである．
① 従来の実績データを十分に活用でき，将来状態の予測が可能
② 運用組織体制においてリスク要因の相互認識ができ，内部統制が容易

2. トンネルマネジメントの体系

トンネルのマネジメントは，図-8.1で実施する．

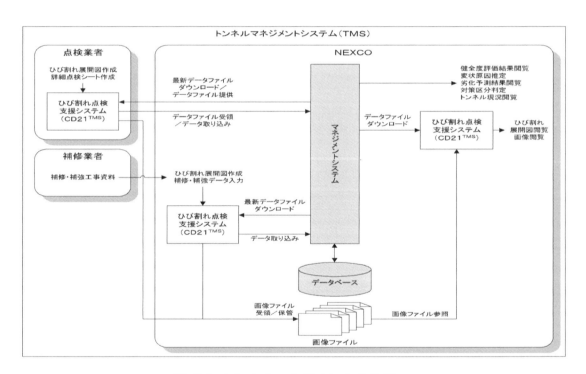

図-8.1 トンネルマネジメントの体系

3. 状態の把握、評価

3.1 適用および対象構造物

トンネル構造物は，大きく分類して，覆工・坑門・内装工・漏水防止樋・排水施設を対象とし，天井板に関しては対象が少ないため，個別で取扱うものとする．なお，点検結果について適切な判断をするためには，設計・施工に関する判断も必要となる．

3.2 点検の目的

点検の目的は，点検に期待される具体的な役割である「安全な道路交通を確保するとともに第三者に対する被害を未然に防止すること」と「長期的に構造物を良好な状態に保つために，健全性を確認すること」であるが，それぞれの目的（役割）では，点検の頻度，内容および実施方法などが異なるため，注意が必要である．

これは，「安全な道路交通を確保するとともに第三者に対する被害を未然に防止すること」に着目した「第三者に対する被害を防止する点検」が，コンクリート片等のはく落防止を主とした，変状毎に個別で判定するのに対して，「健全性を確認すること」に着目した点検は，トンネルの機能面に対する評価を主目的とし，スパン毎に健全度評価を実施するものである．

3.3 点検の体系

NEXCOにおけるトンネルの点検は，図-8.2のように安全点検（道路パトロール），基本点検，詳細点検，異常時点検および付属物点検からなる．マネジメントに必要な情報は詳細点検によって得る．全てのトンネルに関して詳細な点検を行うことで，状態を把握し，維持管理計画立案（マネジメント）のための情報を得ることとする．

3.4 詳細点検の種別

詳細点検は次の種別に区分する．

3.4.1 トンネル詳細点検A

トンネル覆工コンクリート表面の画像を取得し，ひび割れ展開図，データシート等を作成することにより，変状の程度を定量的に机上判定するものであり，対象は原則としてアーチ部である．

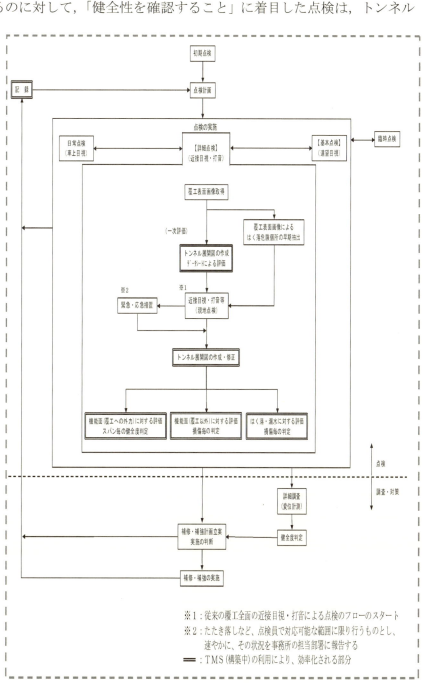

図-8.2 点検体系

3.4.2 トンネル詳細点検B

トンネル詳細点検Aによる判定の結果，抽出されたスパンや現地点検時に変状等が確認された箇所について近接目視および打音を実施するものである．

3.4.3 トンネル詳細点検C

トンネル詳細点検Bの対象である部位以外(側壁，路面)について，近接目視または遠望目視を実施し，必要に応じて打音を行うものである．

3.5 点検の頻度

トンネル詳細点検の頻度は，1回／5年を基本とする．

3.6 点検業務の流れ

トンネル構造物（覆工）の詳細点検は，覆工表面画像を撮影し，一次評価を行い，必要なスパンに対してのみ 近接目視および打音を実施することを基本するが，現地状況に応じて，効率性が低下する可能性がある場合は，従来の覆工全面の近接目視・打音（叩き落し含む）による点検を実施している．

一次評価としては，覆工表面画像からひび割れ展開図を作成し，データシート（Aシート）を作成することにより，近接目視および打音を実施するスパンの抽出を行う．

近接目視および打音結果は，データシート（B・Cシート）を活用して判定を行うこととし，
① 機能面(覆工への外力)に対する評価⇒ スパン毎の健全度評価
② 機能面(覆工以外)に対する評価⇒ 変状毎の判定
③ 第三者等に対する被害(以後：利用者の安全性)に対する評価：はく落⇒ 変状毎の判定
④ ひび割れは，対象ひび割れ（三日月型、閉合型など）のみの判定：漏水 ⇒ 変状毎の判定
で整理する．

覆工表面画像を撮影せず，従来の覆工全面の近接目視および打音による点検を実施する場合は，点検に基づきひび割れ展開図を作成し，データシート（B・Cシート）を活用して同様の判定・評価を実施する．

トンネル構造物(覆工以外)の詳細点検は，従来の近接目視および打音による点検を実施する．点検結果は変状毎の判定を実施する．

3.7 点検結果の判定

点検結果については，対象構造物・箇所・部位・変状の種類に分類した**表-8.1の判定の標準（トンネル）**」を基本に判定するものとする．

点検結果の判定を機能面についてのみ扱うため，「坑門への外力や洗掘に対する判定」および「トンネル附属物に対する判定」に区分するものとする．

はく落や漏水などの「利用者の安全性」に係わる判定が必要な場合は，「トンネル詳細点検および健全度評価マニュアル[2]などを参考にして，「判定の標準」により実施する．

表-8.1 点検判定の標準

対象構造物	点検箇所	点検部位	変状の概要	判定区分		
				AA	A1～A2	B
トンネル	坑門	—	外力による変状ひび割れ傾き・移動・沈下目地の異常など	急激に密集したひび割れが進行，あるいは幅の広い引張ひび割れ目視により，明らかに傾いているか沈下している場合，または背面と本体覆工打設面に輪切り状のひび割れが明瞭に見られ傾きの兆候が判断される場合．	ひび割れ(幅0.3mm以上)や目地のずれ，開き，段差などがあり，進行が認められる場合．	ひび割れ(幅0.3mm以上)や目地のずれ，開き，段差などあるが進行が認められない場合．
			洗掘	—	基礎，本体またはウイングの周辺が著しく洗掘されている場合．	基礎，本体またはウイングの周辺が洗掘されている場合．
	内板	直張り内装板	うき・亀裂・変形・欠損	—	広範囲にわたり，脱落・うき・割れがある．全体的に汚れている．	局部的に脱落・うき・割れがある．
		浮かし張り内装板	亀裂・変形・欠損	—	広範囲にわたり，脱落・割れがある．全体的に汚れている．	局部的に脱落・割れがある．
		胴縁(縁取付金具)	腐食	—	胴縁(取付金具)に腐食があり，内装板が脱落している若しくは恐れがある．	胴縁(取付金具)に腐食があるが、内装板の脱落の恐れがない．
			亀裂・変形・欠損	—	胴縁(取付金具)が破損し，内装板が脱落している若しくは恐れがある．	胴縁(取付金具)に亀裂・変形などがあるが、内装板の脱落の恐れがない．
	漏水防止樋・はく落対策施設	はく落対策網(ネット)	腐食	腐食による断面欠損が生じ，脱落している若しくは恐れがある．腐食により通水阻害が生じている．腐食により，はく落対策機能を果たしていない．	腐食により断面欠損が生じているが、脱落はしていない．漏水が見られる．腐食により，はく落対策機能が低下している．	腐食しているが、断面欠損はない．
			亀裂・変形・欠損	亀裂・変形などが生じ，脱落している若しくは恐れがある．変形等により通水阻害が生じている．変形などにより，はく落対策機能を果たしていない．	亀裂・変形などがあるが、脱落していない．漏水が見られる．はく落対策機能が低下している．	樋の軽微な亀裂・変形などがある．
		ボルト・ナット(取付け金具)	腐食	ボルト・ナットが腐食により断面欠損が生じ，脱落している若しくは恐れがあり，漏水防止樋・はく落対策施設の脱落の恐れがある．	ボルト・ナットが腐食により断面欠損が生じ，脱落している．若しくは恐れがあるが、漏水防止樋・はく落対策施設の脱落の恐れはない．	腐食しているが断面欠損はなく、軽微な変状である．
			脱落・緩み	ボルト・ナットが脱落している若しくは恐れがあり，漏水防止樋・はく落対策施設の脱落の恐れがある．	ボルト・ナットが脱落している若しくは恐れがあるが、漏水防止樋・はく落対策施設の脱落の恐れはない．	緩んでいるがボルト・ナットが脱落していない若しくは恐れがない．
	排水施設	円形水路	変形・破壊	排水施設本体に大きな変状がある．または排水機能に影響がある．	排水施設本体に変状があり、排水機能の低下が見られる．	—
	その他	その他	その他	本来の機能を果たしていない．	機能が低下している．	軽微な変状が見られる．

3.8 点検結果の評価

　トンネル構造物の点検結果の評価は，表-8.2「健全度評価の標準（トンネル）」に示す指標を基本とし，変状事例集なども参考にして評価を行うものとする．

　なお，内空変位などを測定し，変位速度での評価が必要な場合は「要調査」とし，別途詳細調査を実施するものとする．詳細調査の結果を基に改めて健全度評価を実施し，結果を記録するものとする．

　健全度評価の手法に関しては「トンネル詳細点検および健全度評価マニュアル」[2]を参考にするものとする．

3.8.1 覆工健全度評価

　トンネル健全度評価は，詳細点検結果を基に覆工コンクリートへの外力の作用による変状に対してスパン毎の評価を行うものとする．

　トンネルに現れる変状は，「構造的な安定性」に係わる主として外力の作用による変状と，「利

用者の安全性」に係わる覆工コンクリートの材質劣化などによる変状に区分することができる．健全度評価は，覆工表面画像を利用したデータシートによる評価点からの評価と，近接目視や打音による点検結果から評価する場合がある．

データシートによる評価は，ひび割れの量とパターンなどを点数化したもので，評価点が59点以下で特記事項に該当項目が無ければ評価点に応じて健全度ランクⅠあるいはⅡと評価する．データシートによる評価点が60点以上であれば，近接目視，打音による点検を実施し，その結果により健全度を評価する．評価点が60点以上であればひび割れ量が多いと判断出来るため，基本的には健全度ランクはⅢ-1～Ⅴと評価する．

ただし，調査結果やこれまでの点検結果から変状の進行性が見られないと判断できる場合は健全度ランクⅠ，変状があっても継続的に監視する程度のものであれば健全度ランクⅡと評価する．

データシートの特記事項のみで近接目視，打音による点検を実施した場合は，変状の状況に応じて健全度ランクⅠ～Ⅴを評価する．

内空変位等を測定し変位速度での評価が必要な場合には「要調査」とし，詳細調査を実施する．

一次評価は，覆工表面画像からひび割れ展開図を作成し，データシート（Aシート）を作成することにより，近接目視および打音を実施するスパンの抽出を行う．

表-8.2 健全度評価の標準（トンネル）

対象構造物	点検箇所	変状の種類	評価の標準					
			Ⅰ	Ⅱ	Ⅲ-1	Ⅲ-2	Ⅳ	Ⅴ
トンネル	覆工	外力による変状	・変状が無いか，もしくは軽微なもの ・評価点で30点以下 ・進行性が見られないもの	・評価点で31～59点 ・継続的に監視を行う程度のもの	・評価点が60点以上であるが，進行性が緩やかなもの	・健全度ランクⅢ-1の状況から進行しているようにみられる	・放射状ひび割れが見られる ・圧ざが見られる ・5mm以上の段差，ずれのあるひび割れが見られる	・変状の進行が極めて著しくみられる

変状の状況が明らかな場合は，上記を参考に評価を行う．
内空変位速度やひび割れの位置・規模，外力のかかり方を総合的に勘案し，下記を参考に評価を行う．
また，内空変位等を測定し変位速度での評価が必要な場合は「要調査」とし，別途詳細調査を実施する．

			Ⅰ	Ⅱ	Ⅲ-1	Ⅲ-2	Ⅳ	Ⅴ
内空変位速度		塑性圧	−	1mm/年未満	1mm/年～3mm/年	3mm/年～10mm/年	10mm/年～24mm/年	2mm/月以上（24mm/年以上）
		偏圧	−	0.5mm/年未満～1mm/年	0.5mm/年～1mm/年	1mm/年～3mm/年	3mm/年～10mm/年	10mm/年以上
		緩み圧						
塑性圧による変状現象			なし	側壁部に軸方向のヘアークラック	側壁部に軸方向の引張ひび割れ	→	側壁部に軸方向の引張ひび割れ～圧ざまたは側壁部ひび割れに段差	圧ざまたは側壁部ひび割れに段差
偏圧による変状現象			なし	山側肩部に軸方向のヘアークラック	山側肩部に軸方向の引張ひび割れ	山側肩部以外にも軸方向の引張ひび割れ	圧ざまたはせん断ひび割れ	アーチの変形、断面軸の回転、移動
緩み圧による変状現象			なし	クラウン部に軸方向のヘアークラック	クラウン部に軸方向の引張ひび割れ	引張ひび割れ（軸方向・直角方向）が交差	以下のいずれか ①放射状ひび割れ ②ひび割れによりブロック化 ③圧ざまたはせん断ひび割れ	アーチの変状が顕著（崩壊の恐れ）
変状原因が不明の場合 注1)			なし	いずれかの箇所に軸方向のヘアークラック	いずれかの箇所に軸方向の引張ひび割れ	健全度ランクⅠ～Ⅲ-1で見られた箇所以外の箇所にも軸方向の引張ひび割れ	圧ざまたはせん断ひび割れ	アーチの変形、断面軸の回転、移動
ひび割れ幅			0.2mm未満	0.2～1.5mm	1.5～3.0mm	3.0～5.0mm	5.0～10.0mm	10mm以上
ひび割れ幅変位速度の目安			−			(0.3mm/年以上)	(1.5mm/年以上)	(1.0mm/時間)

注1）変状原因が不明な場合の内空変位速度の目安は，ひび割れ状況を勘案した上で，塑性圧または偏圧・緩み圧のどちらかの値を選択して用いるものとする．

近接目視および打音結果は，データシート（B・Cシート）を活用して判定を行い，整理するものとする．

3.8.2 はく落の判定

はく落の判定は，**図-8.3**に示すフローのとおり，詳細点検 A，B，C の結果から行い，対象となる変状毎に判定する．はく落判定の対象となる変状は，豆板，スケール，ブロック状（閉合），補修材劣化などである．

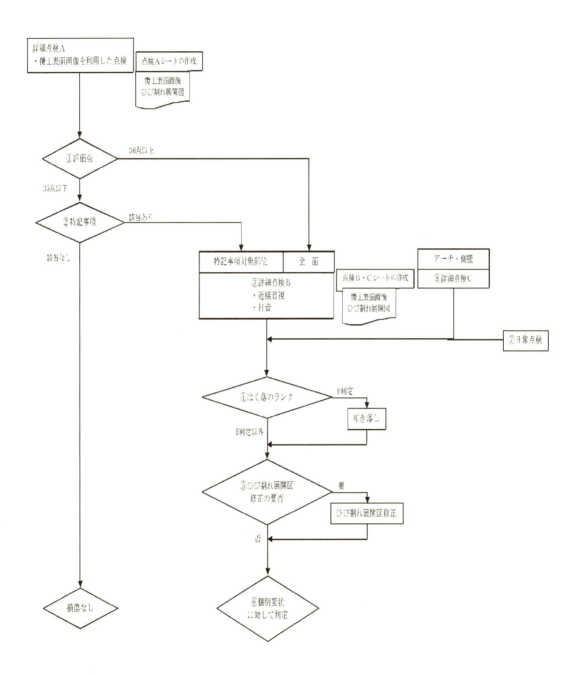

注）表中の各部位で上段が変状状況，下段が点検判定を示す．

図-8.3 はく落の判定フロー

3.8.3 漏水の判定

漏水の判定は，図-8.4に示すフローのとおり，詳細点検A，B，Cの結果から行い，対象となる変状毎に判定する．漏水判定の対象となる変状は，噴出，流下，にじみなどである．

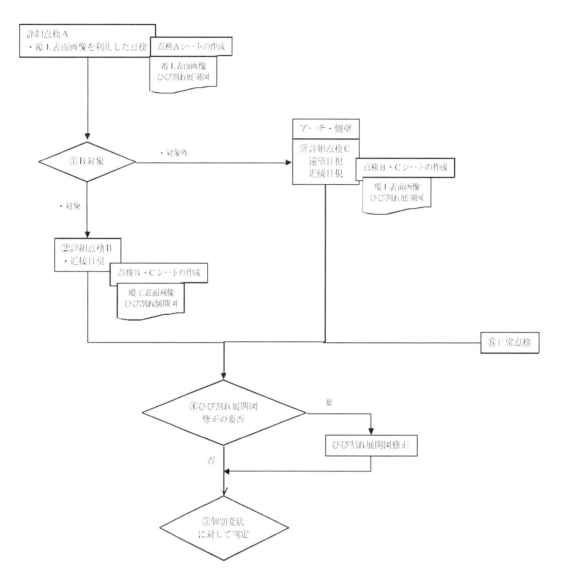

注）表中の各部位で上段が変状状況，下段が点検判定を示す．

図-8.4 漏水の判定フロー

4. 健全度評価の手法

4.1 健全度評価

健全度評価は，機能面（覆工への外力）に対する評価についてスパン単位で実施することとする．トンネル健全度評価は，詳細点検結果を基に機能面（覆工への外力）に対して，スパン毎に行うこととする．トンネルに現れる変状は，「構造的な安定性」に係わる主として外力の作用による変状と，「利用者の安全性」に係わる覆工コンクリートの材料劣化などによるはく落や，漏水といった変状に区分することができる．このうち，機能面（覆工への外力）に対する健全度評価基準を設定した．

4.2 健全度ランクの定義

健全度ランクは，対策時期とその対応を考慮してⅠ～Ⅴの5段階とする．現行基準で定義されている健全度ランクの，対策までの時期は，「早急」「速やか」「計画的」等，定性的な表現が用いられているが，これらの関係を整理すると**表-8.3**のような統一ランクが設定される．

健全度ランクは，概ね5段階に分類でき，これに基づくトンネルの維持管理の実績を考慮して，健全度評価に用いる．ただし，現行の各種基準では，「緊急」「早急」「速やか」など，対策時期に対する判定が曖昧であったことから，各健全度ランクに対して「余寿命（対策工までの時期）」を室内試験より想定し，健全度ランクに対する対策工までの期間の目安を示す．

表-8.3 現行基準で定義されている健全度評価の関係

健全度ランク	対策時期	対応	保全点検要領（構造物編）※一部修正		設計要領 第三集 トンネル（トンネル本体工保全編）			
			点検ランク		補強ランク 補強工 トンネル構造の耐荷力回復・向上		補修ランク 補修工 通行車両の安全確保と保守の軽減	
Ⅴ	緊急	応急処置 ・応急対策 調査・本対策	E	安全な交通，または利用者に対し支障となる恐れがあり，応急的に処置の必要がある場合		変状の規模が特に大きくかつ進行し，通行車両に対して危険であるため，早急に何らかの補強が必要なもの．		
			AA	損傷・変状が著しく，機能面から見て緊急に対策が必要である場合．	A			
Ⅳ	早急	調査・対策	A	A1	損傷・変状があり，機能低下が見られ対策が必要であるが，緊急に対策を必要としない場合．	B	変状が大きくかつ進行し，通行車両に対して危険であるため，早急に何らかの補強が必要なもの．	ⅰ	通行車両の安全に対して危険な状態であり，早急に何らかの補修が必要なもの．
Ⅲ-2	速やか			A2		C	変状があり，それらが進行して，近い将来通行車両に対して危険を与えるため速やかな補強が必要なもの．	ⅱ	通行車両の安全に対して，近い将来危険な状態になることが予想されたり，美観上の問題がある場合で，適切な時期に補修が必要なもの．
Ⅲ-1	計画的			A3		D	変状があり，将来，通行車両に対して危険を与える可能性があるため重点的に監視し，適切な時期に補強が必要なもの．		
Ⅱ	—	要監視	B	損傷・変状はあるが，機能低下が見られず，損傷の進行状態を継続的に観察する必要のある場合．			ⅲ	早急な補修が必要では無いが，材料劣化などが認められ監視および場合によっては軽微な補修が必要なもの．
Ⅰ	—	対応不要	OK	損傷・変状がないか，もしくは軽微の場合．				

4.3 健全度評価の方法

健全度評価は，**図-8.5**に示すフローのとおり，覆工コンクリートについて，詳細点検 A，B，Cの結果から行う．

4.4 詳細点検結果および健全度評価結果の管理

スパン毎に得られた詳細点検結果および健全度評価結果は，トンネル単位で集計し管理する．

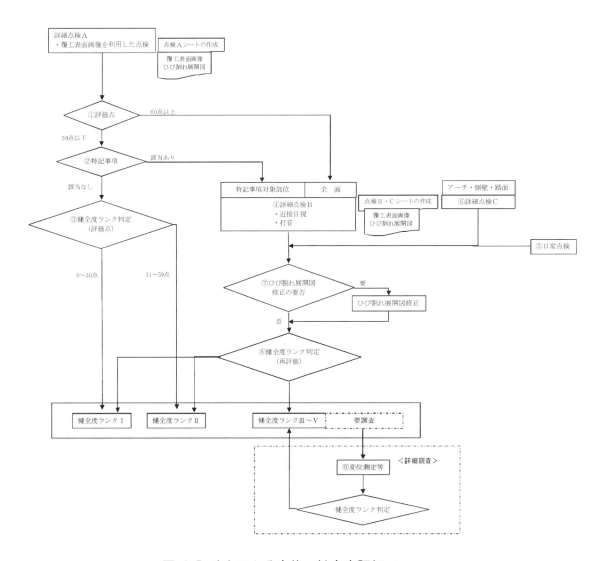

図-8.5 外力による変状の健全度評価フロー

5. 対策余寿命予測手法
5.1 予測モデル

トンネルの余寿命は健全度ランク表を用いて，対策が必要となるまでの年数を予測する「対策余寿命予測」を行うこととする．

トンネルは，通行車両の荷重で劣化が進むわけではなく，背面の地山に影響される場合がある．したがって，トンネルの劣化を予測することは非常に困難である．

トンネルの劣化を予測するのではなく，健全度ランク表を用いて，対策が必要となるまでの年数を予測する，「対策余寿命予測」を行うこととする．

5.2 補修・補強後の健全度

変状に対する補修，補強がなされた場合は，その対策工法の耐用年数に応じて健全度が回復することとする．補修、補強後は，それ以前と同様に対策余寿命予測曲線に従って健全度，対策余寿命が推移するものとする．

6. 維持管理補修計画
6.1 緊急対策（短期修繕計画）
　点検後の健全度評価の結果，健全度ランクがVであった場合は，直ちに対策を行い，健全度ランクがIVであった場合は，3年内に対策工が完了するように，調査を行う．
　点検後の健全度評価の結果，健全度ランクがVであった場合は，直ちに対策を行うものとする．この対策は，これまでの維持管理補修計画に従わず，緊急対策として実施するものとする．

6.2 維持管理補修計画の立案
　維持管理補修計画は，健全度ランクがVになった際に対策を行うことを基本とする．
　しかし，年度によっては突出した予算が必要となり実際に執行不可能となるような場合や，年間の予算制約がある場合は，優先順位付けの結果を基に予算の平準化を行い，調整を図る．
　トンネルの補修・補強は，基本的に変状原因により選定する対策工法が異なり，損傷の度合いや，重要度によって補修・補強内容が異なることはないため，対策工は健全度ランクVとなって実施することが，最も経済的である．したがって，予算の平準化は，LCCを計算する上で経済的とはならない．そこで，予算の平準化に関しては，十分な検討が必要である．

7. 事業実施
　様々な単位で補修シナリオを設定し，経済効果の違いを確認することで，最適な事業実施計画を立案する．基本的に健全度ランクVとなった際に対策を実施することとするが，路線単位で単一工種を対象とした事業実施，トンネル単位で複数工種を対象とした事業実施などを考慮した場合，施工性，通行規制の面から，ランクIVやランクIIIの箇所も同時に対策を行うことが経済的になる場合も考えられる．この点も十分考慮し，事業実施計画を立案するものとする．

8. モニタリング・フィードバック
8.1 モニタリング
　実施事業に対して，進捗状況，計画に対して得られた効果，お客様に対する成果を評価し，以降の事業実施やマネジメントプロセスの改善に反映させる．
　実施事業中においても，以下に示すような事象を計測し，適宜，以降の事業実施やマネジメントプロセスそのものの改善につなげる．
　各事象の計測は，維持管理補修計画，点検結果，苦情情報など，収集している客観的なデータに基づくものとする．
① 進捗状況（維持管理補修計画の工程に対する進捗など）
② 計画に対して得られた効果（健全度の推移など）
③ お客様に対する成果（健全度の推移、安全性、利便性、苦情件数など）

8.2 フィードバック
　補修工事により，維持管理補修計画で予定した効果が得られたか，お客様に対する利便性はどのように改善されたかをモニタリングを行うことで把握し，事後評価を行い，検証・見直しを行う．このようなフィードバックによるマネジメントサイクルの確立と継続的な改善が重要である．
　図-8.6では，点検から健全度評価，維持管理補修計画，事業実施，モニタリングまでのトンネルマネジメントのフローを示している．

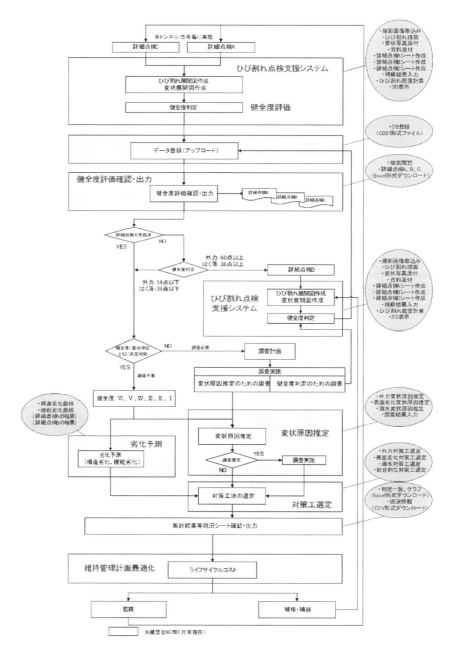

図-8.6 トンネルマネジメントのフロー

9. 今後必要な取り組み

トンネルの補修・補強に関する技術は日進月歩であり，将来的に，より良い効率的，効果的な技術が確立されることが十分考えられるため，適宜組み込むことを検討する．

参考文献

1) 東・中・西日本高速道路株式会社：保全点検要領，2011.
2) 高速道路総合技術研究所 トンネル研究室：トンネル詳細点検及び健全度評価マニュアル（技術資料），2012.

事例-9：東京電力における地中送電ケーブル用洞道の維持管理方法について

1. はじめに

地中線土木構造物は，供用期間を通して要求される機能を維持する必要があり，そのため構造物の変状を早期に発見し，変状の拡大および二次的な損傷を防ぎ，変状の軽微な段階で補修等の必要な処置を講ずることにより延命を図ることが重要である．

東京電力では，高度経済成長期以降，多くの地中線土木構造物を建設しており，1970年代から1980年代に最盛期を迎えた．これらの設備が経年30年以上となり，今後ますます老朽化が進行していくことが予想される．

このような状況下で，電力用ケーブルを損傷させることによる供給支障や道路陥没などの公衆災害を未然に防ぐためには，地中線土木構造物を効率的かつ継続的に維持管理を行っていく必要がある．

ここでは，当社の地中送電ケーブル用洞道における維持管理方法について紹介する．

2. 地中送電ケーブル用洞道の概要

2.1 地中送電ケーブル用洞道の種類と亘長

図-9.1に当社洞道の種類と亘長を示す．

全体亘長は422.6kmで，電力ケーブルの地中化が必要な都心部は軟弱地盤であることが多いため，主にシールド工法と開削工法により建設されており，これらの洞道が，全体の93.5%を占める．

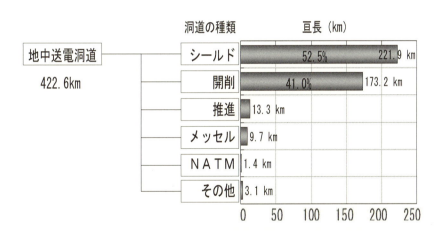

図-9.1 洞道の種類と亘長と種類（平成24年度）

2.2 洞道の経年別亘長

当社洞道の経年数については，図-9.2に示すとおり，経年30年以上の設備が全体の38%を占めている．5年後には，経年30年以上の設備が全体の58%と急激に増加することとなり，これらの洞道をどのように維持管理してゆくかが重要な課題となっている．

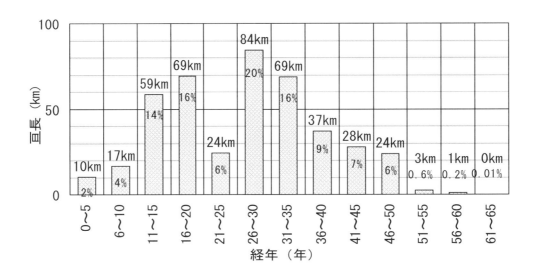

図-9.2 洞道の経年別亘長（平成24年度）

3. 維持管理方法
3.1 点検・管理フロー

点検・管理フローを図-9.3に示す．

図-9.3 地中送電ケーブル用洞道の点検・管理フロー

保安点検とは，保安規定に基づく地中送電設備全般を目視観察により点検するもので，その中で土木構造物（洞道、マンホール等）の異常の状況を点検するものである．異常が確認された場合は，原因を追究するため詳細点検を実施する．

変状点検とは，重点管理箇所を目視観察により地中線土木構造物（洞道）の変状を定期的かつ定量的に把握するとともに，変状程度のランク分け，詳細点検の要否判定を行うものである．この点検は，3.1.1で後述する「洞道内構造点検」により行われ，予め設定した重点管理箇所を目視観察により変状の有無や進行の程度を確認し，その位置を測定できる距離計やクラックスケール等を携帯し，観察の記録，写真撮影を主体に作業するものである．

詳細点検は，保安点検および変状点検によって問題があると判断された部分において詳細調査を行い，変状の著しい部分の現状把握，変状の原因推定および補修，補強の要否の判定を行うものである．

補修・補強など変状に対する対策を行う場合には，変状の原因を明らかにして行うことが特に重要である．従って詳細調査は，生じている変状の原因が初期欠陥によるものか，経年劣化や荷重変動によるものか，あるいは，これらの複合によって生じたものかなど，その原因を推定することができる点検項目を選定して行うことが必要である．保安点検で異常あるいは変状点検にお

いて，3.1.2 で後述する「変状判定区分」における変状ランクが「中」以上であると判断された部分において、変状および劣化状況の詳細調査として，以下を行うことにしている．
① 鉄筋，コンクリートに係わる品質の調査
② 変形，沈下等の構造体としての実状の調査
③ 漏水に関する調査

詳細点検による原因の判定，耐力・耐久性の判定等によって行う対策は，補修と補強に種別できる．補修は，変状がこれ以上進行することを防止，または進行を抑制することを目的に行う対策である．補強は，耐力が不足していると判断された場合に，当初設計耐力以上への回復を目的として行う対策であり，補修も併せて行う場合が多い．

3.1.1 洞道内構造点検

洞道内構造点検とは，洞道区間で変状の進んでいる場所を重点管理箇所として設定し，目視観察や打音・ひび割れ調査等を行い，変状状況をスケッチ（CAD化）する点検である．**表-9.1**に点検頻度，範囲，内容を示す．

表-9.1 洞道内構造点検における点検頻度，範囲，内容

点検頻度	初回	1回／6年
	次回以降	1回／1～9年（変状程度により変更）
点検範囲	劣化が少ない設備	3観察単位（約15m）／100m
	その他の設備	3観察単位（約15m）／50m
点検内容	鉄筋腐食	腐食の有無・程度・範囲
	コンクリート表面状態	錆汁，浮き，剥離，剥落等の有無と範囲
	コンクリートひび割れ	軸　方向ひび割れの有無，幅，本数
		横断方向ひび割れの有無，幅，本数
	漏水	漏水の有無，位置，程度
	その他	継手部，補修・補強跡等の異常有無

3.1.2 変状判定区分の設定

洞道内構造点検より，軸方向ひび割れと鋼材の腐食状況に応じて，変状区分判定を行うことで洞道の耐力評価を行うこととしている．ここで変状区分として，「大」「中」「小」「軽微」と設定しており，「大」とは鉄筋の降伏応力度を超過している状態，「中」とは示方書応力度制限値（土木学会，トンネル標準示方書）を超過している状態，「小」とは許容応力度を超過している状態，「軽微」とは軽微な変状有りと定義しており，変状区分「大」「中」と判定された洞道区間においては，詳細点検を実施することとしている．

3.1.3 応急処置の実施

漏水に土砂が混入し，路面沈下や陥没などを引き起こすなど，第三者への影響が懸念される変状が生じている場合には，早急な対策が必要となるため，応急処置を実施する．また，コンクリートの剥離などによるケーブルの損傷が考えられる場合には，ケーブル防護等について検討し，必要に応じて応急処置を行う．なお，応急処置の実施後は，処置内容を記録し，詳細調査などにより変状原因を推定し，必要な処置を行う．

3.1.3 補修・補強計画の立案

補修計画を立案する場合には，**表-9.2**に示すように有効性，施工性，安全性および経済性等について十分検討して行う．

表-9.2 補修・補強方法の検討

検討項目	検討内容
有効性	・ 変状等の原因に対する適合性 ・ 耐久性
施工性	・ 作業環境（作業スペース，空間等） ・ 使用材料，機械等の準備及び現場搬入 ・ 施工時間 ・ 周辺環境（騒音，震動等） ・ 他埋設物への影響
安全性	・ 電気設備（ケーブル等） ・ 作業環境（粉塵，有機溶剤に対する換気等） ・ 他の地下埋設物
経済性	・ 最小限の工費で有効な工法

補修・補強工法と実施時期については，変状の種別，劣化予測，施工方法，使用材料，季節的条件および経済性等を十分検討して，最適な工法と時期を選定する．

なお，中性化，塩害等，その変状原因が特定されている場合には，変状の進行を予測することが重要である．特に，環境条件によって変状の進行が速いと予測される場合には，補修の範囲や規模，補修工法等を十分検討して補修時期を選定する必要がある．また，漏水は詳細点検時期と施工時期において状況が変化していることがあるため，詳細点検結果のみならず，過去の定期点検結果を参考にして，総合的な検討を行う必要がある．

4. 今後と展望と課題

平成22年度より継続的に実施している洞道内構造点検については，平成27年度に全洞道の点検を終了する予定である．今後の維持管理スケジュールを図-9.4に示す．現在，約半分の点検が終了したところであるが，変状区分が「大」「中」と判定されて，詳細点検を要する洞道が膨大な数になっている．加えて，点検結果より判明した劣化事象は多岐に渡っており，個々の事象に対応した対策が必要である．

そのため，今後は詳細点検を実施する洞道の優先順位を付けることで最適な補修・補強時期の検討や，様々の劣化事象に対する適切な補修工法を検討することで，効率化かつ効果的な維持管理を実施していく必要があると考えられる．

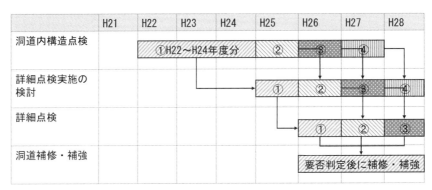

図-9.4 今後の維持管理スケジュール（開削洞道の例）

事例-10：NTTの開削トンネルにおける予防保全に向けた取組みについて

1. はじめに

通信ケーブルを敷設することを目的とした地下トンネル（以下，「とう道」という）は，高度成長期以降，昭和50年代をピークに急速な建設が進み，現在NTTでは全国で約600kmの設備量を有している．

近年，とう道設備の高齢化に伴う経年劣化の進行が顕在化してきており，維持管理手法を見直していくことが大きな課題となってきている．

このような背景のもと，NTTではとう道設備の安心・安全の確保と，経済的かつ永続的なとう道維持管理に向けた取組みの一つとして，開削とう道において，予防保全型の維持管理を展開している．予防保全型の維持管理とは，劣化予測に基づき劣化が軽微なうちに補修を施すことにより，将来にわたるライフサイクルコスト（以下，LCCという）をミニマム化するための手法である．

ここでは，東日本エリアにおける適用事例を踏まえ，その概要について紹介する．

2. NTT通信用トンネルの維持管理の現状

2.1 とう道建設の経過年数

図-10.1にとう道の建設延長の推移を示す．

昭和40～50年代後半までがとう道建設の最盛期にあたり，現在では，建設後30年以上を経過したとう道が全体の約60%を占めている．今後，益々老朽化が進行していくことが予想される．

また，とう道の施工方式別では，開削とう道の方がシールドとう道よりも古い時期に建設されていることが見て取れる．

開削とう道及びシールドとう道のイメージを**写真-10.1**，**写真-10.2**に示す．

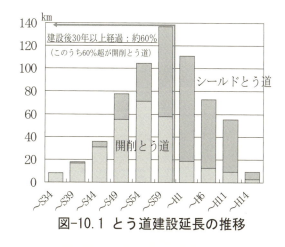

図-10.1 とう道建設延長の推移

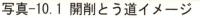

写真-10.1 開削とう道イメージ　　**写真-10.2 シールドとう道イメージ**

2.2 これまでの点検，補修の考え方と課題

従来のとう道維持管理は，顕在化した劣化への措置を行う，いわゆる事後保全型の維持管理を中心に行ってきた．具体的には，定期的に実施する点検の結果をベースに，個々の不良箇所について，補修の要否，時期等を決定し，不良箇所の解消を図ってきた．

しかし，補修後その近傍で劣化が発生し，同一とう道で補修を繰り返すことで，維持管理コストが増加傾向となっていたため，新たな点検・補修手法の確立が喫緊の課題であった．

3. 予防保全への転換
3.1 基本的な考え方

とう道維持管理の基本的な考え方としては，顕在化した劣化事象に対する補修費用のみを捉えるのではなく，将来に亘る維持管理コストの抑制を勘案する等，中長期的な視点でコスト評価をしていくことが重要である．

この様な考え方のもと，繰り返し補修が課題となっていた開削とう道をターゲットとし，その劣化の主要因である鉄筋腐食の抑制に着目することとした．

具体的には，図-10.2 に示すように，劣化が顕在化する都度補修を行ってきた従来の考え方を見直し，将来補修が必要となる箇所を予測し，それらの箇所を劣化が顕在化する前に予防保全的に処置することとした．これにより同一とう道における繰り返し補修を抑制し，将来にわたる LCC の低減を図る．

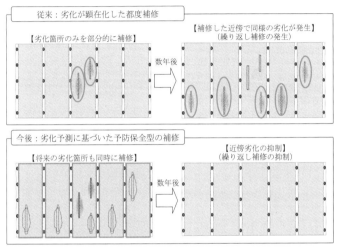

図-10.2 予防保全型補修のイメージ

3.2 予防保全型の補修を実施するタイミング

鉄筋コンクリート構造物における一般的な鉄筋腐食の進行過程を図-10.3 に示す．

通常，加速期後期に至るまでの鉄筋腐食を目視で判断することは困難であるが，精密な点検（以下，「面的点検」という）を実施することにより，鉄筋腐食によるコンクリートの剥離・剥落時期を予測できるようになる．予防保全型の補修は，劣化予測に基づき，劣化が軽微な段階で実施していくこととした．

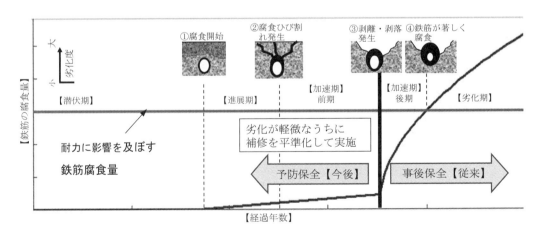

図-10.3 鉄筋コンクリート構造物における一般的な鉄筋腐食の進行過程

4. 予防保全型の補修方法
4.1 基本的な考え方
　予防保全型の補修は，鉄筋腐食によるコンクリートのはく離・はく落が発生する前に予防処置を行うことで，繰り返し補修を回避することが基本的な考え方である．
　具体的には，コンクリートのはく離・はく落発生前の状態の左右側壁及び上床版に対して劣化予測を行い，近い将来に劣化が発生するという予測結果が得られた場合は，各面に表面塗布材を塗布し，鉄筋に対して錆の進行を抑制する防錆処理を施すこととした．

4.2 補修方法の一例
　予防保全型の補修方法の一例を**図-10.4**に示す．
　既に鉄筋が露出している箇所については，断面修復に加え，鉄筋露出箇所の周辺の劣化進行を遮断するために表面塗布材を塗布する．現在は鉄筋が露出していないが，近い将来に露出が予測される箇所についても，同様に表面塗布材を塗布する．
　写真-10.3に補修後の措置状況を示す．

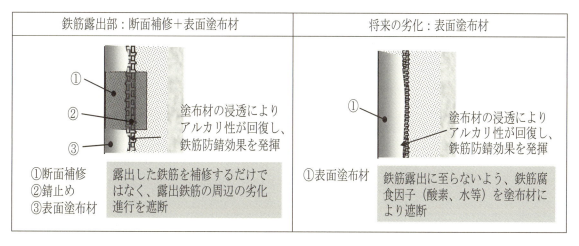

図-10.4　予防保全型補修の一例

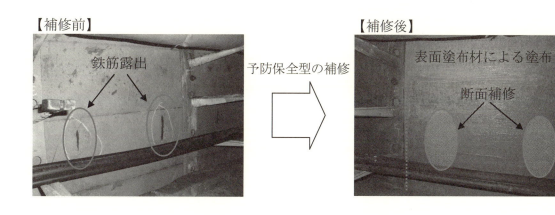

写真-10.3　予防保全型補修の措置状

5. 予防保全型の補修に向けた面的点検
5.1 面的点検の実施方法

予防保全型の補修を実施するにあたり、面的点検の実施から補修計画を策定するまでの一連の流れを図-10.5に示す。具体的な実施方法は以下の通りである。

① 定期点検結果をもとに机上調査にて現状を把握し、面的点検の計画を立てる。
② 劣化予測をするための基本データである鉄筋かぶり、中性化深さ及び塩化物含有量等を現地で測定する。
③ ②で取得したデータを整理し評価を行う。
④ とう道の各面毎に、いつ鉄筋腐食によるコンクリートの剥離・剥落が顕在化するか、劣化予測を行う。劣化予測結果はマップ化し視覚的に明示する。

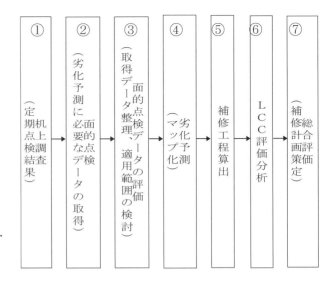

図-10.5 面的点検～補修計画策定までの流れ

⑥ 劣化予測結果から、予防保全による補修工程を算出する。
⑦ 将来に亘るLCCを算出し、最適な補修方法や補修時期・補修費用等を評価分析する。LCCは、予防保全型補修（面的点検費、予防保全型補修費、塗布材の再塗布費等）と、事後保全型補修（従来の断面補修費、繰り返し発生する補修費等）の比較検討とする。
⑦ LCC評価結果をもとに総合的な評価を行い、中長期的なとう道全体の補修計画を策定する。

5.2 東日本エリアにおける面的点検結果の考察

これまで東日本エリアの開削とう道で実施してきた面的点検の分析・LCC評価結果より、確認できた主な事項は、以下の点が挙げられる。

① 劣化が顕在化していない箇所についても、2～3割程度は潜在的に鉄筋腐食が開始している劣化領域（中性化深さ10mm以下）にあると考えられる。
② 開削とう道における鉄筋腐食の進行は、「設置環境」や「建設年度」による明確な傾向はなく、開削とう道各面毎の「鉄筋かぶり」や「中性化深さ」に依存していると考えられる。
③ 現在から30年後までLCC評価分析した結果、予防保全型の補修は事後保全型に比べ、補修費用を1/4程度に抑制できると想定される。（図-10.6参照）

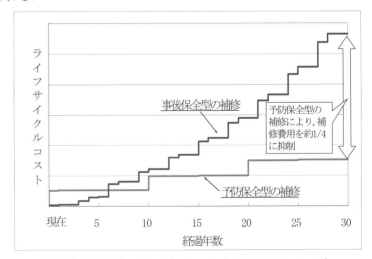

図-10.6 ライフサイクルコストの評価イメージ

6. 効率化に向けたツールの活用

面的点検で得られたデータを基に，劣化予測やLCC評価・分析，中長期補修計画策定等を1開削とう道毎に行うには膨大な作業を要することから，既存のツールの改良・高度化を図り，分析等作業の効率化を図った．その概要を**図-10.7**に示す．

このツールについては，面的点検結果から得られた各種データを投入することにより，開削とう道のどの面でいつ劣化するかのマップ化，LCC評価分析による最適な補修方法及び補修時期の明示及びとう道補修計画リスト等を，自動で計算・表示できる機能を有している．

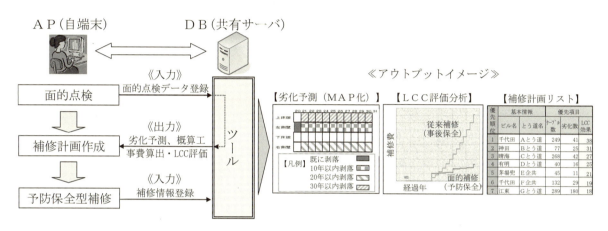

図-10.7 ツールの概要

7. 今後の課題と展望

東日本エリアにおける開削とう道の面的点検については，順次，拡大・展開を図っており，その点検結果に基づく予防保全型の補修についても取り組んでいる．一方で，漏水や金物設備の腐食，シールドとう道の劣化等の事象に対しても，新たな技術の開発・導入等も念頭に置きながら，予防保全型の措置・対応について検討していく必要がある．

今後は，とう道に発生する様々な劣化事象に対し，最適な補修時期の予測と補修方法，並びにそれらに係わる維持管理コスト等を，将来に亘ってトータルで把握するとともに，効果的に解消できる仕組みを構築していくことが大きな課題であると考える．

8. おわりに

今回紹介した開削とう道における予防保全の取組みについては，

① 補修の初期コストは，従来の事後保全型の補修方法に比べ，予防処置の費用が加味されることで多少割高になるが，補修サイクルが延伸されることにより補修回数が減り，将来にわたるLCCの低減が図られる．

② 劣化予測に基づいた補修を実施することで，直ちに補修をする必要がない箇所も明確になるためタイムリーな対応ができ，長期的な予防効果が期待できるため，劣化のない質の高い状態で設備を維持できる．

等の効果が期待できることを踏まえ，取組みの推進を図っているところである．

今後も，社会基盤として極めて重要な役割を担う通信ケーブルを，将来にわたり収容し続けるとう道に対して，安心・安全を確保しながら，高い管理レベルで品質を維持していくための永続化施策を積極的に展開していく所存である．

事例-11：地下街における維持管理

1. はじめに

地下街は，不特定多数の方々が介在する地下空間である．

この空間は，地下駐車場，鉄道駅等の施設と一体となっているケースが多く，建設時，開設時から建築基準法施行例，東京都建築安全条例，消防法，消防法施行令，建築物における衛生的環境の確保に関する法律（通称：ビル管理法）等の厳しい規制を受けているほか，のちに制定され，現在は廃止されている地下街に関する基本方針および通達等での規制を強く受けており，ほとんどの地下街管理者は当初から昨今注目されているアセットマネジメントに近い管理手法をとりいれている．

また，公共用地の地下につくられていることもあり，公共性の高い空間として，防災対策をはじめとして，パブリックデザイン，ユニバーサルデザイン，内部景観あるいは，快適性等の環境整備が求められている．

ここでは，地下街のおかれている環境，地下街の定義，地下街を取り巻く規則の状況，地下街の発展の経緯等及び地下街での取り組みについて，記述する．

2. 地下街の概要
2.1 地下街とは
2.1.1 地下街を取り巻く規則

わが国の地下街に関する法律は，地上空間の利用に比較して地下は再開発の難しさを指摘すると同時に，無計画な地下空間開発に対して都市計画の立場から規制を加えることを目的としている「都市計画法」，道路，駅前広場の地下部分を利用することから，道路占有の許可申請が必要になり，公共施設の整備が主たる目的とされ，地下街自身の設置は従属的との考え方の「道路法」と，安全と防災に関わる規則であり，通路の形態・構造，階段部分，出入口，防災区画，非常用排煙設備などの基準が設定されている「建築基準法」，防火シャッター，ガス漏れ火災警報装置などの設置基準が設定されている「消防法」の4つである．

2.1.2 地下街の定義

地下街とは，「図-11.1に示すように，公共の用に供される地下歩道（地下駅の改札口外の通路，コンコース等を含む）と当該地下歩道に面して設けられる店舗，事務所その他これらに類する施設とが一体となった地下施設（地下駐車場を含む）であって，公共の用に供されている道路または駅前広場（土地区画整理事業，市街地再開発事業等）の区域に係るものとする．ただし，地下歩道に面して設けられる店舗，事務所その他これに類する施設が，駅務室，機械室等もっぱら公共施設の管理運営のためのもの，移動可能なもの，または仮設的なもののみの場合は，地下街として扱わないものとする．また，公共用地内の公共地下歩道に面して，民有地内に店舗等を設ける形態は「準地下街」とする．」と国土交通省では定義している．

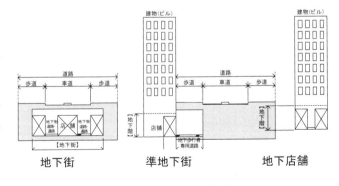

図-11.1 地下街の定義

2.2 地下街の誕生と発展

1930（昭和5）年の上野～浅草間の地下鉄の開通に併せ，地下鉄コンコースや地下道に設置した店舗がわが国の地下街の発祥であり，1932年に出現した神田須田町（平成23.1廃止）の地下商店街が，わが国初の地下街である．

戦後，1952（昭和27）年に三原橋商店街（現在最古）が，当時そこを不法占拠していた露天商の一部を収容する目的で建設された．次いで浅草地下街が，地下鉄駅の拡張工事に便乗した地元商店街の要望で実現した．また池袋駅東口地下街は，駅前に駐車場を建設するための場所を確保する目的で建設された．地下街が建設された動機は，地下街が単独の商店街として建設されたもの，地上交通の混雑緩和を目的にして，地下に建設された地下鉄，地下駐車場等の施設に附属してできたものとに大別される．

1957（昭和32）年3月に開業した名古屋地下街（サンロード）のような大規模な地下街が全国に相次いで建設され，その多くが主要なターミナル地区に建設されており，その用地は大部分が道路下や公園下などである．

1972（昭和47）年5月，大阪千日前デパートの大規模火災を契機として，1973年7月に「地下街の取扱いについて」の4省庁通達（建設省，消防庁，警察庁，運輸省）が出され，それ以後の地下街の新設・増設が厳しく抑制され，地下街中央連絡協議会の設置等が定められた．

さらに1980年8月に静岡駅前ゴールデン街で発生したガス爆発事故を契機にして，同年10月には，上記4省庁に資源エネルギー庁を加えて「地下街の取扱いについて」の5省庁通達が出された．また地下街中央連絡協議会からは，「地下街に関する基本方針」（1974年6月，1981年6月に一部改正）が出された．

これらの通達によって，地下街に種々の消防・保安設備を設けることが義務付けられたため，新しい地下街では安全性が大幅に向上した．反面，古い地下街では基準を完全に満たすことができなかったため，良案がないまま改善自体が見送られた例もある．地下街の防災設備を充実させるためには多くの資金を必要とするが，地下街の運営費は大部分を商店街からの収益に依存しているため，採算性の悪化から地下街の建設が抑制される時期があった．

その後，地下街建設の原則禁止の方針を残したまま，1986年10月に通達の一部が改正され，事実上の規制緩和が図られた．その内容は，駅前広場やそれに近接する区域で，市街地としての連続性を確保する目的で機能更新を図る場合や，積雪寒冷地等の拠点区域で気象等の自然条件を克服して，都市活動の快適性・安全性の向上を図る場合には，地下街の新設・増設を認めるというものである．これによって再び地下街の建設が活発化した．しかし地下街と隣接ビルを接続する場合は，ビル側が地下街全体の改善費用を負担しなければならないこと，また地下広場の使い方について種々の規制が残されていることなどの問題があり，より一層の規制緩和を望む声が現在もある．

「地下街に関する基本方針」では，地下街が利用できる階数を地下1層だけに限定しており，店舗面積は，店舗階の延床面積の1/2以下，地下駐車場を併設する場合は総床面積の1/4以下に制限されている．このことが地下街の採算性

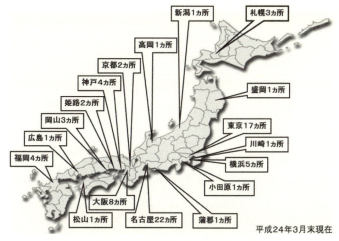

図-11.2 日本の地下街位置

を悪く，経営を圧迫する一因となっている．

その後，1988年8月に，5省庁通達「地下街の取扱いについて」の改正（地下街に関する運用方法の語句の一部改正と国鉄の民営化に伴う改正）が出された．

2000（平成12）年4月には「地方分権一括法」が施行され，この地方分権に伴い地下街関連の通達は，2001年（平成13）6月，「地下街中央連絡協議会」が廃止，「4省庁通達」「地下街に関する基本方針について」，「5省庁通達」等もすべて廃止された．

2011（平成23）年3月11日の東日本大震災翌日の12日には，博多駅新地下街が開業している．なお，地下街は地震に強く，この地震においても岩手県盛岡市のめんこい横町地下街（昭和44年11月開業）は被害を受けておらず，先の阪神大震災においても，神戸地区の4地下街（さんちか，メトロ神戸，デュオ神戸山の手，デュオ神戸浜の手）は大きな被害を受けておらず，地上の整備が進んだ2ケ月後には，通常開業している．

2012（平成24）年3月現在，全国の地下街（**図-11.2**）は，78か所で，総面積は，約110万m^2である．**図-11.3**に地下街の建設経緯と法制度の関係について示す．

また，近年，国土交通省の成長戦略会議（2009年10月から翌年5月まで検討）で示された緊急施策のなかで，官民連携による地下街の整備促進があげられており，検討が進められている．

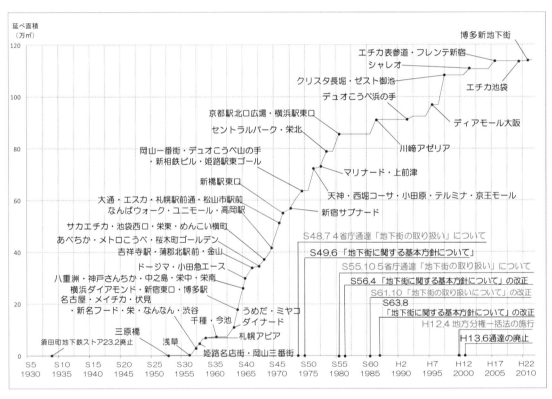

図-11.3 地下街整備の経緯

3. 地下街における取組

3.1 地下街施設の管理マニュアル

地下街は，単体の場合は，地上に近い浅深度に，地下駐車場と併設されている場合は，駐車場の上のフロアに位置しており，比較的浅い位置に，また，駅前広場の地下に設けられている場合もその利便性を考慮して浅い位置に整備されており，構造物本体は，他の地下構造物と一体化し，安定した構造物として構築されているケースが多い．

来街者の多い地下街で組織されている全国地下街連合会（昭和40年11月19日発足）が中心と

なり，不特定多数の来街者に対応すべく，地下街の施設を主体にした管理マニュアル（1988 年）を策定しており，それぞれの地下街ではその地下街の環境に即した形式にしたもので，管理・運用している．

その内容は，地下街と環境，空調の管理，排水配管の管理，電気設備の改良，停電対策，漏水対策，防災対策，保安・警備，水防対策，寒風・雪害対策，地下駐車場，保険，資格と社員の育成，法規と多岐にわたっている．

主な，対策等について以下に示す．

3.1.1 地下街の事業的な性格

一般的に地下街に対する認識は「様々な店舗のある地下構造の施設」といった商業施設としての性格に焦点が当てられがちであるが，地下街を事業的な観点からみた場合は，異なった様相を呈することになる．

地下街の建設に当たりもっとも基盤となるものは，都市計画法に基づく街路事業としての性格である．

この事業計画に駐車場整備事業がかかわると，駐車場が併設される．これらの事業はその都市の都市計画事業に基づき，公共事業として建設されるものであるが，事業の経済性の観点からは，独自では成立するものではない．したがって，これを解消する手段として店舗の併設が認められるが，この店舗および準地下道等は付帯事業扱となっている．事業母体は，東京のほとんどの地下街は純然たる民間であるが，地方では「第3セクター」的な組織がその役を担っているときもあったが，現状では民間が中心となり，株式会社として，その運営がされているところが多い．

3.1.2 地下街の公共的な性格

(1) 不特定多数の施設利用

一般の路上の道路と同様に，地下街ではその施設の利用目的が多様であり，地下街利用者は施設管理の立場から，不特定多数にならざるを得ない．

公共地下道等の通路，広場等での待合せ，接続する交通機関の時間待ち，商業施設の利用，便所の利用等地下街は不特定多数の人々が様々な動きをする地下空間である．このような人々の流れをつかむことは，防災的・営業的にも重要なことであり，各地下街は人々の流れのリサーチを実施している．

不特定多数の人を受け入れる施設管理者側としては，防災（避難誘導，防火），防犯をもっとも考えており，「より安全な地下街」を目標に努力している．

(2) 地上連絡階段の確保

不特定多数の者の受け入れに伴い，避難誘導の見地から地下街と地上とを直接的に連結する地上連絡階段等の所定数設置が規定されている．

この制約条件は建設計画を進めるにあたって非常に重要な項となる．この地上連絡階段は，原則として扉の設置は認められていない．したがって，地下街に外気の与える影響は大きく通路を空調している所では，温熱環境の維持，省エネ等の対応策に苦慮している．

(3) 平面的な広がり

地下街は公共地下道，通路に店舗が付帯している形となっているので，必然的に平面上大きな広がりを持つ施設とならざるを得ない．いわゆる「超高層ビル」（階段が著しく多い割りに平面的な広がりに乏しい）と対極に位置する施設といってよい．

この両極の施設を対比することにより，地下街の平面的な広がりの持つ特性が明らかになる．すなわち，施設管理一般の観点からは現地確認（異常対応，保守点検，各種現地打合せ等）に際して超高層ビルでは上下の搬送システム（エレベーター）を利用して迅速に対応可能なのに対して，地下

街では,その手段がほとんど皆無で,メカに頼らざるを得ない.

地下街に設置されている広場は営業的なイベントのみならず,利用者の横移動"憩い"を提供する空間である.

また利用者の非常時の避難誘導に関しては,超高層ビルでは地上への到達に時間がかかるのに対して,地下街では前述の地上連絡階段は歩行距離20～30mごとに確保されている.

したがって,地下街の建設計画においては,地下街のこのような長所・短所を十分に考慮した設計方針が必要となる.地下街の平面的な広がりに対しては,設備システムの分散化,それを支援する集中監視システムの導入,店舗との情報ネットワークの徹底等があげられる.

(4) 長時間の施設使用

公共地下道等の公共性から,地下街の施設の使用時間は異常に長く,かつ連続している特性があり,店舗については所定制約,営業施策から通路等より使用時間は減少するがそれでも一般ビルに比べ長いものとなっている.

したがって,施設の消耗が経過時間の割りに早く,設備システムにおいてはこの現象がより早く出現する.地下街施設としてもっとも基幹をなすと考えられる防災,電気,空調,換気設備等の予防保全システム,異常検出システムが,このような特性から今後も重要になるのではないかと思う.

(5) 公共交通機関との接続

地下街の公共地下道のほとんどは,公共交通機関と接続されている.したがって,通勤,通学等に利用される頻度が高く,人々の流れを決定する重要な要素となっている.

(6) 隣設建物との接続

地下街は,隣設の建物と接続されていることが多く,建築的にも,設備的にも,個別に建設されているが,相互間の連絡(情報の交換)は不可欠となる.

特に,防災・防犯に関しては,この情報交換のシステムが重要となる.一例として,ほかの建物の異常信号を相互の防災表示盤,監視盤等に表示するシステム等があげられる.

3.1.3 商業施設としての性格

(1) 多数の小区画店舗の構成

一般的に地下街は,多くの店舗で構成されているので.施設管理面では管理業務が膨大となり,機械による管理システムが必要である.

(2) 店舗の業種の多様性と空調

店舗の業種は大きく分けると物販・飲食となるが,物販店でも業種が多いのと,飲食でも軽食・重飲食によりメニューが異なると同時に厨房設備も異なる.

最近では,照明設計も以前と異なり白熱灯やLED照明に変わったり,厨房設備のオートメ化等,熱量の増加により省力を考えた改装が相次いでいる.したがって,熱量が多くなるということは,それだけ室内が暑くなるので空調の問題が出てくる.そこで換気,また冷房等の強化も考えなくてはならなくなる.

特に地下街は,計画時に駅前広場,道路下を利用するため,吸排気筒の位置,大きさ等が思うようにとれないため全部がセントラル方式の空調にできず,店舗等は,ファンコイルと併用の地下街も多いようである.

それにまた,地下街は,法令で決められている階段の数等により,開口部が多くせっかく地下街内を適温に保っても,階段からの空気の流入・流出は免れない.階段の区画によりその調整はできるが,災害時のことを考えると,避難誘導に問題が出てくるのでしかたのないことかもしれないが,省エネ面からは今後の検討の余地はある.

(3) 安全性

地下街は不安だという人も多いが,しかし,地下街は安全である.

① 地震に対しては,地上のビル等と比較してみても,震度にして約2程度は違う.地上のビルで震度5のときでも地下街では,ほとんど感じられないほどであり,震度計で見ると震度2〜3であり,歩行者のほとんどが,気がつかない程度である.

したがって,大地震等のときには,緊急対応の施設として評価する機運も高まっている.

② 火災に対しては,全館に自動火災報知設備が設置され,防災センターに表示,スプリンクラーも全館に設置,72℃になると自動的に散水する装置になっている.

また排煙設備も完備しているが,地下街では火はすぐ消えるが煙が問題となる.ただし,歩行距離20〜30mごとに階段があるので,30mの間を避難するのに何分もかからない.それに照明についても非常灯があるため,真暗になるようなことはない.また最近では,図-11.4に示す高輝度蓄光式誘導標識(蓄光板)が設置されているところも多く,複数の対策が取られているところが多い.

図-11.4 蓄光板

3.2 地下街における修繕基本計画

3.2.1 中長期修繕基本計画(更新費)

地下街における中長期修繕基本計画の策定(例)にあたっては,更新時期は,4月から翌年3月までをひとつの年度と考え,対象期間は,今後21年間(2011年度〜2031年度)とする.表-11.1に示す一括更新時期一覧及び各工種別更新設定,耐用年数一覧表に基づき設定している.

費用の算定にあたっては,地下街における工事の特有性を鑑み,一般的な刊行物単価ではなく可能な限りいままでの実績金額を採用し,工事費には建築・設備共撤去費用も含んでいる.

この算定では,現状では地震等自然災害は考慮せず,地下構造物の外部防水は含まない手法をとっている.

この要領に基づき,地下街のすべての設備について,今後20年間の更新費用を算出,また,修繕費用についても同様に20年間の費用を算出している.

3.2.2 更新時期の設定・更新費について

(1) 更新時期の設定

「改訂 建築物のライフサイクルコスト」建設大臣官房官庁営繕部監修(2000年5月)のデータベースを基本とするが,これまでの修繕履歴や更新実績を参考に見直しを行う.なお,記載のない項目については,過去の更新実績を参考に別途設定する.

(2) 更新費について

2007年度作成の中長期修繕基本計画(更新費)を基に,建設コスト及び労務費単価の物価指数を調査し,2007年度と2010年度とは大きな変動もなかったことから2007年度時点で算出した金額を採用する.

建築・設備各更新費合計と更新年度21年間の合計は,同額にはならないが,各工事において設定している耐用年数に15年〜30年の幅があることおよび機器本体の部分更新及び,修繕にて更新不要とする等の対応をしている項目もあるためである.

(3) 使用年数が耐用年数を超過している項目について

2011年度現在で耐用年数を超過している項目については,2012年度に更新が計画されるのが原

則ではあるが，保守状況（修繕を含む）により更新時期の延長が可能と判断出来る項目については，個別に更新時期を設定し更新計画表では（＊）を併記し記録する．

(4) 基幹設備（受変電機器・非常発電機・熱源機器）に関して

建築物ライフサイクルデータベース（LCDB）耐用年数を参考に，保全状況を加味しこれまでの更新実績により個別に更新年度を計画する．

(5) 修繕にて耐用年数の延長

修繕にて耐用年数の延長を図ると記載された機器装置で，2021年度までに記載のない項目は2022年以降に更新を計画するものとする．

(6) 構造躯体の更新について

鉄筋コンクリート躯体の財務省令による減価償却「耐用年数」は65年であるが，地下街と言う特殊性から建替を行うのは困難と考え，耐用年数以上を維持させるために，構造躯体の劣化等を調査して必要な補修や耐震補強を行うが，更新計画表には盛り込まないこととする．

3.2.3 建築関連の更新

下記項目の便所改修工事以外を同時に行うことを全体改修工事と称する．

① 公共通路・シャッター他改修：公共通路の床，壁，天井改修
　　　　　　　　　　　　　　　階段上屋の更新
　　　　　　　　　　　　　　　各店舗区画及び防火区画シャッターの更新
　　　　　　　　　　　　　　　バックヤード（管理事務所，機械室等）関連の内装改修
② 便所改修：各客用便所の内装改修（衛生陶器等の設備工事も含む）
③ 広場改修：公共通路と接続している客溜り広場の床，壁，天井改修
　　　　　　A 地下街の広場は床，照明モニュメントの改修とする．
　　　　　　B 地下街の各工区の広場
④ その他　：500m^{2}の防火区画を想定し防火防煙シャッターの費用を計上する．

3.2.4 更新原単位及び根拠

全体改修は，集溶接部危機の更新時期を考慮し25年周期，公共通路・シャッター他改修・広場改修・その他は，全体改修と同様とし，便所改修の全面改修は30年周期とするが，中間の15年目に修繕費にて部分改修を行うものとする．

3.2.5 設備の耐用年数

それぞれの設備の個別の設備名および関連する機器名とその耐用年数（建築物のライフサイクルコストデータベース，中長期修繕基本計画採用分）等について，**表-11.1**に給排水衛生設備の耐用年数，電気設備の耐用年数，空調設備の耐用年数一覧表(例)を示す．

表-11.1 主な設備の耐用年数一覧表

設備名	機器名	耐用年数 建築物のLCDB	耐用年数 中長期修繕基本計画採用分	備考
給水設備	給水本管（鋳鉄管）	設定なし	修繕費で見込む	排水用鋳鉄管で40年
	給水引込管（店舗）	25	修繕にて耐用年数の延長を図る.	これまでの維持管理方針
	共用部配管	25	修繕にて耐用年数の延長を図る.	建築修繕費で見込む
排水設備	汚水槽	設定なし	修繕にて耐用年数の延長を図る.	これまでの維持管理方針
	排水ポンプ	15	修繕にて耐用年数の延長を図る.	これまでの維持管理方針
	曝気ポンプ	15	修繕にて耐用年数の延長を図る.	これまでの維持管理方針
	湧水ポンプ	15	修繕にて耐用年数の延長を図る.	これまでの維持管理方針
	ポンプ吐出管	設定なし	一括更新時期を適用	適用しない時25年目安
	店舗排水管	30	修繕にて耐用年数の延長を図る.	適宜清掃を実施
	共用部排水管	30	修繕にて耐用年数の延長を図る.	適宜清掃を実施
特高受変電設備	特高受電盤他	30	機器類, 標準30年・最長33年 函体は, 修繕で耐用年数延長	建築物のLCDB参考 更新実績により設定
	保護継電器	30		
高圧変電設備	高圧配電盤他	30	機器類, 標準30年・最長33年 函体は, 修繕で耐用年数延長	建築物のLCDB参考 更新実績により設定
	遮断器	30		
	保護継電器	30		
	変圧器	30		
	進相用コンデンサ	25		
	リアクトル	25		
熱源設備	遠心冷凍機	20	30	20年目で大改修, 30年目で更新
	スクリューチラー冷凍機	20	20	10年目で分解整備, 20年目で更新
	吸収式冷温水機	20	20	10年目で分解整備, 20年目で更新
	パッケージ類	15	15	
蓄熱槽	水蓄熱槽	設定なし	修繕で耐用年数の延長	修繕で耐用年数の延長
	氷蓄熱槽ユニット	設定なし	20	LCDBの熱交換器計画更新年数

＊LCDB：ライフサイクルコストデータベース

4. 地下街の耐震設計
4.1 建設時の耐震設計

国土交通省が平成21年度に行った調査結果によると，地下街の建設時に採用されている耐震設計の基準は，建築系では47件（57%），土木系で36件（43%）であり，土木系のうち28件（78%）は，鉄道系の基準が採用されており，地下街のほとんどは，建築系か鉄道系のどちらかの基準で整備されている状況にある．また，**表-11.2**に耐震設計の変遷の概要を示す．

表-11.2 耐震設計の変遷

	【建築系】耐震設計 （建築基準法）	【土木系】耐震設計 （各地下鉄基準）	備考
～1960年 （～S35）	建築系の耐震設計 地下街を地上の建物と同じと考え，建築基準法に準じて設計されている． 耐震設計は，地上建物と同様に震度法により行われている．震度は地上部では建築基準法で水平震度Kh=0.2であるが，地下にあることから，Kh=0.05～0.15に割り引いて作用させている場合が多い．	鉄道系の耐震設計 地下鉄の建設に合わせて地下街を建設した場合に適用されている． 地下街事業者が作成した地下鉄の設計基準に基づき設計される． 1995年兵庫県南部地震以前の地下鉄設計基準では，地下鉄部分に関しては通常省略して良いとされていた．そのため，地下街に関しても耐震設計は行われていない．	1967年（S42） 土構造物の設計施工指針案 （震度法による土圧設計法の提案）
1970年 （S45）			建設省特プロ新耐震設計法 （建築・土木の耐震設計法の見直しプロジェクト）
1980年 （S55）	1981年（S56） 建築基準法改正（新耐震基準） （地下に作用させる震度を初めて規定）		
1990年～ （H2～）	1995年 阪神・淡路大震災		
2000年～ （H12～）		1996年（H8） 新設構造物の耐震設計に関する参考資料 1999年（H11） 鉄道構造物等設計標準・耐震設計 （レベル2地震動への対応）	

4.2 現行の耐震設計

地下街の基準として採用実績の多い建築系と鉄道系の現行の耐震設計の考え方について，概要を表-11.3に示す．

これらは，あくまでも新設する際の考え方であり，既存地下街の耐震診断・補強に対して，この考え方を満足させる必要はないが，各地下街で耐震診断・補強を実施する際の方針の設定などの参考となると考える．

表-11.3 現行の耐震設計の考え方

分類	建築系	鉄道系
基準名	建築基準法 (国土交通省住宅局建築指導課)	鉄道構造物等設計標準・同解説 耐震設計 (鉄道総合技術研究所)
改正(訂)日	昭和56年6月1日	平成11年10月20日
耐震設計の方針	一次設計：稀に発生する中規模の地震動でほとんど損傷しないことを検証(許容応力度設計) 二次設計：極めて稀に発生する大規模の地震動で倒壊・崩壊しないことを検証(保有水平耐力計算等)	耐震性能照査を行う **耐震性能Ⅰ**：地震後も補修せずに機能を保持でき，かつ過大な変位を生じない． **耐震性能Ⅱ**：地震後に補修を必要とするが，早期に機能が回復できる． **耐震性能Ⅲ**：地震によって構造物全体系が崩壊しない． レベル1地震動に対しては耐震性能Ⅰを，レベル2地震動に対しては，重要度の高い構造物は耐震性能Ⅱ，その他はⅢを満足するものとする．
地下部分に関する地震力	地下部分の地震力は，次式の水平震度により算定． $k \geq 0.1(1-H/40)Z$ ここに，k：水平震度 H：地盤面よりの深さ$(20 \geq H)$(m) Z：地震地域係数	耐震設計上の基盤(V_s=400m/s 以上)での弾性加速度応答スペクトルで定義． スペクトルは規定されており，このスペクトルに適合する地震動を用いて地盤応答解析を行うのが原則．
構造解析方法	地下部は一次設計のみで，二次設計は実施しなくてよい．	応答変位法により算定する．次の事項を考慮して算定する． 1) 地盤および構造物の相互作用 2) 地盤および構造物の非線形性

4.3 地下街における耐震診断・補強の状況

4.3.1 耐震診断・補強の実施状況

国土交通省が行った全国の地下街の耐震診断・補強の実施状況についての調査結果から，阪神・淡路大震災に対応する耐震設計をしていない80箇所の地下街のうち43箇所で耐震診断が実施されていない，または不明の状況が明らかになった．また，耐震診断を実施した33箇所のうち23箇所が耐震補強の必要なしと診断され，平成21年度調査現在，耐震補強が必要と診断された10箇所のうち5箇所が補強工事まで実施している．

4.3.2 耐震診断の状況

耐震診断を実施した33地下街について，その内容を整理した結果から，とくに，鉄道施設の内部の地下街などの鉄道施設に関係する地下街で耐震診断が進んでいる状況にある．また，耐震診断方法としては，主に建築系と鉄道系の2つの方法のみで，耐震診断が実施されているとともに，当初設計の耐震設計と同じものが採用されている傾向にある．

4.3.3 耐震補強の状況

耐震補強工事まで実施している5地下街について，その概要を表-11.4に示す．

これまでの地下街の耐震補強においては，主として中柱に対する補強が実施されている．

表-11.4 耐震補強の実施状況

	耐震診断・補強の概要	採用した耐震補強工法	当初設計方法	耐震診断方法
実施例①	現行の構造計算基準に適合することを確認し、不適合部位について、現行の構造計算基準に適合するよう補強設計を実施。	中柱に対する『炭素繊維シート補強工法』	【建築系】	【建築系】
実施例②	劣化度調査とともに「建築物の耐震改修の促進に関する法律」に準拠した耐震診断（Is≧0.6, q≧1.0）を実施。	中柱に対する『鋼板巻立補強工法』	【建築系】	【建築系】
実施例③	柱に関して、せん断耐力が曲げ破壊時のせん断力を上回ることの確認（Vmu≧Vyd）を実施。	中柱に対する『鋼板巻立補強工法』『炭素繊維シート補強工法』	【建築系】	【鉄道系】
実施例④	柱に関して、せん断耐力が曲げ破壊時のせん断力を上回ることの確認（Vmu≧Vyd）を実施。	中柱に対する『鋼板巻立補強工法』	【建築系】	【鉄道系】
実施例⑤	現行の構造計算基準に適合するよう柱・壁・床・梁の補強設計を実施。現行の構造計算基準に適合することを確認した。	—	【建築系】	【建築系】

4.4 耐震診断・補強を実施する際の留意事項

4.4.1 耐震診断・補強の流れ

ここで述べている地下街の耐震診断・補強は，地下街躯体に対する耐震診断・補強である．地下街躯体の他にも，天井・設備など，耐震診断・補強が必要な部位があるが，この部分につては，平成25年中にはガイドラインがまとめられる計画になっている．

耐震診断・補強のフローを**図-11.5**に示す．耐震診断・補強の基本は，新たに地下街を設計するのとは違い，地下街の現状を把握し，その現状に応じた診断を行い，耐震性が不足する場合は耐震補強を行うことになる．

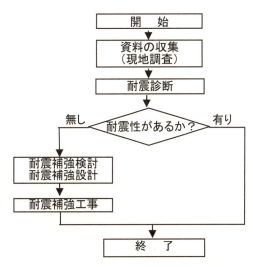

図-11.5　耐震診断・補強

4.4.2 具体的調査方法

(1) 現状調査

竣工図もしくは設計図がある場合には，大まかな寸法が異なることは考えにくいので，竣工後変更されたところを中心に確認を行う．特に，壁等に新たに開口が設けられた場合には，耐震壁として機能できる状態かを確認する．また，壁厚・柱幅等施工時に変更されている場合もあるので寸法は確認しておくのが良い．

(2) 劣化度調査

地下街の躯体は（鉄骨）鉄筋コンクリート造であるため，この躯体の劣化度を調査する．地下

街の店舗部分は，化粧板等により躯体が隠されているので，調査は目視調査，コンクリート調査（強度調査，中性化深さ，③鉄筋調査等）であり，主に機械室や駐車場部分で行い，その結果を店舗部分にも適用する．

4.5 耐震診断
4.5.1 耐震診断の方法

地下街の実態調査の結果，地下街の当初設計は，建築系もしくは鉄道系の基準に準じた方法が用いられており，既に実施された耐震診断についても当初設計で用いられた基準と同じものが採用されている傾向にある．**表-11.5**に地下街の耐震診断で参照される代表的な診断方法について示す．

このように，当初設計で用いられた基準により耐震診断を行うことが基本となるが，その設計方法は各地下街毎に工夫しており，各地下街の実情に応じ，当初設計と異なる基準を用いて耐震診断を行うことも有効である．

表-11.5 地下街の耐震診断で参照される代表的な診断方法

	建築系耐震診断基準	土木（鉄道）系診断基準
基準名称	①既存鉄筋コンクリート造建築物の耐震診断基準・同解説 ②既存鉄骨鉄筋コンクリート造建築物の耐震診断基準・同解説	「既存の鉄道構造物に係る耐震補強の緊急処置について・同解説」運輸省通達（H7）
発行者	日本建築防災協会	運輸省鉄道局
発行日	① 平成13年10月25日（2001年改訂版） ② 平成21年12月7日（2009年改訂版）	平成7年7月26日
特徴	1次診断から3次診断まで，簡易な診断から詳細な診断まで診断方法が整備されている． 診断結果が数値で表され耐震性のレベルを知ることができる．	柱のみを対象とし，想定以上の地震に対しても柱の支持力が確保できるかを確認する方法．
地下街耐震診断への適用性	本診断法は，地上にある（鉄骨）鉄筋コンクリート造構造物に対する診断法であるため，地下にある地下街の耐震診断に適用するためには，地上構造物に置き換える等の工夫が必要となる．	地下街へ適用した場合，大規模な地震が発生しても，地下街が崩壊しないこと確認できる． 耐震壁がある場合の取り扱いの規定がない
実施事例	9例	23例

4.5.2 主な事例

建築系の診断方法（**図-11.6**，**図-11.7**に示す鉄筋コンクリート造建築物の耐震診断基準による2次診断の事例）である．

(1) 検討地下街の概要

地下街の開業年は昭和40年代，設計法は建築基準法・同施行令，設計震度は地下1階（地下街部）Kh=0.2，地下2階（駐車場部）Kh=0.15，地上部Kh=0.3である．

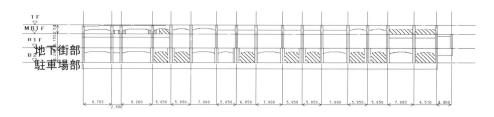

図-11.6 標準的な断面図（斜線は耐震壁）

(2) 耐震診断手法

耐震診断は，「建築物の耐震改修の促進に関する法律」に規定する耐震診断の指針（既存鉄筋コ

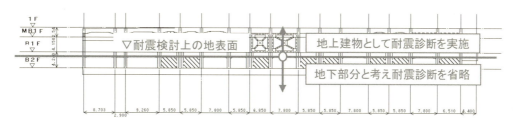

図-11.7 耐震検討上の仮定

ンクリート造建築物の耐震診断基準)に準じて行われた．地上建築物を対象とした耐震診断法を，地下街に適用するために以下のような設定を行い診断している．なお，下記考え方は建築の耐震改修計画評定委員会での評定を受けている．

① 地下街の周囲は他の建築物の地下階で囲まれており，それぞれ接続部は 50mm のエキスパンションジョイントで分離されている．B2 階の壁量が非常に多く，他の階に比較して剛性が大きいので，B1 階より上を地上階とみなすこととする．（地下2階は耐震診断を省略した．）

② 周囲の建物との隙間が 50mm であるので，地下街の層間変形は半分の約 25mm で周辺建物とぶつかるものと考えられ，地下街の耐力として変形が約 25mm（層間変形角約 1/250）のときの状態を本構造物の保有水平耐力として耐震指標の設定をおこなう．

(3) 耐震補強

耐震診断結果の分析により，地震耐力が不足するのは，偏心率が大きいことおよび一部の柱のせん断耐力が不足していることである．

耐震補強として，ねじれの割増率を出来るだけ小さくするためと，耐力の増強のため耐震ブレースを設置するためと，柱のせん断破壊を防止し，靭性を高めるために炭素繊維による，柱のせん断補強を行った．

5. 地下街のリニューアル

ほとんどの地下街は，年間の休業日は少ないうえ，不特定多数の人が介在し，かつ色々な店舗が配置されているため，各種の法制度による点検・確認が日常から行われており，設備面においては，不具合が生じた場合には，直ちに修復できる体制が整っている．

また，公共通路の移動をスムーズにするため，柱が店舗内に配置されているケースが多く，耐震補強等の大規模改修を行うには店舗の営業補償等が伴うため，工事時期の制約を受ける．このため開業 20 年，25 年，30 年，40 年時等に行う記念行事と合わせて計画されることが多い．

最近の地下街のリニューアルにあたっては，ホームページやニュースリリース等で改修目的や規模等について，事前に公表されており，札幌地下街，八重洲地下街，新宿サブナード，京都ポルタ地下街，姫路駅前地下街等でリニューアルが終了あるいは計画されている．

「編集 WG 注」

本事例は，「都市地下空間活用研究会」の粕谷主任研究員が取りまとめたものを一部加筆して紹介するものである．

事例-12 東京都下水道局におけるアセットマネジメントの導入事例

1. 下水道管の老朽化対策の必要性

平成 24 年 12 月に発生した中央自動車道笹子トンネル天井板落下事故を契機に，都市インフラの老朽化への対応が喫緊の課題となっている．都市インフラの一つである下水道管は道路の下に埋設されているため，普段はその存在や重要性に気付く人は少ない．しかし，老朽化により下水道管に損傷が発生すると，下水道管内への土砂流入による閉塞等で下水道サービスに支障が生じるだけでなく，道路陥没を引き起こす恐れもあり，他の都市インフラと同様に老朽化への適切な対応が不可欠な施設である．

東京の下水道の歴史は古く，明治 17～18 年（1884～1885 年）に神田の一部に煉瓦積み暗きょの下水道を敷設したいわゆる「神田下水」に始まる（**図-12.1**）．神田下水は 130 年近く経った現在でも，現役の下水道管として機能し続けている．このような古い歴史がある一方で，東京 23 区(区部)において下水道の本格的な整備が始まったのは，他の多くの都市インフラと同様に，戦後の高度成長期になってからである．昭和 39 年（1964 年）の東京オリンピックや公害問題を大きな契機として，約 30 年間に集中的に整備を進め，平成 6 年度末（1995 年）に普及概成 100％を達成した．現在，区部の下水道は，水再生センター（下水処理場）13 箇所，ポンプ所 85 箇所，下水道管約 16,000km の施設を有している．法定耐用年数 50 年を超える古い下水道管の延長は，現在は全体の 1 割程度の約 1,500km である．しかし，今後 20 年間でさらに約 6,500km が 50 年を経過することとなり，全体の半分に当たる約 8,000km が老朽化した下水道管になると見込まれる．下水道管の老朽化が本格化するのはこれからである．

図-12.1　神田下水

東京都下水道局では，普及率 100％を達成した平成 7 年度以降、老朽化した下水道管の更新事業を順次進めている．しかし，単純に更新を行うのでは，下水道の普及拡大の時と同じペースで更新事業のピークが発生する．維持管理の時代に入り，事業規模も運営体制も建設最盛期の半分程度になっており，限られた財源と執行体制の下で，効率的に老朽下水道管の対策を進めていかなければならない．また，下水道システムは，管路施設だけでなく，多数の水再生センターやポンプ所などのプラントにより構成されている．これらの施設の老朽化対策も大きな課題であるとともに，浸水対策，施設の耐震化，合流式下水道の改善，高度処理の導入など下水道の様々な事業課題への対応も求められる．

施設の老朽化対策を確実に行い，将来にわたって下水道サービスをお客様に安定的に提供していくためには，アセットマネジメントの視点で様々な事業課題との調整を図り，限られた事業資源を有効に活用していかなければならない．

2. 下水道管の老朽化対策への取り組み

東京都の下水道管の老朽化対策は，単純な更新や改良といった老朽化対策だけでなく，維持管

理しやすい下水道システムへの転換を図るとともに，都市化による汚水量，雨水流出量の増大に伴う既存施設の能力不足の解消や新たな社会的要請に対応した下水道機能の高水準化（耐震化，合流式下水道の改善対策など）を同時に実施しようとするものであり，「再構築」と呼んでいる．

下水道管の再構築実施にあたっては，アセットマネジメントの視点から既存施設の長寿命化等による有効活用を図るとともに，浸水対策・耐震対策・合流改善対策などを適切に組み合わせて，効率的・効果的に事業を進めている．

2.1 資産リスト、基礎情報の整理

アセットマネジメントによる効率的，効果的な再構築を進めるには，資産である既存施設の基礎情報の整理とリスト化が不可欠である．

都では，下水道管の資産リストである「公共下水道台帳」をマッピングシステムを用いて電子化した「下水道台帳情報システム（SEMIS）」を開発し運用している（**図-12.2**）．

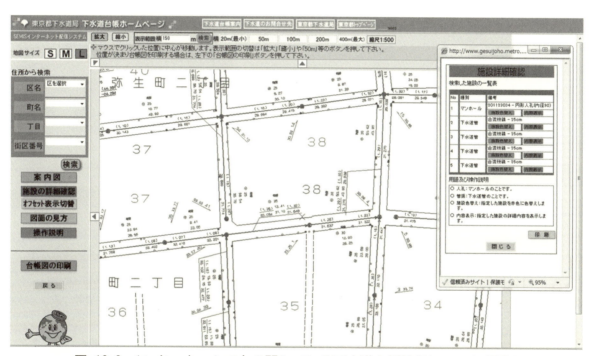

図-12.2 インターネットでも公開している下水道台帳情報システム SEMIS

下水道台帳情報システムは公共下水道台帳で扱う地図情報と下水道管やマンホールなどの下水道施設情報を一体としてデータベース化し管理できる機能を有した地理情報システム（GIS）であり，施設の位置や設置時期，工事履歴などの施設に関連した詳細情報の検索，集計や平面図，各種調書の出力が可能である．

また，後述する管路内調査結果を取り入れてデータベース化する機能も備えている．下水道台帳情報システム（SEMIS）を基礎データにして，これに管路内調査情報や改良・補修工事実績，道路陥没，浸水被害情報等を付加させた「管路診断システム」の構築により，下水道管に係わる各種情報を一元的に処理し，再構築実施個所の優先順位判定を行うシステムの運用も進めている．

2.2 管路内調査と再構築の実施

下水道管の再構築を効果的に進めていくために，既存施設の状況を十分に把握し，事業計画を策定することが重要である．既存施設の現況を把握するために区部全域で目視及びテレビカメラ

による管路内調査を実施している．管路内調査は，再構築事業の計画策定のほか，再構築工事の設計・施工及び日常の維持管理においても必要不可欠な基本的な情報である．

市街地内に面的に敷設されている比較的管径の細い「枝線」については平成13年度から23年度までに約13,500kmの調査を実施した．また，水再生センターに直接流入するような管径の太い「幹線」は，平成18年度から平成20年度までの3年間で集中的に調査を行った．

下水道管の再構築の実施にあたっては，アセットマネジメント手法の考え方に基づき，健全な下水道管は可能な限り活用していくことを基本とし，下水道管の調査結果等により老朽度や流下能力を判定のうえ，既設下水道管の状態に応じた対策を進める．

老朽度の評価方法は，異常個所を「破損」，「クラック」，「継目ずれ」，「腐食」，「侵入水」等の11項目に分類して，各項目についてA・B・Cの3段階の評価ランクに分類する．異常個所の数や評価ランク等に基づき，マンホール間のスパンを単位として下水道管の劣化や損傷状況の評価を行う．

管路内調査の結果や流下能力などの機能アップの必要性などに基づき，再構築にあたっての対策手法を，既設管活用管渠（RA），更生管渠（RB），新設管渠（RC），布設替管渠（RD）の4手法に分類し，路線ごとに適切な整備手法を選択する．

各整備手法の具体的内容を，**表-12.1**に示す．

表-12.1 下水道管再構築の対策手法

対策手法種別	内容
既設管活用管渠（RA）	構造的に健全で計画下水量を排除することが可能で、既設下水道管をそのまま活用するもの
更生管渠（RB）	内面被覆工法や鞘管などを使用して更生し、既設下水道管を使用するもの
新設管渠（RC）	既設の下水道管だけでは排水能力が不足するため下水道管を新設して能力を補うもの
布設替管渠（RD）	劣化・損傷の程度、施工性、水理特性等の理由から既設下水道管を撤去し、新たに布設替するもの

2.3 再構築対象区域

再構築の実施にあたっては，枝線下水道管と幹線下水道管について，それぞれ対象範囲を設定して事業を進めている．枝線については，下水道管の敷設年代を考慮して区部全体を3つのエリアに区分し，下水道管敷設後の平均経過年数が古い三河島処理区，芝浦処理区，砂町処理区，小台処理区の都心4処理区（約16,000ha）を第一期再構築エリアと設定し，当面の（中期的な）再構築対象地域とした（**図-12.3**）．

幹線は，昭和30年以前に敷設された古い幹線や，前述した平成18年度～20年度の調査結果により劣化や損傷が連続して存在するような区間，合計約300kmを中期目標に設定し再構築を進めている．

平成24年度末の再構築実施状況は，第一期再構築エリアの枝線を再構築した面積が約4600ha（第一期再構築エリアの28%），幹線の再構築は41kmの整備を完了している．

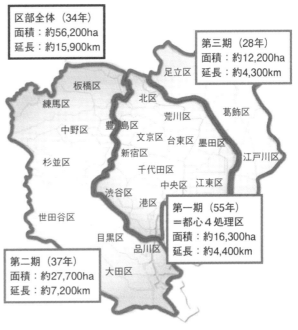

( )は、平成24年度末における下水道管の平均経過年数

図-12.3 枝線再構築エリア図

2.4 新技術の開発・導入による効率的な老朽化対策の実施

下水道管の再構築に当たっては道路交通やお客さまの生活への影響を軽減するため，非開削で施工可能な「更生工法」を積極的に採用している．更生工法は，道路掘削を伴わないことから，開削工事に比べて，更新コストを抑制できるほか，工事に起因する騒音や振動，交通規制等，周辺環境への影響を抑制できる．都心部では，埋設物が多いため，道路や埋設物管理者との協議や調整などの開削工事における制約が軽減され，工期や工事費の面で有利である．東京都では，下水道の現場を使って民間と共同で様々な技術開発を行っており，更生工法についても民間と共同で「SPR工法」と呼ぶ新工法を開発した（図-12.4）．この工法は，既設管内に，「プロファイル」と呼ばれる硬質塩化ビニル製の帯をらせん状に巻きつけて製管し，裏込め材を充てんして既設管と一体化させることにより複合管を築造する工法であり，非開削で工事ができるだけでなく，既設管内に下水を流したまま施工ができる特長がある．

（施工前）　　　　　　　　（施工中）　　　　　　　　（施工後）

図-12.4 自由断面SPR工法

また，管路内調査の精度向上と調査効率の向上を図るために，デジタル方式のミラー式テレビカメラを導入し，コンピュータ処理により下水道管きょ内面全体が把握できる内面展開図を作成するシステムの開発も行った．従来のビデオカメラは，損傷箇所を発見するとカメラを一旦停止し，カメラヘッドの向きを変えて円周方向の詳細調査を行う必要があり，管の側面調査に長時間

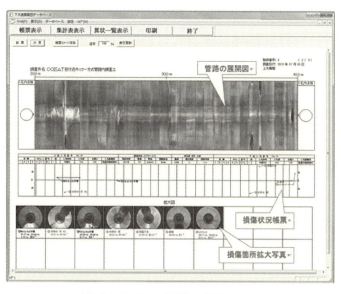

図-12.5 内面展開図帳票

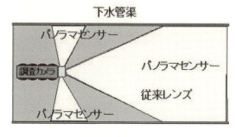

図-12.6 ミラー方式テレビカメラと直進時の撮影範囲

を要していた．また，アナログ式カメラでは画像の解像度が低く，調査員が細かい損傷を見逃すケースがある等，技術上の問題があった．ミラー方式テレビカメラは管路内を直進するだけで，下水道管の前方の映像と壁面の詳細な映像を同時に入手することができるとともに，デジタル方式で撮影しているため，コンピュータ処理により一目で下水道管きょ内面全体が把握できる内面展開図帳票を作成することができる（図-12.5，図-12.6）．

3. 再構築のスピードアップとアセットマネジメントの「見える化」

これまで整備してきた膨大な下水道管が老朽化し大量更新期に突入していく状況に対して，これまでは，第一期整備エリアの枝線下水道管を中心とした中期的目標を示すにとどまっていた．しかし，これまでの再構築の整備スピードでは，区部全体の下水道管の老朽化対策に対して不十分であり，これまでより再構築を約2倍にスピードアップを図る内容を盛り込んだ「経営計画2013」（計画期間：平成25年度からの3か年）を平成25年2月に策定した．以下に経営計画2013で示した主要なポイントを説明する．

3.1 事業のスピードアップ
3.1.1 中長期的な目標年次の明確化

これまで，再構築を急がねばならないことは言及していたが，その理由や長期目標となる全体事業量などについては具体的なイメージは示していなかった．そこで経営計画2013では，図-12.7に示すライフサイクルコストが最小となる経済的耐用年数を用いて，今後の再構築事業量の想定と平準化の考え方を明らかにした．

一般的に施設を長期間使用すれば，1年当たりの建設費（減価償却費）は小さくなり，資産を有効に活用することになるが，1年当たりの維持管理費は逆に使用年数に応じて増加する傾向にある．1年あたりの減価償却費と維持管理費の合計が増大に転じる時点（経済的耐用年数）での更新が最も経済的に有利となるとされており，下水道管路についてもこの経済的耐用年数で再構築を行っていくものとした．

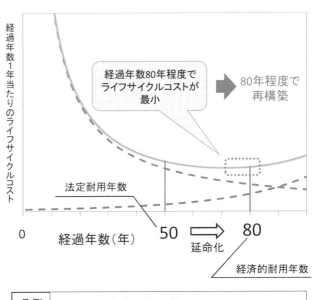

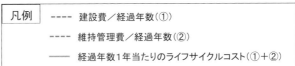

図-12.7 ライフサイクルコストの最小化

東京都区部の約16,000kmの既設の下水道管について，建設費とこれまでの維持管理費などのデータに基づき試算した結果では，経済的耐用年数は70年余りという値が得られており，概ね80年を経済的耐用年数と設定して区部全域をこの経済的耐用年数で再構築するために必要な事業量を具体的に示した．このような検討に基づき、第一期再構築エリアと位置付けた都心4処理区を80年程度で再構築を完了するために，年間の事業量を，これまで400haから約2倍にあたる700haにスピードアップすることとした．

第一期にあたる都心4処理区を再構築する方針は，当初再構築事業に着手する際に既に打ち出しているが，区部全体を対象とした再構築計画は策定されていなかった．そこで，経営計画2013

では区部全域を3つの区域に分けて（図-12-7 参照），アセットマネジメントの視点で全体を80年程度で再構築していく方針を明確にし，区域毎の平均的な下水道管の経過年数等のデータに基づき，事業量と事業スケジュールの長期的な目標を示した．

3.1.2 老朽化対策先行整備手法の拡大

下水道管の再構築は，通常既設の下水道管の雨水排除能力を増強しながら実施するため，下流側の基幹施設（ポンプ所や幹線）から順番に整備していくことが基本である．しかしながら，基幹施設の整備には長い時間がかかり，上流側の枝線で再構築が進まない状況が多く発生している．また，開削工法により下水道管の増径を図る手法では，下水道管の再構築のスピードアップが困難である．

そこで，浸水の危険性の低い地域などにおいて，基幹施設の増強を待つことなく，まず既設管の老朽化対策を実施する「老朽化対策先行整備手法」を活用することとした．老朽化対策先行整備手法では，雨水排除能力の対策は基幹施設の整備を踏まえて後で段階的に実施することとし，内面被覆などの更生工法の採用によるコスト縮減を図った老朽化対策の実施により，従来と同規模の事業費で計画期間中の再構築事業量を倍増することを目指している．

3.1.3 幹線再構築のスピードアップ

東京都の再構築は枝線からスタートしノウハウを蓄積してきた．一方，幹線については，昭和30年度代以前に建設された幹線を対象に再構築を進めてきたが，幹線内の水位が高く施工困難な箇所や調査そのものができないなどの理由で対応に遅れが出ていた．そのため，大口径下水道管用の調査ロボットを民間と共同開発し，目視による調査を併用することで，平成18年度からの3年間で調査可能な全ての管線の調査を集中的に実施した．「経営計画2013」では，調査結果から損傷の多い幹線についても再構築の対象として追加するとともに，かつての川に蓋を掛け下水道として利用している幹線についても追加し，事業量を拡大し，着実な対策を進めて行くこととした．

しかし，依然として，水位が高く施工や調査が困難な幹線が相当程度あることがわかっており，それらの幹線については下水を切り替え管内水位を下げるための代替幹線の整備が欠かせない．幹線の再構築のスピードアップの前提条件として，代替幹線の整備計画策定に向けて，重点的に検討を進めていく計画である．

3.2 アセットマネジメントの「見える化」

3.2.1 再構築の事業量と目標年次の具体化

3.1.1で言及した区部全体での再構築事業量と目標年次を一目で分かる形にすることで図-12.8 に示すように，アセットマネジメントを踏まえた中長期的な事業方針を見える形に示した．

これにより，再構築の全体計画が見える形で示され，おおよその事業量と事業費が把握でき，下水道事業を将来にわたって永続させていくイメージをつかむことが可能となった．これは，お客さまに対しては，下水を流す機能を将来に渡って確保し，老

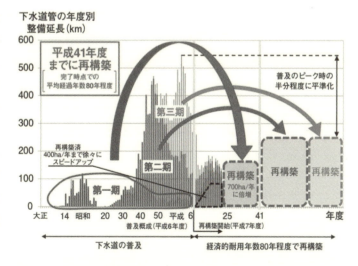

図-12.8 下水道管のアセットマネジメントのイメージ

朽化した下水道管を適切に維持管理し再構築することの決意表明と言える．また，下水道事業を支えている関連民間企業に対しては，東京下水道の将来の事業量を示し，それへの準備を行うための情報発信ともなる．

3.2.2 再構築事業の効果のPR

再構築事業を進める上で，下水道料金の負担者であるお客さまの理解を欠かすことはできない．平成7年度から本格的に着手してきた再構築の効果について，これまではお客さまに明確に示してこなかった．このため，何の目的で再構築を行うかというPRが欠けていたため，理解を得るのに苦労する場面が多かった．これに対して，経営計画2013では**図-12.9**に示すように，再構築の進捗と道路陥没の減少について具体的な効果を初めて示し，平成7年度から開始した再構築によって約5割の陥没を削減したことを示した．このことは，再構築を行うことのアウトカムをお客さまに明確に提示することであり，再構築を行う際のお客さまへの効果的なPRになる．

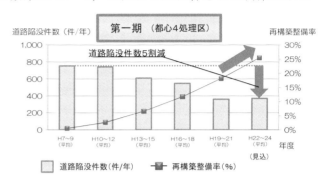

図-12.9 再構築による道路陥没件数の減少

4. 下水道管理者の責務を果たすために

経営計画2013では，東京都の下水道がこれから進めていこうとする再構築の方向性や事業量をアセットマネジメントの手法を用いて初めて見える形で示した．しかし，今後も厳しい財政状況が続き，さらに，下水道事業を支える人材の確保や技術の継承も難しくなり，再構築事業の方針を示したことだけで事業が簡単に進捗するわけではない．

都は全国の下水道に先駆けて，下水道管の再構築に既に15年以上取り組んできた経験があり，我が国の下水道界のリーダーとしての役割を果たしていかなければならないと自負している．そのためには，今回示した中長期的な再構築事業の取組方針をベースに，アセットマネジメントをより進化させ，財源や人材，執行体制などの検討を進めていく必要がある．具体的には，下水道管再構築事業への国の支援の拡大を求めて行くとともに，執行体制の確保と人材育成などの検討を進めていく．一方，第二期以降の再構築が始まる数十年後には再構築の事業量が一層増大することが予想されることから，浸水対策や合流式下水道の改善対策など，老朽化対策以外の下水道の事業課題も加えた事業費フレームの平準化の検討などのマネジメントも進めていく．

下水道事業は，お客様からいただいた下水道料金をもとに経営する公営企業であり，効率的・効果的な事業運営により下水道サービスの安定的な提供と一層の向上に努めていかなければならない．下水道施設の大量更新期に向けて，再構築を着実に推進することで，この責務に全力で取り組んでいく．

6. 新技術と今後の展望

6.1 維持管理における新技術の動向
6.1.1 新技術の動向
　従来，トンネルは利用状況や管理者による管理方法による差はあるものの，概ね以下のような流れで維持管理がなされてきた．
① 変状状況を把握するために点検
② 設計に必要な詳細データを収集するための調査
③ 対策工事のための設計
④ 設計に基づいた対策工事の実施

　また，近年は将来の維持管理の最適化を目的として，維持管理計画や長寿命化計画の策定が行われるケースが増えてきており，上記①～④に加えて，以下のことが実施されつつある．
⑤ 点検，調査，設計，対策工事の履歴管理（データベース化）
⑥ 点検，調査結果による健全度に基づいた劣化予測
⑦ 長寿命化計画を策定したうえで，定期点検を実施しながら適切な維持管理を実施

　近年，このトンネルの維持管理に係わる新技術が開発され，実用化されてきている．これらは様々な目的を有する技術があるが，ここで紹介するものは大きく三つに分類でき，「劣化予測に関する新技術」，「現場作業の効率化および点検精度向上に関する新技術」，「ICTによる維持管理の支援に関する新技術」である．以下に代表的な新技術を紹介する．

(1) 劣化予測に関する新技術
　トンネルはその施工方法の特性から，周辺の地質条件などにより変状状況やその進行の程度が変化すること，その地質条件などの影響を詳細に把握することは，非常に多くの時間と労力を要すること，交通荷重が覆工に作用しないことといった特徴がある．これらの要因が複雑に関連することから，従来はトンネルの劣化予測を行うことが困難とされてきた．

　近年，トンネルの劣化予測を行う手法がいくつか提案されてきた．代表的な手法として，**表-6.1.1**が挙げられる．

表-6.1.1　トンネル劣化予測手法の事例

劣化予測手法	概要	対象
点検履歴に基づく確率を用いた手法	一定の間隔で実施される不連続な点検結果を全体的な傾向でとらえ，確率過程によって健全度低下をモデル化して予測する手法．	主に山岳トンネル
実験的な手法	漏水現象が鉄筋腐食に影響する可能性に着目し，ひび割れ幅と漏水量の関係を実験的に求めた事例．	開削トンネル シールドトンネル
	鉄筋腐食によるかぶりコンクリートのはく落現象について，模擬実験により劣化現象を再現した事例．	

(2) 点検作業の効率化および精度向上に関する新技術

トンネル維持管理の流れの中で、「調査、設計、対策工事」に関しては非破壊調査の適用、設計要領の策定、新工法の開発がなされている。一方で、「点検」に関しては主に目視と打音検査という人の手による作業および結果の判定を行っており、点検員による誤差を含んだ結果となることから、点検の精度向上が求められている。また、供用中のトンネルでの点検作業であるための作業の制限（通行規制や作業時間など）や、点検時に多くの人員が必要となることなどから、点検作業の効率化が求められている。これらの課題に対して有効な新技術について、**表-6.1.2**に示す。また、打音検査と遠望視点検における新技術について以下に補足する。

表-6.1.2 点検新技術事例

目的	名称	点検技術の概要	代替となる技術
トンネル覆工表面画像計測	レーザ光を用いたモノクロ画像計測技術	時速60km/hで走行しながら連続計測が可能 計測時に交通規制は不要． (トンネルキャッチャー)	遠望目視点検
	ビデオカメラとレーザ光を用いたカラー画像および3D形状計測技術	時速50km/hで走行しながら連続計測が可能 同時に電磁波レーダ計測が可能で覆工背面空洞を検出できるものもある 計測時に交通規制は不要 (MIMM-R)	遠望目視点検
覆工及び空洞探査	マルチパス方式レーダによる探査を用いた覆工内部の検査技術	覆工内部のひび割れやジャンカ、空洞などの変状を検出可能 (CLIC)	打音検査
	削孔による覆工コンクリート厚および背面空洞厚を測定する技術	覆工コンクリートを削孔しながら覆工コンクリート厚や覆工コンクリート背面の状況を調査 トラックマウントの専用削孔機． 削孔速度や回転圧などのデータから、空洞などの状況を判断 (PVMシステム)	電磁波レーダ探査

※( )内は新技術の具体的な名称を示す．

a) 打音検査

打音検査については技術者の間では、簡易で確実性の高い検査・点検手法として位置づけられているが、2012年12月の笹子トンネル事故以来マスメディアで取り上げられるなか視聴者からは点検者の個人的主観が入るのではないかとか、科学的な面で古い手法ではないかといった懸念の声も聞かれた。それらの多くの方々の疑問点は、「打撃が一定の衝撃力のもとで与えられているのか」また、「その応答を受けての判断は客観的かつ科学的か」と言う点にあると思われる。最近の研究では、打撃には加振用レーザ光の照射、その応答である振動を反射ととらえて解析する方法[1,2]や回転式の一定の衝撃力の打撃を与える方法[3]、超音波や遠赤外線を用いる方法が考案されている。これらの非破壊検査方法は、多くの人手を要する打音検査の合理化と技術的な均一性の要求から開発が始まったと言われる。新たに開発されたものは、一定の力で衝撃を与え客

観的なレーザ反射光による反射の応答波形を解析するものであり，応答の可視化が可能となり客観性が高く保証され，かつデータのデジタル化により保存が容易なことから，事後の検証，分析にも有利で今後大いに期待できる検査手法と考えられる．

b) 遠望点検（トンネル覆工の変状の可視化）（**写真-6.1.1**）

国内の地下鉄の管理部門では，次のような目的でトンネル覆工の撮影を行い展開図を作成し現状把握を行っている．

① 検査精度の向上や省力化
② 維持管理データのデータベース化と一元管理など

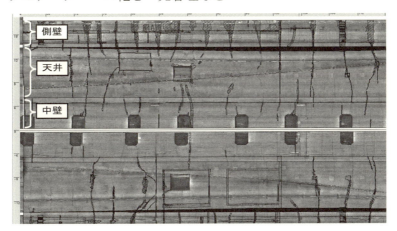

写真-6.1.1 トンネル覆工の変状の可視化例（提供：東京地下鉄）

トンネル覆工の撮影の意味は，データを蓄積し，対比を行い，時系列的に変状の進展状況を把握したり，職員間で情報を共有するなどであるが，今後，さらなる技術的な要素をデータに加え，基準値などを設定して整理することにより，さらなる発展が期待される．

(3) ICTに関する新技術

一般にトンネルの点検は，一定の周期で実施される形を採っているが，あらかじめ問題の発生が予測されるような箇所にあっては，建設時から計測器を設置し，常時計測に近い形でデータを採取し，そのデータを直接，トンネル点検に利用することが望まれる．

たとえば，山岳トンネルでは，断層破砕帯を貫通する位置において，断層のひずみを計測できる機器の設置や，遮水シートの断裂による地下水浸潤を感知できる，湿度センサの覆工内の埋め込み，シールドトンネルでは，立坑や分岐トンネル付近のセグメントリングに対する目開き計の設置．またトンネルの種別によらず，トンネル内の重量添架物や付属物の定着部へのひずみ計設置などが考えられる．維持管理用のこれらのデータ採取には，最近では主に無線（wireless）が使われ場合が多い．採取したデータは，単にその箇所の異常を知らせる役に留まらず，経年劣化に類似性を有する他のトンネルへの警鐘としても活用が可能である．また断層破砕帯におけるデータなどは，単なる一つのトンネルのデータにとどまらず，国が進める地震予知システムへのリンクも重要と考えられる．これには，日常におけるデータの吟味と関連性の分析など，データの精緻な解析が不可欠であるが，トンネルの維持・補修のための点検の精度を向上させ，補修の箇所やタイミングをより効果的に予見する新たな技術開発の手掛かりが，これらのデータに潜んでいると期待される．

今後の地下施設やトンネルの維持管理のICT化に向けた要素を含むと考えられる事例をいくつか紹介する．キーワードとしては，長期的計測，維持管理データのデジタル化と共有化である．

a) データベースによるトンネルの管理

近年，公共事業でコスト縮減が叫ばれる中，社会資本の維持管理に関して最適化を図り，将来

予測に基づく適切な維持管理や予算配分を目的とした維持管理計画が策定されつつある．トンネルの維持管理においても一部の地方自治体や鉄道会社では，維持管理計画の検討および策定，維持管理履歴を管理するためのデータベースが構築されており，新しい仕組みが導入され始めた．その導入事例を**表-6.1.3**に紹介する．

表-6.1.3 データベース構築事例

分野	名称	導入管理者	データベースの特徴
道路	トンネルマネジメントシステムほか	静岡県，石川県，福島県など	GISを利用したデータベースシステム．トンネル諸元，点検や調査データの保管が可能．ライフサイクルコスト計算機能，優先順位決定機能がある．
鉄道	構造物管理支援システム	公益財団法人鉄道総合技術研究所 民間鉄道22事業者※	構造物の諸元および検査記録をデータベース化し，全般検査における検査記録や変状データを蓄積管理できる．鉄道構造物等維持管理標準に準拠した健全度の判定を支援する機能がある．タブレットPCを用いて現場でデータ参照，健全度判定が可能．

※2012年7月現在

b) トンネル維持管理の計測

一般的に，一定の周期でトンネル点検が実施されているが，問題の発生が想定される箇所では，常時計測のような方法が必要とされる．その事例として，光ファイバー方式，ワイヤレス(無線)方式がある．前者は，トンネルに設置された光ファイバーケーブル自体の伸縮(変位)を読み取るもので，近接施工の影響把握を目的とした事例がある．後者は，設置された計測機器からデータを無線伝送するシステムであり，データはモバイルなどで確認できるシステムである．

i) 光ファイバー方式によるデータ採取とデータ伝送の例

構造物に設置された光ファイバーケーブル自体の伸縮（変位）をケーブル内にレーザ光を透過させ，その反射光の波長変化を，解析装置で読み取ることで，ケーブル内の各所の変位の大きさと発生位置を測定する技術としてBOTDR[4]方式がある．この方式では，トンネルの多断面の内空変位を，同時に同じ精度で把握することが可能である．トンネル近接施工時の影響把握を目的に，国内[4]に数例，海外でもイギリス，シンガポール[5]などで数例の実績を有す．データ伝送は，光ケーブルはもちろん，ワイヤレスも可能である．さらに，光ファイバーケーブルを利用したものとして，FBG[6]センサがあり，こちらは，頭髪程度の太さの光ファイバーケーブルの断面を加工し，電気抵抗式ひずみゲージとほぼ同じ取り扱い方をするもので，橋梁などの部材応力の常時計測やひずみに対する応答が早いことから，継続的な地震時のひずみ計測になどに利用されている．光ファイバー自体は，靭性に富み，腐食にも強い特徴を有し，長期の計測に適している．

図-6.1.1は，既設トンネル内の光ファイバーケーブルの設置状況を示す概念図である．**図-6.1.2**は，既設トンネルの計測断面の直下を新設トンネルのシールド機が通過中における，既設トンネルの内空変位の変化の様子をとらえたものである．シールド機の接近とともに，既設トンネルの内空断面が横長に変形し，シールド機が直下を通過中には，内空断面は縦長に変形する状況が把握されている．内空変位は0.1mm単位の精度で測定が可能である．新設トンネルの半年間の計測事例であるが，長期計測も可能である．

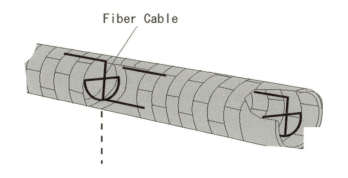

図-6.1.1 シールドトンネル内での連続的な光ファイバーの設置状況

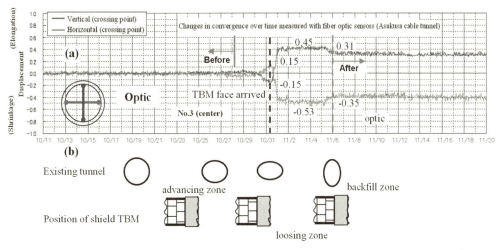

図-6.1.2 近接施工における既設シールドトンネルの内空変位の変化[4]

ⅱ）トンネル覆工データの採取とワイヤレス（無線）方式によるデータ伝送[7]

ロンドン地下鉄において，すでに実施されている維持管理のためのデータ採取と，無線方式によるデータ伝送の様子を紹介する．2008年ごろから，ロンドン地下鉄は，ケンブリッジ大学 CSIC（Cambridge Centre for Smart Infrastructure and Construction）と共同で，構造物維持管理のスマート化と称して，トンネル維持管理の ICT 化に取り組んでいる．

図-6.1.3 では，トンネル覆工のクラックが発生している箇所にクラック変位計を設置し，その後の状況の変化を追跡しながら観察を行っている．

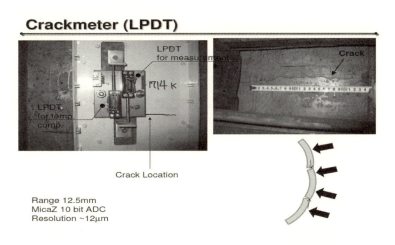

図-6.1.3 ロンドン地下鉄のクラック変位計の設置状況
（写真提供：ケンブリッジ大学曽我教授）

図 6.1.4 は，ある計測区間に設置されたクラック変位計や傾斜計の設置状況と，その区間の採取データをゲートウェイに集め，無線伝送するシステムを示している．地下鉄の保守作業員がモバイルホーンで，簡単にデータを確認することができる．

写真-6.1.2 は，ICT 維持管理の代表例として挙げられる東京ゲートウェイブリッジ（光ファイバー延長約 3700m）である．

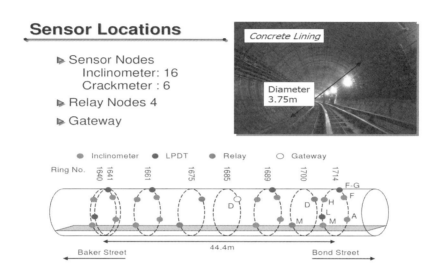

図-6.1.4　計測区間とデータ伝送設備（写真提供：ケンブリッジ大学曽我教授）

※　着色箇所は代表的なセンサ位置

写真-6.1.2　東京ゲートウェイブリッジ（写真提供：NTT インフラネット㈱）

6.1.2 点検履歴に基づく確率を用いた劣化予測手法による LCC の試算

(1) 概要

点検間隔を1つの指標として，3章で示した実際の変状トンネルをモデル化したAトンネルの健全度評価のうち，特に，変動程度の大きい覆工20スパンについて「ひび割れ」という評価項目に着目して「点検費用」と「対策工費」をもとに劣化予測とLCCの試算を行った．すなわち，点検頻度を多くすると点検費用はかかるが，劣化が進まないうちに軽微な対策（補修対策）で健全度を回復できる．一方，点検間隔を少なくすると点検費用は軽減できるが，逆に健全度回復のために大規模な対策（補強対策）が必要となる．したがって，点検履歴に基づく確率を用いた劣化予測手法によるLCCの試算から最適な点検間隔を決定するものである．以下に検討結果を述べる．

一般的に，点検は2年から5年程度の間隔で行われることが多い．すなわち，点検データそのものは点検間隔に応じた離散データになる．しかし，LCCを検討する上で，健全度低下モデルは，時間に関する連続モデルとして扱うことが望ましい．これを図に示すと図-6.1.5 の A〜F の経路と

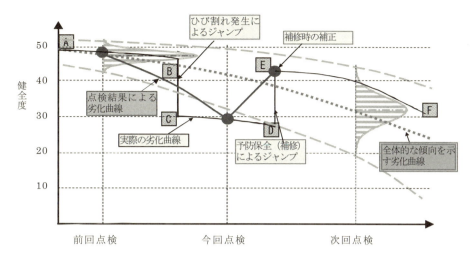

図-6.1.5 トンネル覆工の劣化過程に関するモデル図[8]

なる．しかしながら，健全度の低下は点検時毎に判明するため，どの時点で変状による健全度低下が発生したかを点検結果のみから判定することは困難である．ここで，ひび割れ等の変状や補修・補強といった対策工による健全度回復という健全度の不連続性を平均的にとらえれば，健全度低下を図中の波線（全体的な傾向を示す曲線）のようにモデル化できる．

以上の点を考慮して，安田ら[9),10)]は健全度低下を全体的な傾向でとらえ，幾何学的ブラウン運動モデルを導入した確率過程によって健全度低下をモデル化している．

点検結果に基づく健全度劣化予測モデルの劣化段階とレベル（5段階）を**表-6.1.4**に示す．

表-6.1.4 劣化段階とレベル[11)]

劣化段階	劣化段階の状態	対策方針	劣化度 De	健全度 Sf	レベル
			5	0	使用限界
V	劣化が著しく進行している	補強			
			4	1	
IV	劣化や変状が広範囲に確認でき、劣化、変状がさらに進行すると予想される．	補修			
			3	2	
III	劣化や変状が一部見られ、このまま進行すると予想される。	予防保全			
			2	3	許容限界
II	軽微な劣化や変状が見られる。	継続監視			
			1	4	
I	健全で機能的にも問題がない。	対策なし			
			0	5	

注意：劣化段階は、その状態であるという区間を意味し、劣化度、健全度は定量化のためポイント値を意味する。

表-6.1.4に関して，「道路トンネル定期点検要領（案）」の判定区分（A,B,S）と今回，提案する健全度判定表に置き換えて劣化度を割り振ると**表-6.1.5**に示すとおりとなる．

なお，対策工による健全度回復に関しては，その時点が明確であるため，モデルに組み込み，一方，点検そのものが数点しか存在しないという現実をふまえて，各スパンでの不確実性としてとらえ，全スパンでの全体的な傾向で健全度低下モデルを構築している．

表-6.1.5 劣化段階とレベル（判定基準）[11]

点検要領による判定		劣化段階	劣化段階の状態	対策方針	劣化度	健全度
A		V	劣化が著しく進行しており，もし1, 2年以内に対策がなされないと，必要な機能が確保できなくなるか，利用者等に危険が及ぶ恐れがある．	補強	50	0
A	B	IV	劣化や変状が広範囲に確認でき，劣化，変状がさらに進行すると予想され，もし5年以内に対策行われないと，必要な機能が確保できなくなるか，利用者等に危険が及ぶ可能性がある．	補修	40	10
	B	III	劣化や変状が一部見られ，このまま進行すると予想される．もし適切な時期に対策がなされないと，必要な機能が確保できなくなるか，利用者等に危険が及ぶ可能性がある．	予防保全	30	20
	B	II	軽微な劣化や変状が見られる．現状では利用者等に影響はなく機能低下も見られないが，断続的な監視を必要とする．	継続監視	20	30
		S・I	健全で機能的にも問題ない．	対策なし	10	40
					0	50

　トンネルの劣化予測を検討する上で，ひび割れなどの変状が発生することによって，トンネルの性能や機能水準は低下し，結果としてトンネルの健全度が低下する．この時期を点検のみによって確認することは困難で，安田らはひび割れの発生に着目しポアソン過程を用いてモデルの拡張を行っている[9), 10)].

(2) モデルトンネルの概要と健全度評価

　モデルトンネル（以下Aトンネル）は，実際に変状を生じ，調査結果の判明しているトンネルをもとに設定した．点検調査は，平成12年，平成16年に実施しており，トンネルの変状状況は変状の著しいスパンと比較的変状の少ないスパンに分け設定した．図-6.1.6にモデルトンネルの変状展開図の一部（20～30スパン）を示す．なお，実際のトンネルに関しては，トンネルの施工時には，小崩落（天端・鏡面），吹付けコンクリート剥落，ロックボルトの座金の変形といった変状現象が発生しており，各種補助工法により対処している．特に，本トンネルでは湧水の発生が多く，トンネルの施工においては，水抜きボーリングを併用して掘進を進めていた．発生した変状の主なものは，ひび割れ，漏水である．

　ここで，平成12年に定期点検を実施し，その結果に基づき補修工事（ひび割れ注入，排水工，導水工）を施工した箇所については，トンネル施工時に変状が発生し，補助工法を多用した箇所の1つにあたる．平成16年の2回目の点検では，部分的にはひび割れの増加が見られている状況である．なお，ひび割れの進行性に関しては，追跡調査の結果，平成16年以降に関しては，坑内温度変化を伴うものが主であり，特に進行性は認められないことが分かっている．

(3) 健全度評価表による評価結果

　検討ケースとしては，変状が大きい21スパン（20-40）を抽出し，前述3章で紹介した健全度評価表（案）に基づき，トンネル業務に係わる技術者により評価した．

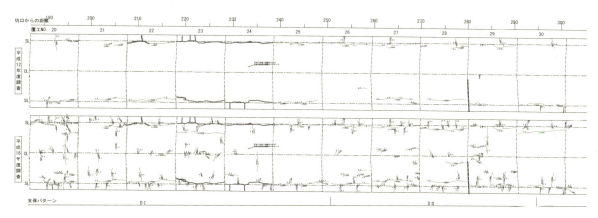

図-6.1.6 Aトンネル変状展開図（変状大スパン：20〜30）[11]

a) 評価に関する判定条件

点検結果に関する評価にあたっては，以下の評価に関する判定条件の統一を図った．

① 判定区分Iは最大値評価（5点刻み）判定区分IIは該当項目の平均値評価（1点刻み）とする（判定区分IIの評価項目は4項目のため合計を4で割った平均値を劣化度とする）

＊判定区分Iの突発性崩落，判定区分IIの変形，沈下は評価しないこととし，判定区分IIの外圧は評価する．

② 進行性有りのひび割れ経過年数はトンネル構築をH8年とし以下の通りとする

H12：第1回点検（トンネル構築から4年間経過）

H16：第2回点検（第1回点検から4年間経過）

③ その他，外圧の影響，ひび割れ進行性等の評価にあたっては，トンネル条件（NATM，H12漏水対策工実施済み，対象区間はインバート未設置区間など）に留意して評価を行う．

b) 変状の大きいスパン（No.29）における点検結果の評価

図-6.1.7に（一例として）No.29スパンの健全度評価結果を示し，以下に健全度評価の分析結果を示す．

① スパン全体での評価では，どの評価者も判定区分IIより，判定区分Iの劣化度の方が大きくな

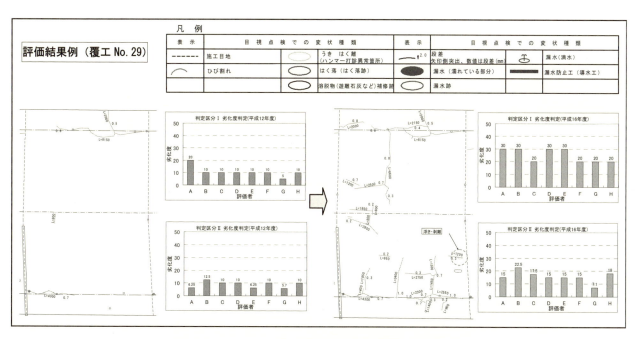

図-6.1.7 Aトンネル健全度評価結果（No29スパン）[11]

っており，評価点の最大値をスパンの評価とした判定区分Ⅰ（利用者被害）に関する評価が優先する結果となった．

② H12年度の評価において，発生箇所により異なり，アーチ部に閉合ひび割れのあるスパンでは，判定区分Ⅰの劣化度は高く評価されているが，それらを除いては，判定区分Ⅰ，Ⅱの評価はほとんど同程度である．判定区分Ⅱの劣化度を大きく評価している箇所も多く見受けられるが，これらは側壁部の水平ひび割れを外圧によるものとして評価しているためであると考えられる．

③ H16年度の評価において，判定区分Ⅱでは一部のスパンを除いて劣化度の増分は5程度未満であるが，判定区分Ⅰでは10～20程度となっている．

④ 個々の評価においては，評価のバラツキに関しては，ひび割れ性状（発生位置，幅，長さ）や閉合ひび割れのはく落評価において評価者によるバラツキが大きくなっていた．

⑤ 判定区分Ⅱの劣化度の増分が小さい理由としては，H12年度時点ですでにSL付近のひび割れはスパン間に発生しており，H16年度に進行しているひび割れは横断方向に延びる比較的ひび割れ幅，長さの小さいものであること，判定区分Ⅱの評価が平均値評価となっていることなどが考えられる．

⑥ 客観的にみて構造的な変状が特に進行しているとは考えられない．

c) 健全度判定表（案）による評価結果（20～40スパン）の分析

変状の大きい21スパンに関して，新判定表に基づく点検結果の評価をまとめると以下のとおりとなる．

① 判定区分Ⅰ（利用者被害を誘発する変状），判定区分Ⅱ（構造的な変状）に関してトンネル業務に係わる技術者により試行的に評価した結果，いずれの項目に関しても判定区分Ⅰの劣化度の方が大きくなった．これは，トンネルの維持管理において今回の新評価表策定にあたっては，判定条件として判定区分Ⅰの変状はあってはならない事態として，各項目の最大値を各スパンの評価点とし，判定区分Ⅱに関しては，各該当項目の平均点を取ったことが評価結果に影響していると考えられる．

② 各スパンにおける評価のバラツキの要因に関しては，ひび割れの性状（発生位置，幅，長さ）や閉合型ひびわれ・交差分岐（はく落の可能性）の評価，漏水の評価による影響が大きいと考えられる．

③ 劣化度の進行に関しては，ひび割れの増加（数，幅，長さ）による評価に関しては物理的に判断できるが，閉合型ひび割れや構造的なひび割れ（軸方向連続ひび割れ）に関しては，施工時の状況や変状要因にも左右されることから，評価者の経験や判断基準により評価にバラツキを生じる原因となる．

④ 変状の程度による評価のバラツキに関しては，別途実施した変状の少ないスパンにおける評価結果でも全般的な劣化度（評価点）は小さいものの，変状の大きいスパン（20-40）の評価結果同様，閉合ひび割れや構造的なひび割れ（軸方向連続ひび割れ）の判断基準によりバラツキが大きくなるスパンがあった．

⑤ 劣化予測を行う上で，現状の変状状況を的確にかつ評価者によるバラツキを少なく評価することは重要であるが，今回提案した新判定表においては，判定区分の評価指標や具体的な評価基準（数値）を示すとともに，事前に判定条件を統一することで全般的には評価のバラツキを少なくすることができたと考えられる．

⑥ トンネルの維持管理において定期的に実施される点検調査の結果のうち，今回の評価結果の分析では，判定に大きく影響する調査結果（浮き・はく離，漏水，外力による変状の有無，ひびわれの進行性）に関しては，評価できる意味あるデータとして保存していく必要があると考える．

(4) LCCの試算

ここで，マルコフ過程による劣化予測に用いたAトンネルの評価点に基づき，耐久性能を左右する「ひび割れ」という項目に着目して点検履歴に基づく確率的劣化予測手法によるLCCの試行を実施した．

点検間隔の違いによる劣化の進行および修繕費用といった観点からLCCを算定することにより，適切な点検時期を決定するために，管理レベルとしての「臨界健全度（対策工により健全度を回復させる目安）」を3段階（35，25，15）に設定し，試算を行った．本来，LCC算出としては，「トンネル建設費（初期投資額）」「点検費用」「対策費用（修繕費用，補強費用）」「対策工事における社会的損失費」等を考慮して算出する必要があるが，今回は，1トンネルにおける約20スパン毎の区間における劣化度の比較を実施していることから，費用比較の項目を単純化し，「点検費用」「対策工費」のみの比較として検討した．なお，今回の検討では，トンネルの耐用年数を50年と想定し，50年間維持管理するものとしてLCCの検討を実施した．さらに，臨界健全度を25及び15とした場合には，点検間隔を大きくとると劣化度が15を下回るパスが発生し，現実には管理が困難となるため，LCCの比較では一例として臨界健全度が35の場合について検討を行った．

(5) 修繕費用

点検により，設定した臨界健全度を下回ったパスに関しては，対策により回復健全度（45）まで健全度を引き上げる必要がある．ここで劣化した健全度を回復健全度まで引き上げるために必要な対策費用を修繕費用として以下の通り設定した．工事費算出としては，直接工事費とした．

① 臨界健全度35（35→45）：50万／スパン（**表-6.1.6(1)**）

想定劣化状況：0.1m/m^{2}程度のひび割れが1スパンに発生していると想定．

想定補修工：ひび割れ注入工：22,000円/m

表-6.1.6(1)　補修費用（直接工事費）[11]

	算出根拠	備考
工事数量	19m×10.5m×0.1m／㎡=19.95m/スパン	
工事費	19.95m×22,000 = 438,900円/スパン	改め：50万/スパン

② 臨界健全度25（25→45）：150万／スパン

想定劣化状況：天端120°範囲に小ブロック化を含むひび割れが延長方向3m程度と想定．

想定補修工：炭素繊維内貼り工：38,500円/m

表-6.1.6(2)　補修費用（直接工事費）[11]

	算出根拠	備考
工事数量	（120/180）×14m×4m =37.3m^2/スパン	補修長：4m
工事費	37.3m^2×38,500 = 1,436,050円/スパン	改め：150万/スパン

③ 臨界健全度15（15→45）：390万／スパン

想定劣化状況：天端120°範囲に小ブロック化を含むひび割れが延長方向10m程度と想定．

想定補修工：炭素繊維内貼り工：38,500円/m

表-6.1.6(3) 補修費用（直接工事費）[11]

	算出根拠	備考
工事数量	(120/180)×14m×10.5m =98.9 ㎡/スパン	
工事費	98.9 ㎡×38,500 = 3,808,035 円/スパン	改め：390万/スパン

(6) 修繕費用の補正

図-6.1.8 および図-6.1.9 に示すとおり，臨界健全度 35 と設定した場合，点検間隔が長くなると点検時には臨界健全度を下回るパスが発生し，管理上のリスクとなる．なお，図の縦軸は健全度（対数目盛）で，横軸は経過年数である．すなわち，点検間隔を 1 年とした場合は，健全度は設定した臨界健全度を若干超える程度であるが，点検間隔を 3 年とした場合には，点検時の健全度は臨界健全度を大きく下回っている．臨界健全度 35 の場合，図-6.1.8 および図-6.1.9 の結果からも分かるように，点検間隔が 1 年の場合であれば，設定した臨界健全度でほぼ管理できるが，点検間隔 3 年となれば，臨界健全度 25 付近まで健全度が低下する．

したがって，LCC の計算過程では，想定していない実際の健全度から設定した臨界健全度に健全度を引き上げるための修繕費用を考慮する必要がある．例えば，臨界健全度 35 と想定し，25 まで低下した場合試算したスパンは 21 スパンであるため，以下となる．

① 臨界健全度 35（35→45）では 50 万／スパン×21＝1,050 万≒0.11 億円
② 臨界健全度 25（25→45）では 150 万／スパン×21＝3,150 万≒0.32 億円
③ 臨界健全度 15（15→45）では 390 万／スパン×21＝8,190 万≒0.82 億円

ここで，点検間隔 1 年〜5 年における点検費用と補修費用の合計（1 次算出）はプログラムのアウトプットから得られ，5 年間隔から 1 年間隔の順に「1 億」「1.1 億」「1.3 億」「1.4 億」「1.9 億」である．この値は，臨界健全度「35 以下」の補修費用を加味していないことから，臨界健全度「35」より下っている劣化線の割合をグラフから読み取り，その比率と点検回数から補正値を算出した．したがって，臨界健全度「25」を「35」に上げる補修費用は，0.32 億−0.11 億＝0.21 億であり，点検間隔 5 年の場合，臨界健全度「35」を下っている割合は，約 50％程度であり，点検回数は「10 回」であることから，補正費用は，0.21 億×0.5（比率）×10 回（50 年間の点検回数）＝1.1 億となる．

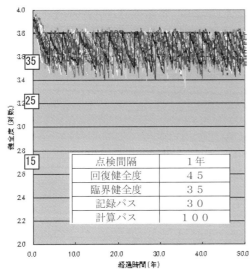

図-6.1.8　点検結果と健全度低下結果 [11]
（1 年間隔）

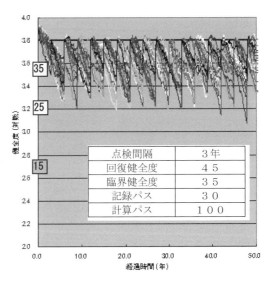

図-6.1.9　点検結果と健全度低下結果 [11]
（3 年間隔）

点検間隔ごとに同様の補正をプログラムのアウトプットをもとに実施すると臨界健全度が25まで低下した場合の修繕費用は以下となる．

① 5年間隔：1.0+1.1億＝2.1億円　（1.1億＝0.21×0.5×10回）
② 4年間隔：1.1+0.7億＝1.8億円　（0.7億＝0.21×0.3×11回）
③ 3年間隔：1.3+0.3億＝1.6億円　（0.3億＝0.21×0.1×15回）
④ 2年間隔：1.4+0.1億＝1.5億円　（0.1億＝0.21×0.01×23回）
⑤ 1年間隔：1.9+0.1億＝2.0億円　（0.1億＝0.21×0.01×50回）

(7) 点検間隔とLCCの検討結果

　トンネル変状が大きい場合において，健全度評価およびLCCを考慮した上で，適切な点検間隔を検討するものである．

　今回のAトンネルにおいては，図-6.1.10～図-6.1.13に示すとおり，点検間隔を1年とすれば，設定した臨界健全度に関わらず維持管理が可能であり，初期値として既に変状程度が著しい場合においても目標とする臨界健全度において管理することができると考えられる．

　しかしながら，1年ごとに管理することは現実的には点検費用や社会的損失（渋滞，迂回等）の問題があり，臨界健全度をどのレベルで設定するかという問題も含めて検討する必要がある．そこで，臨界健全度を35，25，15の3段階に設定したうえで，点検間隔を1年～5年とした場合の健全度劣化予測を行い，適切な点検間隔の検討を行った．

　点検間隔を2年以上とすると，設定した臨界健全度を下回るパスが発生し，例えば図-6.1.9に示す点検結果3年の臨界健全度15の例では，点検時に健全度11程度のパスが発生しており，点検毎に回復健全度までの対策を実施したとしても，次の点検までに劣化が進みはく落等の事故につながる可能性が高くなる（リスク増大）．なお，この傾向は，点検間隔2年から5年まで同様の傾向が伺えた．

　以上の検討結果から，定期点検のなかで維持管理の可能な健全度を15程度（補修で対応）と考えれば，臨界健全度は25程度に設定することが望ましいと考える．

(8) 点検間隔とLCCの試算結果

　適切な点検間隔の設定にあたっては，初期の劣化程度にもよるが，劣化が進まない内に軽微な対策（補修程度）による維持管理が望ましいと考えられる．

　点検間隔が長くなり劣化が進めば，事故発生のリスクとともに回復健全度まで健全度を高める対策が大規模（補強対策）となり，費用も増大する．

　ここでは，一例として，図-6.1.14に示す臨界健全度35と設定した場合の劣化予測モデルによる試算結果について検討した．

　図-6.1.15には，青線は劣化予測解析に基づくLCCの推移および点検時の劣化程度をふまえて回復健全度まで健全度を高めるために臨界健全度を大幅に下回ったパスも含めて健全度を高めるよう補正したもの示している．今回のLCCの試算結果に関して得られた結果を以下にまとめた．

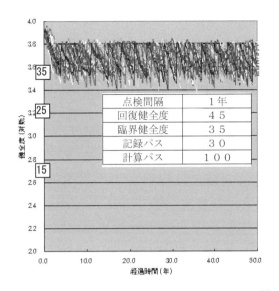
図-6.1.10　点検結果と健全度低下結果[11]
（臨界健全度35）

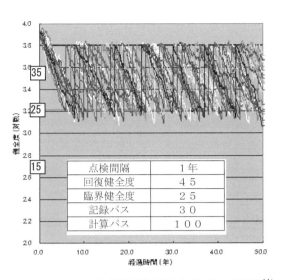
図-6.1.11　点検結果と健全度低下結果[11]
（臨界健全度25）

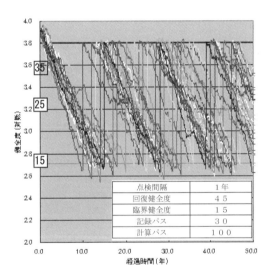
図-6.1.12　点検結果と健全度低下結果[11]
（臨界健全度15）

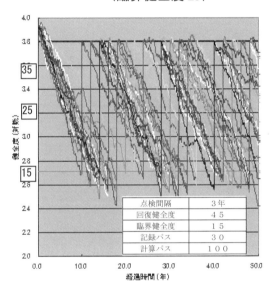
図-6.1.13　点検結果と健全度低下結果[11]
（臨界健全度15）

① 前述の通り，点検間隔が1年，2年の場合は，設定した臨界健全度35を超えるパスは健全度30程度で収まり，今回のような劣化速度の速い変状トンネルであっても点検間隔を短くすれば，高い健全度を確保することは可能となる．

② 図-6.1.14に示すとおり，点検間隔が3年を超えるケースでは設定した臨界健全度35に対して，点検時には健全度が25以下になり臨界健全度35での効果的な維持管理は困難である．

③ LCCの試算結果からは，図-6.1.15に示すとおり点検間隔を3年以上とすると，健全度の回復に必要な修繕費用が大規模となることから，LCCも増大することが分かる．

④ 管理レベルを踏まえて考えると，補修が必要となる臨界健全度は予防保全を含めると25程度と考えられることから，今回のモデルトンネルのように劣化速度の速いトンネルにおける維持管理に関しては，点検間隔を短くして軽微な補修を繰り返すことにより維持管理を図る事が望ましい．ただ，今回の試算においては，利用者損失（渋滞，通行止め，迂回等により発生する費用）は環境条件，使用条件によりことなるため考慮しておらず，実際のトンネルの維持管理においては計上すべきである．

今回実施した検討によりわかったことを，表-6.1.7にまとめた．

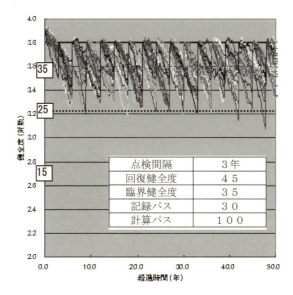

図-6.1.14 点検結果と健全度低下結果[11]
（臨界健全度 35）

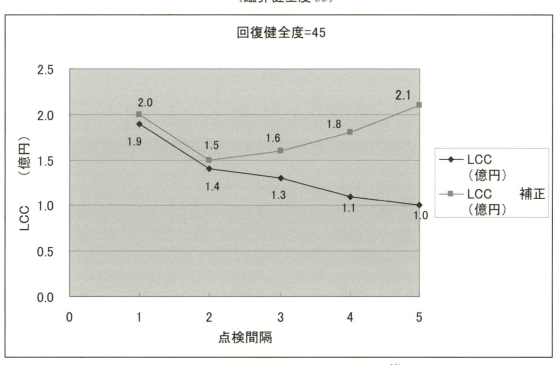

図-6.1.15 点検間隔と LCC の試算結果[11]

表-6.1.7 点検履歴から確率過程を用いた劣化予測のまとめ

前提条件	課題	予測によるメリット
①トンネルの条件に左右されない（対象トンネルを限定しない） ②点検データが最低 2 時点以上あること ③トンネルの変状挙動と想定した確率過程が対応している（コンクリートの劣化の場合と地山のクリープでは異なるのではないか）	①点検データの精度（データの数、ランク、閾値）に左右される ②点検データが少ない場合には精度に影響 ③スパン全体の評価と変状箇所個別評価の取り扱いをどうするか ④劣化予測過程が点検頻度で異なる ⑤臨界健全度を大幅に下回る場合の構造安定性の評価をどうするか ⑥LCC 検討にあたり、対策費用の設定をどうするか ⑦対策工が途中で実施される場合の評価をどうするか ⑧解析過程で得られるばらつきをどう評価するか	①スパン全体で評価すれば、維持管理予算の確保、対策の順序を決定する上で有効 ②点検データが少なくても予測は可能

6.1.3 劣化予測に向けた実験的取り組み

　地中に構築される構造物は，その用途に応じた機能を長年にわたって維持する必要がある．また，線状のインフラストラクチャーとなるトンネル構造物は，その用途が道路，鉄道，上下水道，電力・通信などと様々であり，その用途ごとにトンネルの機能が異なり，またトンネル内の環境も異なる．したがって，覆工の劣化進行を予測する上で重要な指標となる耐久性能は，トンネルの用途に応じて異なるものと考えられる．

　これまで覆工の構造材料として用いられてきたコンクリートの耐久性能の評価は，一般の地上構造物と同様にとり扱われていた．しかしながら，その多くは参考になるものの，地中とは周辺環境が大きく異なることから，一般的な地上構造物におけるひび割れ幅の制限規定や劣化予測手法とは異なることが考えられる．

　つまり，現状の各種の規定によるひび割れ幅などの制限を遵守することを前提とすると，現状，安全に供用されているほとんどの地下構造物が制限を満足しなくなるという矛盾が生じる．したがって，"覆工の耐久性能はトンネルの用途の特性（機能）と環境に応じて定めるべきものである"という考え方に基づき，覆工の劣化進行予測のために必要となる耐久性能を適切に評価するための手法を検討する必要がある．

　耐久性能は，構造物のある時点からの将来時点までの劣化進行を推定するための重要な性能項目であり，また耐久性能が相当に低下すると地下構造物やそれを構成する部材の構造性能（耐力性や剛性等）が低下し，コンクリート片のはく落などの現象が生じる．これに対し，現状のトンネル構造物の維持管理に基づく補修・補強や改築などの行為を決定する手順をみると，日常点検，定期点検，ならびに緊急点検などから，劣化現象の発見やその進行を分析して意思決定を行うための研究開発が進められている．当然，個々の実構造物の供用過程における劣化事象の変化はとくに重要な情報であり，劣化事象の進行を事前に適切に予測することができれば，将来の維持管理に係わる意思決定は容易になると考えられる．しかしながら，この劣化現象の進行が個々に異なりその予測が難しいこと，耐久性能と構造性能との関係が明確にされていないこと，耐久性能とはく落現象などの使用上の安全性能との関係が明らかにされていないこと，などからこれらを精度よく推定するための手法の開発が望まれている．

　本節では一部の事例ではあるが，地下に構築されるコンクリート構造物に主眼をおき，現状行われている劣化進行の予測に関する確定的推定手法，すなわち実験的な手法などにより劣化進行を予測するための実験的基礎研究の最近の動向を紹介する．

(1) 漏水現象と鉄筋腐食

　各種の維持管理規準によると，一般の環境下ではコンクリート表面のひび割れ幅が 0.2mm 程度以下であれば，鉄筋コンクリート構造からなる覆工の健全性は保たれると考えられている．また，トンネル覆工の場合，日常点検などの経験から，トンネル内への漏水現象が覆工コンクリートの劣化進行に顕著に影響する可能性があると考えられている．

　これは漏水箇所周辺においてコンクリート表面が変色し，鉄筋の腐食痕などが認められるためである．そこで，覆工の外側の地下水圧の大きさにもよるが，どの程度のひび割れ幅であれば漏水現象が生じるのか，また，漏水現象がトンネル覆工コンクリートの鉄筋腐食にどの程度影響するのかを明確にすることが重要と考えられる．

これに関する最近の研究としては，シールドセグメントを対象とした実験研究がなされている．それによると，ひび割れ幅が 0.2mm 以下であれば，水圧を 0.5MPa まで漸次増加しても漏水は停止することが確認されている[12]．

また，漏水量の経時的変化は平行間隙粘性流として濁質拘留モデルの流量低減式によって評価できる可能性を示しており（**図-6.1.16**），ひび割れ幅と漏水量との関係は**図-6.1.17**のようになるとしている．

さらに，漏水現象がひび割れ面を貫通する鉄筋の初期腐食速度に影響する可能性を示している．

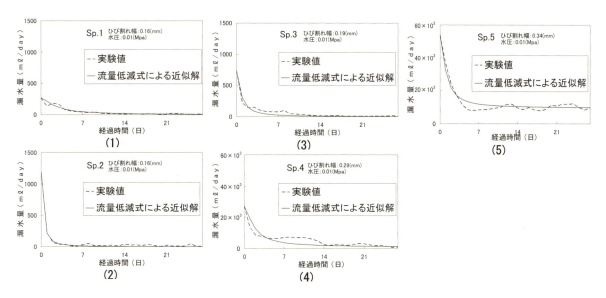

図-6.1.16　湧水量の経時変化[12]

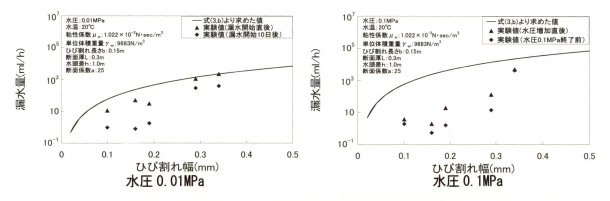

図-6.1.17　ひび割れ幅と漏水量の関係[12]

(3) コンクリート片のはく落現象と部材耐力

開削トンネルやシールドトンネルの覆工は，一般に鉄筋コンクリート構造であり，中性化の進行などの要因で鉄筋腐食が進行し，それに伴ってコンクリート片のはく落現象が生じることが懸念される．なかでも，道路トンネルや鉄道トンネルなどの有人のトンネルにおいては，コンクリート片などのはく落現象が重要な使用上の安全性能の一つと考えられる．また，はく落現象後の曲げ耐力やせん断耐力などの構造性能が低下することも想定される．

図-6.1.18 は，はく落現象と限界構造性能の関係を想定したものである．しかしながら，はく落現象のメカニズムに関する研究は少ない現状にある．このため，はく落現象を簡易な方法で事前に予測し，適切な補修時期や工法などを意思決定するための技術の確立が求められている．

そこで，開削工法で構築された地下鉄駅部軌道階の上床版を想定し，鉄筋腐食によるかぶりコンクリートのはく落現象を実験により模擬し，その結果から主にはく落現象の簡易予測手法の検討がなされている[13]（**図-6.1.19** 参照）．

実験の結果，**表-6.1.8** に示す梁部材や床版部材の目視点検評価基準を用いれば，一定の腐食速度環境下では**図-6.1.20** に示される劣化進行となることが確認されている．

また，**図-6.1.21** に示すように，はく落現象が生じなくても限界構造性能を上回る鉄筋腐食の進行がある可能性を示唆している．なお，**写真-6.1.3**にグレード毎の外観の変化状況を示した．

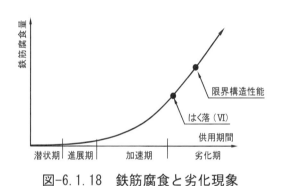

図-6.1.18 鉄筋腐食と劣化現象

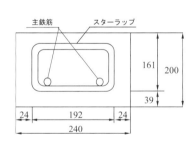

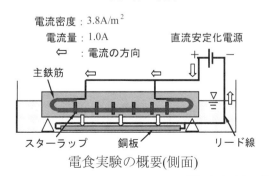

図-6.1.19 電食実験の概要[13]

表-6.1.8 コンクリート片のはく落現象を最終段階としたひび割れ外観の目視評価規準[13]

版構造の目視評価基準

グレード	外観の状態
状態 I	底面に鉄筋（最もかぶりの小さい鉄筋，一般にスターラップ）に沿ったひび割れと腐食痕が見られる
状態 II	底面に鉄筋に沿ったひび割れが複数本確認でき，腐食痕が拡大している
状態 III	底面に鉄筋に沿ったひび割れが進展しそれと交わる方向の鉄筋に沿うひび割れと腐食痕が見られる
状態 IV	底面に鉄筋に沿ったひび割れとそれに交わる方向のひび割れがつながる
状態 V	底面に鉄筋に沿ったひび割れとそれに交わる方向のひび割れがつながり，閉じている

梁構造の目視評価基準

グレード	外観の状態
状態 I	鉄筋（最もかぶりの小さい鉄筋，一般にスターラップ）に沿ったひび割れと腐食痕が見られる
状態 II	鉄筋に沿ったひび割れが複数本確認でき，腐食痕が拡大している
状態 III	鉄筋に沿ったひび割れが進展しそれと交わる方向の鉄筋に沿うひび割れと腐食痕が見られる
状態 IV	鉄筋に沿ったひび割れとそれに交わる方向のひび割れがつながる
状態 V	鉄筋に沿ったひび割れとそれに交わる方向のひび割れがつながり，閉じている

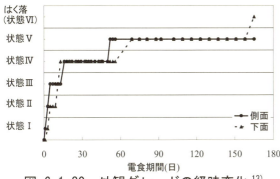

図-6.1.20 外観グレードの経時変化[13]

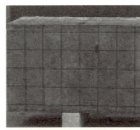
状態 I（電食期間3日）

状態 II（電食期間5日）

状態 III（電食期間11日）

状態 IV（電食期間13日）

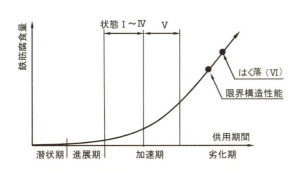

図-6.1.21 実験から想定される梁構造の鉄筋腐食と劣化現象の関係[13]

状態 V（電食期間75日）

状態 VI（電食期間165日）

写真-6.1.3 外観変化状況[13]

6.1.4 新技術「走行型計測」の維持管理への適用

現在，道路トンネルの点検は，「道路トンネル定期点検要領（案)）（平成 14 年 4 月国土交通省道路局国道課)」（以下，点検要領と表記）に基づき，変状状況の把握と覆工のうき・はく落等の除去（応急措置）を主目的として，近接・遠望目視，打音検査が 2 年または 5 年ごとに実施されている．点検内容はあくまで利用者被害の減少，応急対策および標準調査の必要性に主眼を置いた評価であり，健全性評価を行うまで至っていない．本来であれば，調査を行った上で健全性評価を実施し，必要性に応じて恒久対策を実施する流れとなる．しかしながら，厳しい予算制約のもと，調査を実施するケースは変状が顕著な場合に限定されており，点検には交通規制を伴うことも大きな制約となって，計画的に点検を行うことさえ困難な現状にある．すなわち，定期点検により，はく離・はく落を未然に防止するための応急処置を行ってはいるが，根本的に補修，補強が必要なトンネルに対処できているとは言い難い．また，トンネル内は狭隘で暗く，点検には厳しい条件下であるために，点検者によるバラツキ，見落としなどがあること，および変状の進展を客観的に規定することが困難であるという問題もある．

このような課題に対応するため，交通規制を必要としない，かつ定量的なデータが得られる走行型計測技術を活用して，今後の道路トンネルの維持管理をより効率的・効果的に，正確かつ安全に実施していくことが望まれており，実用化が急務となっている．従来のトンネル点検手法は通行規制を行い，専門技術者が徒歩で調査を行い，その結果を点検表に記録し，変状記録図に起こすというものであり，個人の技量差によりその結果は客観性の乏しいものであった．また，交通規制はトンネル利用者に大きな負担をかけると同時に，交通事故の誘発する可能性がある．これらの問題を解決することを目的として注目されているのがトンネル走行型計測技術である．

(1) トンネル走行型計測技術の概要

a) トンネル走行型計測の目的

トンネル走行型技術の目的として以下の 8 点が挙げられる．

① 交通規制・通行止めによる時間的制約の解決，利用者（使用者）の時間的負担を低減すること
② 道路封鎖作業，第三者誘導作業を無くすこと
③ 排気ガスなどに曝されるなど劣悪な環境下での作業を無くすこと
④ 変状の進行管理，経年変化などの客観的なデータベース化が可能であること
⑤ 劣化・変状箇所の正確な位置が特定でき，経年変化が捉えられること
⑥ 非破壊で変状原因を推定でき，本対策の必要性を検討できること
⑦ 客観的なデータベースが構築でき，長寿命化に向けた長期的維持管理計画（アセットマネジメント）を実施する上でデータを提供できること
⑧ 点検コストの削減が可能で，維持管理コストの削減も可能であること

また，走行型計測そもそもの目的が利用者の安全・安心を守ることでもあることから，当然のことながら，以下の点については遵守されなければならない．

① 該当車両は車検を通っていること（照明を付けた状態で走行する許可を得ていること）
② レーザ等の照射の強さが規則以内で，通行車（者）に危害を加える恐れがないこと（レーザ Class2 以下であること）
③ 一般通行車両の通行の妨げにならないよう，一般道路では 40km/h，高速道路では 60km/h で走行できること
④ 電波法その他の国内法令を順守していること．

b) トンネル走行型計測の種別

近年，トンネル走行型計測については，以下に示すような様々な計測方法が提案・実用化されている（図-6.1.22）．

① 赤外線を利用したうき・はく離検査（図-6.1.17 a)）
② レーザを利用したコンクリート欠陥探査装置（鉄道用）（図-6.1.17b)）
③ レーダを利用したうき・はく離・覆工背面検査（鉄道用）（図-6.1.17c)）
④ 写真を利用した覆工面ひび割れ・漏水などの変状検査
⑤ レーザを用いた三次元形状計測

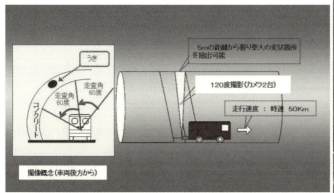

a) 赤外線を利用したうき・はく離検査[14]

b) レーザを利用したコンクリート欠陥探査装置[15]

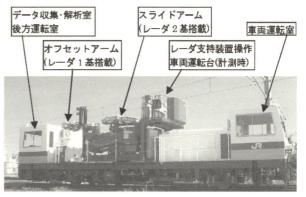

c) レーダを利用したうき・はく離・覆工背面検査[16)17]

図-6.1.22 トンネル走行型計測技術の例

これらのうち，覆工画像およびレーザを用いた三次元形状計測について次項で詳しく述べる．

c) トンネル走行型計測技術のシステム

トンネル走行型計測技術のシステムは「走行型画像計測」と「走行型レーザ計測」より構成されている．それぞれの特徴を以下にまとめる．

まず，「走行型画像計測」は，覆工コンクリートの変状の形状・位置や状態をビデオカメラなどで撮影し，交通規制なしで画像計測するものであり，走行型画像計測車両は以下のように定義されている．

① 交通規制を必要とせず，一般走行を妨げない速度で計測可能なこと
② 精細な画像が取得可能なこととその再現性が優れていること
③ 照明装置が一般車の通行を阻害しないこと
④ 特殊車両としての車検を有していること

つぎに，「走行型レーザ計測」は覆工コンクリートの凹凸や覆工変形モードを把握するため，三次元レーザ計測により覆工表面の三次元座標を計測するものである．走行型レーザ計測システムとして，「モービルマッピングシステム」が挙げられるが，国内・海外のメーカが開発を行っ

ており，MX8，Street Mapper，VMX-250，MMS など多様なシステムが紹介されている．走行型レーザ計測車両は以下のように定義される

① 車に GPS 等の測位装置とレーザスキャナ等の計測装置を搭載していること．
② 道路を走りながら周辺の 3 次元形状を行うことが可能であること．

　走行型レーザ計測車両では，GPS および慣性計測装置（IMU: Inertial Measurement Unit）の組合せにより車両の自己位置と姿勢を計算し，そこからカメラおよびレーザスキャナによる計測結果の解析を行っている．いずれの GPS 測位の方式でも，これに IMU やオドメータ（距離計）を付加して，GPS が受信できない状態でも位置・姿勢が計算できるシステムを有している．車両の位置・姿勢が決定すると，搭載されているカメラまたはレーザスキャナで計測したデータから走行車両周辺の 3D 化が可能となる．レーザスキャナによる 3D 計測は直接的であり，精度が高いという特徴を有する一方，エッジが正確に直接計測できないという欠点がある．

　表-6.1.9 にこれまで利用されてきた走行型トンネル調査車両の一覧表を，**表-6.1.10** にそれらの比較表を記載した．なお，これらの表は国土交通省九州地方整備局九州技術事務所による「走行車両を用いた計測技術（道路）に関する基礎資料作成業務報告書」[18]より抜粋した．

　また，近年，トンネルの変状および変形をより効率的に，的確にかつ客観的に把握することを目的として走行型画像計測（MIS: Mobile Imaging Technology System）と走行型レーザ計測（MMS: Mobile Mapping System）を同一車両に搭載した MIS&MMS（MIMM）が開発された．**図-6.1.23** に MIMM の外観を示した．MIMM は LED 照明とカメラ，背後に高精度レーザスキャナを搭載している．また，**表-6.1.11** および**表-6.1.12** に MIMM の構成および仕様を示す．

(2) 走行型計測技術による検出性能

a) 着目すべき変状パターン

　トンネルの覆工で着目すべき変状は点検要領より，以下の 7 つに分類される．
① ひび割れ，段差
② うき，はく離，はく落
③ 打継目の目地切れ，段差
④ 傾き，沈下，変形
⑤ 漏水，遊離石灰，つらら，側氷
⑥ 豆板やコールドジョイント部のうき，はく離，はく落
⑦ 補修材のうき，はく離，はく落

　一方，「道路トンネル維持管理便覧（平成 5 年 11 月　公益社団法人日本道路協会）（以下，維持管理便覧とする）によれば，健全度評価のための判定基準は以下の 3 種類に大別されている．
・外力に関する変状：ひび割れ，変形，突発性崩壊など
・漏水などによる変状：漏水，滞水，氷柱等
・材質劣化による変状：うき，はく離，コンクリート強度　など

　上記の分類をもとに，上記の①～⑦に対し，走行型計測（画像＋ひび割れ展開図）を活用して健全度を評価するために着目すべき変状について整理したものを**表-6.1.13** に示す．

　また，走行型計測技術の 2 手法である走行型連続画像計測（MIS）および走行型レーザ計測（MMS）のトンネル点検時における変状検知に関する評価は，**表-6.1.14** に示すとおりである．同表より両手法は互いに補完する関係にあることから，両手法を 1 台に同載し効率を高めることに意義があり，MIS & MMS（MIMM）がその代表的な車両である．

6. 新技術と今後の展望

表-6.1.9　トンネル点検・調査方法一覧表 [18]

区分	走行型レーザ計測		走行型画像計測			覆工背面調査
使用目的	点検	点検	点検	点検・調査		
名称	GPS三次元移動計測	道路現況計測システム	レーザ法	連続走査画像撮影	赤外線法	電磁波法（レーダ法）
概要説明	GPS-Gyroとカメラ、レーザレーダを備え、位置、姿勢に同期した映像や画面の三次元モデル等を走りながらデータを取得するシステム。トンネルの面点検査、クラックの抽出が可能。最先端のモニタリング技術を計測車両に搭載しているため、効率的なモニタリングが可能であり、映像GISなどのマネジメントシステムとの連携が可能です。	道路現況計測システム（Real・リアル）は道路の前方（前方）映像、路面の損傷状況（ひび割れ、わだち掘れ、IRI、平坦性）、密度（路面密度、位置座標）を計測する道路現況計測システム。	トンネルレーザ画像計測車からトンネル覆工に向かってレーザ光を照射し、その反射光の強弱を光センサで検知し、ラックを計測する。画像計測車で計測された車室内のデータ処理記録されたデータをクラック処理システムで処理することで、クラック展開図、ひび割れ一覧表の出力が可能。	複数台車のデジタルカメラを用いてトンネル覆工を撮影し、壁面の調査を行うもの。装置は、カメラ照明を自走式車両に搭載された上系装置と、壁画展開図像作成及び壁面点検を行う地上系装置により構成されている。	遠赤外線照射装置と赤外線開閉ラインセンサカメラを用いて変形な展開図を作成する。車両で走行させながらトンネルコンクリート覆工面に遠赤外線を照射させ、赤外線画像を取得し、ひび割れ、剥離、漏水箇所をデジタルデータに変換する。	移動台車に搭載した電磁波探査装置によって、共用中の道路トンネルの覆工厚さする。共用中の道路トンネルの覆工を非破壊探査するもの。共用下での測定が可能で、大幅な交通規制を行わず覆工厚、背面空洞の位置、規模の測定が可能。
概要		バスコ：道路現況計測システム	コマツ：覆工表面計測車（トンネルキャッチャー）		富士通：高速走行型赤外線検査装置	
取得情報項目	トンネル形状測定（変位）目地、段差抽出	路面性状測定3次元計測で、変位計測可能	漏水ひび割れパターン、ひび割れ進行	漏水ひび割れパターン、ひび割れ進行	浮き・剥離・漏水	トンネル内の覆工厚（コンクリート厚）・空洞厚
供用規制の有無	交通規制の必要なし	交通規制の必要なし	交通規制の必要なし	光源必要で、対向車線にも影響があるため、交通規制を行った方が望ましい。	交通規制の必要なし	速度が遅いため交通規制必要
測定速度	測定速度80km/hまで可能（実質40～50km/h程度まで）	測定速度100km/hまで可能（実質40～50km/h程度まで）	測定速度60km/hまで可能（実質40～50km/h程度まで）	測定速度30km/hまで可能	測定速度50km/hまで可能	測定速度2km/h
仕様	普通車1BOX GPS IMU（高性能：光ファイバジャイロ） レーザスキャナ、ログ用PC デジタルビデオカメラ（側面、ログ、前方用） 専用エンコーダ デジタル記録装置	中型マイクロバス デジタルビデオカメラ装置 発電機 デジタル記録装置 GPS IMU（高性能）	中型4T車 特殊レーザ機器 専用エンコーダ デジタル記録装置	中型4T車 デジタルビデオカメラ 照明器 発電機 デジタル記録装置	中型4T車 デジタルビデオカメラ 撮像装置（EM） デジタル記録装置	中型4T車程度、油圧リフト タワーリフト 地下レーダ機 測定機（SIR-10） モニタ配線サーマルレコーダ デジタル記録装置
アウトプットデータ	可視画像 相対変位位置関係により、トンネル形状を抽出可能（横断方向360点、進行方向30km/hで10cmピッチ）。	可視画像 路面3次元映像 3次元情報は画像記録のため解析に時間を要するが、路面においては、速度100km/hで1mmのひび割れまで計測できる。	可視画像 解像度幅0.1mm程度の亀裂まで抽出可能としているが、実用0.3mm程度。	可視画像 画像より幅0.3mm程度の亀裂まで抽出可能。	可視画像 解析度資料無し。ただし、遠赤外線なので、温度等の環境の変化に対応した状態も抽出可能。	可視画像 データ解析により、空洞部分を、映像割れなど評価。
点検・調査実績	走行型画像計測と比較して、実績は少ない。	路面性状測定では実績はあるが、壁面形状計測では実績は現時点では見当たらない。	約870箇所、延べ900km（平成20年3月現在）のトンネル点検および調査に適用。最も実績が豊富。	道路、導水路等で多数実績あり。	高速走行型（50km/h）では、実績は少ない。	実績多数あり。

表-6.1.10 トンネル点検・調査方法比較表[18]

区分	走行型レーザ計測		走行型画像計測		覆工背面調査
	点検調査	点検	点検・損傷		
使用目的	GPS三次元移動計測	道路現況計測システム	レーザ法	連続走査表面撮影法	赤外線法	電磁波法（レーダー法）
名称	三菱・モービルマッピングシステム（MMS）	パスコ・道路現況計測システム	コマツ・数組用トンネル覆工表面レーザ計測システム（トンネルキャッチャー）	国際航業、応用地質等多数	富士通、高速走行型赤外線検査装置	日本工営、応用地質等多数
概要説明	GPS・Gyroとカメラ、レーザースキャナーを搭載した車両を運転し、位置・姿勢に同期した映像や画像、路面の損傷状況（ひびわれ、わだち掘れ、IRI、平たん性）、座標、路面標高、トンネルの断面検査、クラックの抽出が可能。	道路現況計測システム(Real-time)は、道路の前方に向けたカメラで映像、路面の損傷状況を撮影し、画像の展開と画面の反射強度を光センサで検知し、その走行現場を走行しながらデータを取得する道路現況計測システムです。点検のモニタリング技術を利用した画像を用いて、効果的なモニタリングが搭載しているため、映像GISなどのマネジメントシステムとの連携が可能です。	トンネルレーザ画像計測車はトンネル覆工に向かって高出力レーザ光線と照射し、その反射光の強度差をセンサで検知し、トラック走行中の道路面を光センサで検知し、平たん性、レーザ速度を用いてデータを取得すると同時に画像計測し、画像や断面距離を計測した車上系装置、壁面限界画像作成及び壁面検査を行う地上系装置により構成されている。	複数台のデジタルカメラでトンネル覆工に向かって撮影し、画面の連続画像を用いて変状の展開図を作成するもの。カメラ・照明を自走式車両に搭載し、照度を保ちながら計測走行。画像は地上処理システムでデジタルデータに変換する。	遠赤外線照射装置と赤外線ラインセンサカメラを用いて変状の展開図を作成するもので、使用中の道路トンネルの覆工コンクリートを非接触検査法により計測するもの。共走行検査法により効率よく覆工コンクリートに遠赤外線を照射しながらトンネルコンクリートひび割れを検出し、剥離、漏水箇所をデジタルデータに変換可能。	移動台車に搭載した電磁波探査装置により、使用中の道路トンネルの覆工コンクリート内の鉄筋位置により計測することで、大幅な交通規制を行わず覆工厚、背面空洞等の測定が可能。
取得情報	トンネル覆工コンクリート三次元点位置情報、トンネル形状（変位）、目地、段差抽出	トンネル路面性状画像情報情報主体	トンネル覆工表面（平面）画像情報	トンネル覆工表面（平面）画像情報	トンネル覆工表面（平面）画像情報	トンネル覆工コンクリート背面空洞分布情報
調査項目	測定面状、変状抽出	路面性状測定が主体	ひび割れパターン、ひび割れ幅	ひび割れパターン、ひび割れ幅	浮き剥離、漏水、ひび割れパターン、ひび割れ幅	トンネル内の覆工厚（コンクリート厚）、空洞厚
安全性（設備）	測定車両は、回転灯、広報着板設置により安全確保が可能。	3次元計測可能、広報着板設置が標準装備。	測定車両は、回転灯、広報着板設置により安全確保が可能。	測定車両は、回転灯、広報着板設置により安全確保が可能。ただし、かなりの光源であるため、対向車線、前後方車両に安全対策を講じる必要あり。	測定車両は、回転灯、広報着板設置により安全確保が可能。しかし、赤外線を走行しながら照射するため、安全確保のためには規制あり。	測定車両は、回転灯、広報着板設置により安全確保が可能。測定速度により測定精度が必要。
供用規制の有無	交通規制の必要なし	交通規制の必要なし	交通規制の必要なし	光源が必要で、対向車線に与える影響があるため、交通規制を行った方が望ましい。	交通規制の必要なし	速度が遅いため交通規制必要
走行測定速度	測定速度80km/hまで可能（車両40～50km/hまで）	測定速度100km/hまで可能（車両40～50km/hまで）	測定速度60km/hまで可能（車両40～50km/hまで）	測定速度30km/hまで可能	測定速度50km/hまで可能	測定速度2km/h
汎用性	専用車両 普通車クラス	専用車両 中型マイクロバス	専用車両 4T車クラス	ベース車両は一般車両を使用し、荷台に専用機器を配置。	ベース車両は一般車両を使用し、荷台に専用機器を使用。	専用車両 4T車クラス
調査環境	トンネル内での調査は問題ない。	トンネル内での調査は問題ない。	基本的には、どの点検・調査方法もトンネル内の調査は問題ない。	トンネル内での調査は問題ない。	トンネル内での調査は問題ない。	トンネル内の騒音規制などで問題ない。
精度	3次元精度高度は、明かり部で10cm、トンネル内では相対変位で誤差2～5mm程度。	路面性状に関しては、対象距離30m以内、精度が対象物の距離の0.5%以内、た画像計測精度としては、精度に関しては精度情報あり、ひび割れ幅や撮影・撮影には限界があり、ひび割れ解析が困難な場合がある。	ひび割れ幅0.1mm以上検出速度走行影響が可能とされているが、実績は3mm程度。	画像より幅0.3mm程度の亀裂まで検出可能。	画像より幅0.6mm（5m先）で、温度差等の環境の変化に対して方向性があり、剥離には効果を発揮。現在、試験施工に安全上の要素が大きい。	電磁波のため、チェッキングポリングなどより調整が必要あり、精度は1～5cm単位程度。
コスト	測定車は非常に高価、調査費は、試験施工的要素が大きく現在未定。	測定車は非常に高価、調査費は高い。環境、調査項目により変わる。	測定車は非常に高価、調査費は高い。延長、環境、調査項目により変わる。	調査費は非常に高価。延長、環境、調査項目により変わる。	測定機器が非常に高価、業績が少なく、調査費用、調査費は不明。	調査費は、延長、調査項目により変わる。
点検・調査実績	走行型画像計測に比較して、実績はやや少ない。	路面性状計測では実績はあるが、壁面形状計測は現段階では見当たらない。	約870事業所、平成20年4月現在のトンネル点検および調査に適用、最も実績が豊富。	高速走行型（50km/h）では、実績は少ない。	高速走行型（50km/h）では、実績は少ない。	実績多数あり。

6. 新技術と今後の展望

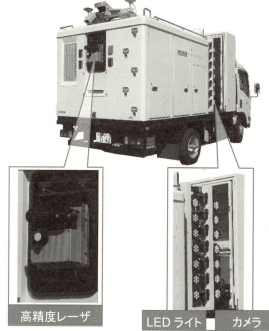

図-6.1.23 MIS&MMS (MIMM)の外観 [19]

表-6.1.11 MIS&MMS (MIMM)の構成 [19]

	パーツ	台数	備考
MIS部	LED照明	60台	70W
	カメラ	20台	38万画素
MMS部	GPS	3台	2周波1台 1周波2台
	IMU	1台	3軸FOG/3軸加速度計
	オドメトリ	1台	右後輪
	レーザ	2台	13575点/秒
		1台	1000000点/秒
	カメラ	2台	500万画素
車両	いすずエルフ3トン		4WD エアサス仕様

表-6.1.12 MIS&MMS (MIMM)の仕様 [19]

項目		仕様	条件
位置精度※	車両自己位置	0.06m(rms)	GPS受信が良好でFIX解が得られている場合
	レーザ点 (5m)	0.10m(rms)	
高さ精度		0.15m(rms)	
方位精度		0.18°(rms)	5分間の良好なGPS受信状態が得られている場合（静止時）
ピッチ精度		0.36°(rms)	
ロール精度		0.72°(rms)	
標準計測速度		～50km/h	舗装道路走行時
最高計測速度		80km/h	
段差		最大10cm	5km/h以下での走行時

※公共座標との差異

表-6.1.13 走行型計測で着目すべき変状パターン

変状種別	概要
1. ひび割れ (幅, 長さ, 方向)	幅0.3mm以上（重大な変状：幅3mm以上，縦断方向に5m以上），閉合，交差，亀甲状，放射状，斜め，目地部の閉合・半月状のひび割れ，付属物（JF・照明，標識等）周辺のひび割れ
2. 漏水等	漏水跡，遊離石灰
3. うき等, 材料劣化系	変色，補修材の劣化，欠け，はく落，豆板，コールドジョイント

表-6.1.14 走行型計測技術の変状検知に関する評価

変状		走行型画像計測	走行型レーザ計測
ひび割れ	ひび割れ幅, 長さ, 進展	○	×
	段差	×	○
うき, はく離, はく落		△	△～○
目地	周辺閉合ひび割れ	○	△
	目地欠け	○～△	△
	段差	×	○
変形, 傾き, 沈下		×	○
漏水, 遊離石灰		○	×～△
コールドジョイント部のはく離, はく落		△	△
補修材	浮き	△	△
	はく離, はく落	△	△

(3) 走行型計測によるトンネルマネジメント
a) トンネルマネジメントの概要

　先述のとおり，走行型計測による点検手法は，点検記録が客観的かつ高精度なデジタルデータであり，変状の進行性評価が可能となるという大きな利点がある．従来の点検法では，データの客観性や進行性把握に課題があり，健全性の適正評価や変状の予測などを合理的に行うことが困難であった．これまではトンネル構造物はマネジメント手法の構築が困難とされていたが，ようやくトンネル構造物においても長寿命化計画の検討が可能となったといえ，いうなれば走行型計測手法の登場がトンネルマネジメント推進の原動力になったともいえる．

　走行型計測によるトンネルアセットマネジメント，いわゆる長寿命化計画は，以下のような各フェーズで構築していく必要がある．
① 初期点検（竣工時点検）への活用
② 緊急時点検への活用
③ 定期点検への活用
④ 標準調査の代替としての活用

　また，マネジメント構築のベースとなるデータは，汎用性，継続性，公共性，柔軟性などを意識してデータベースを構築するものとし，持続的な運用を図る必要がある．

b) 走行型計測の道路トンネル定期点検要領（案）に対する位置付け

　走行型計測車両をトンネル点検に援用する場合，車両の特性を最大限に活用することにより，点検（初回，臨時，定期）および調査の代替として活用することができる．点検要領に対して，代替できる内容は図-6.1.24のとおりであった．

ⅰ) 初回点検（竣工時点検）

　近接目視・打音検査を行うことで，トンネルに生じる変状について，詳細に初期状態の把握を行う．特に初期点検時に打音検査を入念に行うことによって，初期欠陥を完全除去しておくことが重要である．ひび割れ，表層劣化，ジャンカなどを伴うことなく，相対変位が生じていないうき，はく離や，品質不良，施工不良による目地部の巻厚不足や覆工内部の不連続性内部欠陥などで相対変位や段差がない不良箇所，欠陥については，走行型計測の非接触手法では変状の検出が困難である．したがって，打音検査によって確実に検出し，補修により初期欠陥を排除しておくことが必要である．初回点検時に，走行型計測手法により，画像計測による覆工展開図の取得，およびレーザ計測による覆工形状の取得もあわせて行う．これらの記録は変状の経時変化を捉える際に初期値として利用する．初期値があれば，2回目以降の点検時には差分をとって進行性を正確に把握できることから，初回点検時への導入が特に重要である．

ⅱ) 2回目以降の点検

　2回目以降の点検では，利用者被害に関する変状に対する診断（ひび割れの閉合性，密度に着目），及び構造的な変状に関係する診断を行う．この際，覆工表面の変状点検と覆工の変形モードに分けて点検を行い，前者には走行型画像計測技術を，後者には走行型レーザ計測技術を適用する．走行車両による点検の結果，問題箇所を抽出し，近接目視，打音検査が必要な箇所と判定した場合は，交通規制を行い抽出した箇所に対して打音検査を行う．このようにすれば，交通規制に伴う，通行者に与える影響および規制コストを最小化できる．

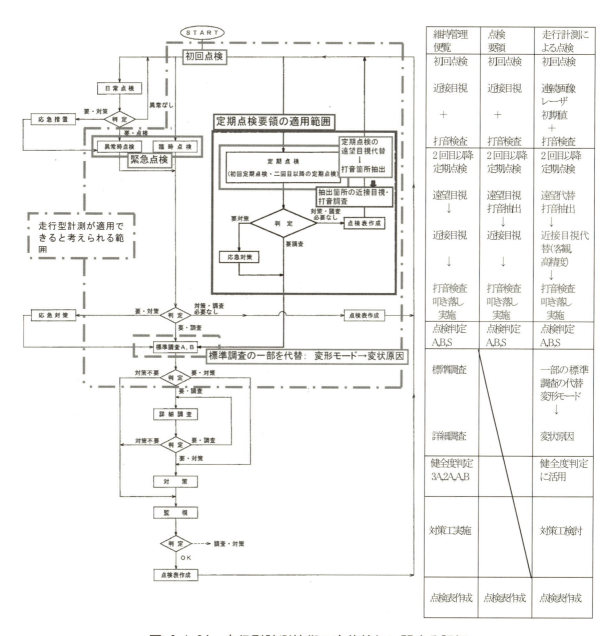

図-6.1.24 走行型計測技術の変状検知に関する評価

c) 走行型計測手法の打音検査に対する位置付け

ハンマーによる打音検査は利用者被害の可能性のある覆工コンクリート等のうき・はく離箇所を把握するのに有効な方法である．しかしながら，覆工内部の詳細な状況を確認することは難しい，点検には個人差が生じる，時間と労力を要し，非効率であるなどの課題が指摘されている．

一般に打音検査は，次の5項目の目的と効果を有している．
① うき，はく離の検出
② ひび割れの深度方向確認
③ ハンマー衝撃力に対する安定性確認
④ たたき落としによる応急措置の即時実行
⑤ ボルト緩み確認など設備点検への活用

定期点検要領には，打音検査の課題解決のために，打撃音法，超音波法，熱赤外線法などの非破壊検査法を併用することが必要と記載され，また近年，レーザや高分解機能をもった CCD カメ

ラ，赤外線カメラ等によりコンクリート面を直接撮影し記録する光学技術が開発され，一部で利用されているので，点検精度が要求される覆工コンクリートの進行性の変状がみられる道路トンネルに使用することを検討するのが良いとされている．これらより，新技術である走行計測手法が打音検査の課題解決に活用できる内容については，代替もしくは併用活用していることが望まれる．

このような観点からみると，走行型計測手法を活用できるのは，①，②，⑤である．①，②は，うき，はく離の抽出に活用することができ，⑤はナットの緩みの検出に対して活用することができる．

一方，③，④の目的については，触診型点検法であるが故であり，非接触法である走行型計測で代替することはできない．逆にうき，はく離の兆候を示す状況があれば，画像，レーザを駆使して問題の箇所を抽出することができる．

これらのことから，初回点検時に（あるいは一度は）確実に不良箇所の打音検査をしておくことが重要であり，目地部などの初期欠陥を完全除去しておき，ひび割れを伴わない場合も内部欠陥がない状態にできていれば，その後の進行性は走行型計測手法を有効に活用することができる．以上のより，走行型計測車両による点検法は，遠望目視，近接目視点検の代替として変状情報の客観的・高精度把握が可能であり，高速化，交通規制低減，見落とし防止などに有効である．一方，本手法は打音検査の完全な代替とはなり難く，打音検査の補完技術であると同時に，多くの優位性を有した高度化技術と位置づけることができる．

d) 走行型計測による望ましいトンネルマネジメント

ⅰ) 初回点検への活用

走行型計測をトンネル竣工時の初回点検に活用することが第一原則である．変状履歴としての基本となる初期値を取得することがデータベース構築上，最も重要である．この初期値に対する変状の進行性から，適正な健全度判定を行うことができるようになる．

初期値との対比により，新しく発生したひび割れ，漏水などの新規変状を把握するとともに，2回目以降の点検との差分をとることにより変状の進行性を定量的に評価することが可能となる．

定期点検要領によれば，初回点検は竣工後1，2年以内に行うことになっている．基本的にはトンネル工事竣工時の開通までの間に竣工時点検を初回点検として実施することが望ましい．この理由として，

① 覆工打設後，開通までの間に舗装工事，設備工事などが行われることから，覆工打設後1年以上経過して開通する場合が多い．この間に乾燥収縮などの初期変状が発生することが多いため，初期状態把握として適切といえる．走行計測は舗装まで完成している場合が望ましいが，路盤，中間層の状態であっても問題なく計測できる．

② 開通までの間に，必要となる対策工を実施することができる．基本的には開通までの間に初期欠陥を除去し，健全な状態で開通を迎えることが望ましい．

③ 竣工時の品質保証ができる

などがあげられ，竣工後数年経過して初回点検を行うことのないよう，適正な時期に実施することが望まれる．

上記理由のうち，②の健全な状態とは，点検の判定でA,B,Sの3段階判定のS判定となるよう対策を実施し，施工にともなう初期欠陥を完全除去することによって健全な状態を初期状態とすることが望ましい．この点検の検査機関，検査者などについては，今後議論することが必要でると考えられる．

一方，初回点検および今後の点検計画を合理化・効率化するため，以下の取り組みが有効であ

る.
① 効率的・合理的な維持管理を意識した設計を実施

竣工時にトンネルの原位置情報を記録するよう設計時に考慮しておく

スパン番号，スパン長，断面区分，断層位置，などのプレートを原位置覆工に設置
② レーザ計測する上での基準点の設置

両坑口明り部に基準点を設置（レーザ計測可能な計測点）

トンネル坑内に基準点を設置（　　〃　　）

なお，初回点検時に走行型計測を実施し，画像計測により初期変状状況，レーザ計測により変形を伴った変状が生じる前の初期値を計測しておけば，2回目以降の点検時に差分をとり，客観的に進行性を評価することができる．ただし，初回点検で走行型計測を行っていない場合，大半の既設トンネルでは初期値を取得していないが，この場合においても走行計測手法により計測時の状況把握を行うことができる．つまり客観的で高精度なデータ管理に置き換えることによって，以降の点検に活用することができるため，初期値がない場合においても走行型計測を有効に活用することができる．

ⅱ）緊急時点検への活用

初回点検データ，あるいは前回計測データが存在する場合，地震，津波，豪雨などの被災を受けた直後に現地計測を行うことによって，早期に被災実態を把握することができる．トンネルが崩壊して通行不可となる場合は走行計測困難となるが，トンネルでそのような事態になることは稀であるため，大概のケースでは被災把握が可能となると思われる．計測対象としては，ひび割れ，湧水，設備落下，灯具不具合などの画像情報取得，およびレーザによる変状，移動量把握などが計測可能である．また，トンネル，斜面など多数の被災実態がある場合に，差分による被災査定を行い，優先度を策定して復旧にあたることができる．さらには地震によって座標系に影響を及ぼす移動が伴った場合に，移動後の座標を割り付けること，移動後の走行余裕を確認することなどが可能となる．

ⅲ）定期点検への活用

点検要領においては，遠望点検によって変状進行性の概要を把握し，近接目視と打音検査を行う箇所を選定したのち，交通規制を行って近接目視，打音検査を行うこととされている．このうち遠望目視にて変状の進行性を把握することは，トンネル内の危険かつ劣悪な環境でさらに短時間で行わなければならないことから容易な作業ではない．この遠望目視に代替できる手法として，走行型計測によって，交通規制を行わず状況を把握し，画像・レーザデータから近接目視，打音検査するべき箇所を抽出することができれば，効率化が促進され，規制にともなう時間とコストを圧縮できる．3章までの実証により，走行計測手法によって打音箇所抽出は概ね可能であることを検証しており，遠望目視に関しては完全に代替することができる．

一方，近接目視点検について，画像抽出精度，ひび割れ段差など，殆ど近接目視と同等レベル以上の成果を走行計測手法によって得ることができるようになってきた．つまり近接目視についても代替できるレベルとなり，走行計測手法の客観性，迅速性，高精度化，見落とし防止などの有利性から，従来点検法に対して高度化技術と位置づけることができる．

打音検査については，完全にはなくなることはなく，以下のような箇所では確実に打音検査が必要となる．

① 応急処置として，打音・たたき落としの実施が必要である箇所
② 目地部などでうきや劣化の進行性が認められ，たたき落としの必要性の確認が必要な箇所
③ 走行計測で確認することができない箇所（稜部，坑門など）

少なくとも初回点検では近接打音を確実に実施し，初期不良箇所を除去できていれば，2回目以降の近接目視は走行型計測で代替できる．

近接目視を走行型計測により代替し，近接目視と打音検査をするべき，うき，はく離が懸念される箇所を抽出する．抽出する方法は，画像とレーザの双方の有利性を補完しあって活用することが望ましい．例えば，うき，はく離については，ひび割れ，劣化などを伴わない状況下では画像のみで検出することは困難である．またレーザの精度が高くなっているが，高速走行時には走査間隔が開いてしまうため，小さなブロック上のうきなどは検出が困難となる．

点検頻度については，原則として5年に一度，または進行性が認められる場合は2年に一度となっている．例えば，2年に一度の場合，走行型計測によって中間点検を補完することができれば交通規制を伴う近接目視，打音検査は4年に一度にすることができる．また5年に一度の場合でも，間隔が開き過ぎているとの指摘に対して，進行性が懸念される箇所について走行型計測によって中間を埋めることができれば，現行通りの5年に一度の点検で良いことになる．さらには5年に一度必ずしもトンネル全線を対象にする必要がない場合も想定され，変状の進行性を走行型で補完計測して確認することによって，全数点検間隔を開く可能性も考えられる．

いずれにしても，変状の総数，集中度，変状加速度などによって考え方が変わるため，トンネルの特徴を把握して，柔軟に対応することが望ましい．例えば，携帯端末（タブレットなど）を活用したシステムを構築し，過去履歴，トンネル毎のデータベース，変状着目箇所の精細画像などを持ち運び，現地視認にて進行性を把握するような手法を開発していくことが必要である．

従来点検法に対する走行型計測による点検法の活用イメージを図-6.1.25に示す．走行型による場合は，初回点検時に，ひび割れを伴わないうき，ジャンカなどの劣化要因を打音検査によって完全に除去しておけば，2回目以降は走行型計測の画像，レーザを補完的に活用することによって，うき，はく離が懸念される打音箇所の抽出が可能となり，効率化の促進およびコストの縮減が可能となる．

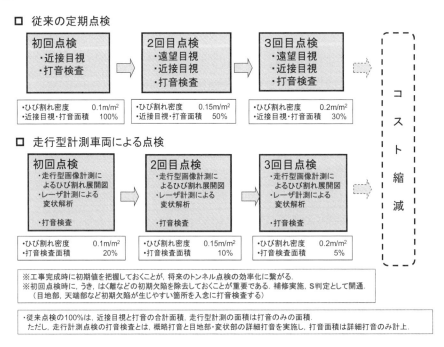

図-6.1.25 走行型計測車両による点検手法のイメージ

iv) 標準調査の代替

トンネル定期点検においてAおよびB判定となった場合は，標準調査，詳細調査を実施し，健

全度評価（3A,2A,A,B）を行い，対策工実施を決定する流れとなっている．ただし現実的には標準調査を実施するだけの予算措置がなされておらず，健全度評価をするまでに至らず，点検の判定（A,B,S）を繰り返すのみという運用も多い．すなわち標準調査，詳細調査，対策工の実施には，相当のコストと現地通行規制が伴うことになるため，必要性は認めていても実施できていないのが実情である．

この標準調査の代替として，走行型計測結果を活用する方法を下記に述べる．
① ひび割れとの同調性
② 外力性か否かの判断
③ 乾燥収縮，早期脱型などの判定

例えば，トンネル天端に緩み土圧に起因するひび割れが発生していても，変位量コンターがひび割れと同調的ではない場合は外力性とはいえず，対策工は不要か軽微となって大きなコストダウンが図れる．

一方，ひび割れと偏土圧傾向が明瞭である場合などのように，レーダやボーリングを実施しない非破壊調査の結果で変状原因の推定が可能となり，適切な対策工を適切な時期に実施することが可能となる．レーザ変形モード解析は，詳細調査を行わなくても，変状原因を推定でき，健全度判定や対策工検討の参考として活用することができる．

e）トンネルデータマネジメント

走行型計測による点検結果について，従来の点検帳票を踏襲しつつ，走行計測による新しい帳票を加えて新たな帳票体系を構築する必要がある．新しい帳票としては以下の情報を具備することが望ましい．

ⅴ）トンネルデータベースの作成
① 従来帳票の完全踏襲

これまでのデータをCSVから取り込み，データの継続性を図る．展開図については，計測車両による客観的，高精度な展開図を作成したのち，過去の展開図データを現時点の展開図に置換すれば，以降は正しく評価できるようになる．

② 走行画像の帳票

画像データとしては，スパン毎の画像データを帳票化する．ただし詳細なひび割れなどの情報はA3レベルの帳票でも逐一再現することは困難であるため，ソフトでの拡大ビューアを標準装備しておく必要がある．変状によっては400％程度に拡大する必要がある．その他画像データの活用として，目地部の情報（目地欠け，はく落，ブロック化など）を抽出した帳票，設備（ジェットファン，照明，標識など）点検帳票などを画像で整備する方法が考えられる．

③ 走行レーザの帳票

レーザデータの帳票として，コンターデータ整理，段差やひび割れうきなどの変状情報の帳票，コンターから変状原因を想定した帳票，断層・断面変化など施工時記録との照合を整理した帳票，差分を整理した帳票，コンター・展開図を三次元表示した帳票などが有効活用できると考える．

④ 健全性評価帳票

これまでの帳票になかったものとして，点検結果判定根拠表，走行型による健全度評価法を考慮して整理する帳票を追加する必要がある．現行の点検判定は（A,B,S），調査追加にかかる判定（a2,am,b2,bm），維持管理便覧による健全性評価（3A,2A,A,B,S）を網羅する帳票が必要である．

ⅵ）トンネルデータベースの運用

従来の点検表は，国交省では道路管理事務所ごとに管理されており，更新も主としてCD単位でトンネル毎に行ってきた実態がある．全体データベースとして分析し，過去の履歴や点検結果

の推移などを統計的に整理した事例は少ないようである．平成14年に改訂された点検要領に基づいた点検は，5年ごとの実施でも都合3回の点検履歴をもつようになっており，点検手法，判定方法，データ管理など見直す時期に来ている．特にデータ管理については，点検履歴が適正に受け継がれ，更新を確実に行い，最も重要な事項であるタイミングを逃さず適正な対策を実施する流れがきちんと動いてこそ，これまでの蓄積が生きたデータマネジメントになるものといえよう．

今後は，以下のような取り組みが必要である．

① 技術事務所などの公的な機関で一括管理を行うことが望ましい．
② 次の段階として，国交省以外のトンネルも含め，全国のトンネルデータ閲覧がクラウド型によって実現され，データ更新，閲覧，分析などもできるようになることが望ましい
③ 走行型計測を活用したマネジメントの浸透として，初期点検の確実な実施，走行型による客観的高精度なデータ管理，展開図管理，進行性管理，健全度判定を実現する．
④ 走行型計測による点検を普遍化させるための，基準作り，標準仕様，マニュアル整備，計測機器の普遍化が必要である．
⑤ 走行型計測を浸透させるための組織検討が課題となる．必要な走行型計測車両台数，処理能力の向上，点検委託形式の検討，技術革新への対応など課題への対応が望まれる．

(4) まとめ

走行型計測車両による点検法の有効性を考慮し，望ましいトンネル構造物のマネジメントについて，図-6.1.26のようにまとめることができる．

走行型計測によるトンネルマネジメント

初回点検(竣工時点検)への活用

走行型計測 ＝ 客観的・高精度のデータ, 進行性把握, 変状原因推定, 適正な健全性評価

走行型計測を初回点検に活用することが第一原則(初期データ取得の重要性)
開通までの期間に初回点検実施 → 初期変状を完全除去 → 健全状態(S判定)から開始

効率的・合理的な維持管理 → 原位置での情報表示(スパン番号, スパン長, 断面区分, 断層位置など)
　　　　　　　　　　　　　　　ジェットファン, 標識, 照明などのマーカー, レーザー計測の基準点設置

緊急時点検への活用

初回データ, あるいは前回データを取得 → 差分計測 → 被災状況, 変状を即座に把握
(ひび割れ, 湧水, 設備落下, 灯具不具合などの画像情報取得, およびレーザによる変状, 移動量把握など)

差分による被災査定 → 優先順位
地震によって座標系に影響を及ぼす移動が伴った場合 → 移動後の座標, 移動後の走行余裕確認

定期点検への活用

走行型計測の実用性 → 遠望目視の代替　　　打音点検箇所　　　打音検査　　　　効率化・合理化の実現
　　　　　　　　　　　近接目視の代替 → の抽出　　　　　→ たたき落とし　規制の時間とコスト短縮

点検頻度の補完　2年頻度 → 走行計測で中間補完 → 点検頻度の拡大
　　　　　　　　5年頻度 → 進行性懸念箇所を中間補完
変状数, 密度, 進行性懸念箇所の集中度, 変状加速度などを考慮, 柔軟運用
携帯端末の活用 → データベース, 変状着目箇所の精細画像 → 現地視認にて進行性確認
走行型計測手法　　　　　打音検査の補完技術であるが, 変状情報の客観的・高精度把握が可能であり,
の位置付け　　　　　　　高速化, 交通規制低減, 見落とし防止, 合理的データベース構築のできる高度化技術

標準調査の代替

点検B判定 → 本来は標準調査を実施し健全度判定 → 実際は点検を繰り返し

走行計測を標準調査の代替として活用(非破壊調査として実施)
①ひび割れとの同期性, ②外力性か否かの判断, ③乾燥収縮, 早期脱型などの判定

標準調査, 詳細調査を実施なしにて, 変状原因を推定 → 合理的な対策実施 → コストダウン実現

トンネルデータベースの構築

① 従来帳票1～8の完全踏襲
　　従来データの取り込み, データの継続性 → 走行型計測による客観的・高精度な展開図に置換
② 走行画像の帳票
　　スパン毎の画像データを帳票化. ソフトでの拡大ビューアを標準装備
　　目地部の情報(目地欠け, はく落, 島状ひび割れなど), 設備(ジェットファン, 照明, 標識など)点検管理.
③ 走行レーザ計測の帳票
　　コンターデータの整理, 段差やひび割れうきなど, 変状原因推定, 差分整理, コンター・展開図を3次元表示
④ 健全性評価
　　点検結果判定根拠, 走行型計測による健全性評価

トンネルデータベースの運用

点検手法, 判定方法, データ管理など見直す時期. (以下の検討課題) → データ継続性, 汎用性, 公共性
① 技術事務所などで一括管理.
② 次段階として, 国交省以外も含め, 全国トンネルデータのクラウド化. データ更新, 閲覧, 分析など
③ 初期点検の確実な実施, 走行型による客観的高精度なデータ管理, 展開図管理, 進行性管理, 健全度判定
④ 走行型計測による点検を普遍化させるための, 基準作り, 標準仕様, マニュアル整備, 計測機器の普遍化
⑤ 走行型計測を浸透させるための組織検討, 必要な走行型計測車両台数, 処理能力の向上,
　　点検委託形式の検討, 技術革新への対応などの課題検討

図-6.1.26　走行型計測によるトンネルマネジメント

6.2 今後の展望
6.2.1 これからの維持管理
(1) トンネル維持管理の現状と将来

　トンネルの維持管理については，2012年12月2日に発生した笹子トンネル換気用天井板崩落の大事故を契機として一気にクローズアップされ，その後，類似の天井板や標識，換気ファンなどトンネル付属物の定着部で次々と欠陥や不具合が検出されるに至り，社会的・政治的な問題へと発展した．これを契機に，社会基盤とくにトンネルを管理する会社などでは，維持管理体制の再検討が求められ，加えて東日本大震災後の社会資本の強靭化対策も叫ばれる中，政府や地方公共団体，関係会社などが社会基盤の老朽化対策と合わせて，維持管理体制の抜本的な見直しを急ぐことになった．

　老朽化等により危険が生じているトンネル，橋梁等の道路構造物（道路ストック）の早急な点検調査・補修等の対策を講じる必要があるとあらためて認識された．2013年2月，国土交通省では，倒壊，落下による道路利用者及び第三者の被害を防止する観点から，対象構造物本体や附属施設の損傷状態を把握することを目的として，「道路ストック総点検」を実施するように高速道路会社，地方公共団体に通達した．

　こうした状況の中，都市高速道路を建設・維持管理する会社では，換気用天井板の撤去を速やかに開始し，併せて老朽化した開削トンネルの改修と補強に着手し始めた．また，一般の高速道路を管理する会社でもトンネル内の付属物や添架物の点検を行い，天井板の撤去はほぼ終了した．

　並行して，道路管理者の義務として点検→診断→措置→記録というメンテナンスサイクルを確定することメンテナンスサイクルを回す仕組み（予算，体制，技術）を構築するために，道路法に基づく点検や診断の基準が規定されることとなった．「道路法施行規則の一部を改正する省令」及び「トンネル等の健全性の診断結果の分類に関する告示」が2014年3月に公布され，7月に施行された．具体的な内容は以下の通りである．

① 5年に1回の頻度で，近接目視により点検を行うことを基本とする
② 統一的な尺度で健全性の診断結果を4段階に区分する
③ 点検，診断の結果等について，記録・保存する
④ 点検方法等を具体的に示す定期点検基準を策定する
⑤ 市町村における円滑な点検の実施ため，定期点検要領を整備する

　トンネルに関しては，国土交通省から「道路トンネル定期点検要領」が2014年6月に発行された．本要領は，道路法で規定する道路におけるトンネルのうち，国土交通省および内閣府沖縄総合事務局が管理する道路トンネルの定期点検に適用するものであり，他の道路管理者は点検要領，マニュアルの見直し，改訂を行っている．

　一方，鉄道においては，すでに10年以上前からトンネル覆工の崩落などの事故を経験していたため，道路に先駆けてトンネル劣化の防止対策に着手していた関係からすでに各鉄道会社では保守点検方法を確立し，長寿命化に向けたトンネルの維持管理が行われている．

　また，下水道トンネルでも硫化水素ガスの影響など固有の問題を抱え，トンネル・管路の劣化や道路陥没事故が顕在化していたため，これらの対策としてトンネル・管路の更生技術や改築技術がすでに高い水準に達している．

　電力，通信，ガス，水道等のトンネル・管路などの地下施設もそれぞれの施設の目的達成のために独自の保守・点検方法や維持管理手法を確立しているところである．

　本節では，今後期待される維持管理手法について国の事業計画などにも触れながらその概要を紹介する．

(2) 構造物の維持管理に関わる技術開発への国の取り組み

a) 経済産業省の取り組み（産業技術環境局2013年8月の資料から抜粋）

【41.0億円】（新規）

産業技術関係予算（科学技術関係予算）

　26年度：7,148億円　（うち，新しい日本のための優先課題推進枠：1,282億円）

　25年度：5,323億円　（うち，一般会計）

　26年度：1,516億円　（うち，優先課題推進枠：41.0億円）

　建設後50年を迎えるインフラの老朽化に対応するため，インフラの状態を把握できるセンサ，点検・補修を行うロボット，補修改修時期推測のためのデータ解析技術を開発し，2020年頃には重要インフラ等の約2割で活用を目指すとしている．

b) 技術開発プログラムの概要の取り組み[20]

　内閣府政策統括官・イノベーション担当付では，東京大学大学院の藤野陽三特任教授を委員長に次世代インフラ・復興再生戦略協議会を設置し，インフラの維持管理をミッションのひとつに挙げ責任官庁を国土交通省としてプログラムが進められている．

　インフラの維持管理・更新・マネジメントにおいては以下のようなニーズがある．

　インフラのモニタリングの診断評価として点検結果やモニタリング結果から構造物の劣化を判断する方法論が必要である．損傷同定，劣化診断，余寿命評価など研究的には成果があるものの実用化された技術は少なく限定的である．詳細な臨床データを数多く取得し，それらをベースに研究開発を実践することが肝要である．また，モニタリングした結果を評価するためにはデータの閾値を設定する必要がある．閾値あるいはモニタリングによる構造物の寿命の推測について研究する必要がある．

　まとめると，点検・診断，モニタリング，補修・補強更新，維持管理情報の管理・利活用，マネジメントという5分類となり，関連した基盤技術の研究開発，それを実用化に向けた技術開発に進み現場での試行を行うという整理をしている．

　さらに，自己修復材料や高耐久材料などの材料的な開発やインフラ構造物の長寿命化だけでなく，地震，防災や大地震対策としての構造材料開発の具体化が必要である．次世代社会インフラ用ロボットの開発・導入．老朽化の進行，災害への備えなどに対して直轄現場での検証を通じてロボット技術を高度化しながら積極的に導入を図っていく計画である．以上のように，インフラの老朽化に対してモニタリング技術，診断技術・データ解析技術の開発，点検・補修ロボットの開発などへの組みが求められている．

　具体的な施策誘導に関連付けて，内閣府が予算を持ちトップダウンで施策を先導していく戦略的イノベーション創造プログラム（SIP）を立ち上げ，政策課題解決に向けた府省横断の強力な体制を構築した．このSIPのひとつとして「インフラの維持管理・更新・マネジメント技術」が含まれている．国土交通省と経済産業省は2013年7月に「次世代社会インフラ用ロボット開発・導入検討会」を共同設置し，同年12月に「次世代社会インフラ用ロボット開発・導入重点分野」を策定した．当該技術は以下のような目標を達成すべく2014年4月に公募された．

① 社会的目標

　重要インフラ，老朽化インフラにおける，劣化・損傷に起因する重大事故を無くし，安心して暮らせる社会を実現．

② 技術的目標

　維持管理に関わるニーズと技術開発のシーズとをマッチングさせ，新技術を現場に導入することにより，予防保全による維持管理水準の向上，効率化を低コストで実現．

③ 産業面の目標

センサ，ロボット，非破壊検査技術等の活用により点検・補修を低コストでかつ高効率化し，国内重要インフラを高い維持管理水準を維持するという，現在の建設市場と同等の魅力ある維持管理市場を創造．

具体的には以下に示すようなスケジュールで2020年頃を目標年次に掲げ，予算と実施機関を設定し今後のインフラのモニタリング技術の開発・向上と点検・防災用の社会インフラ用ロボットの開発を実施している．

① 維持管理ニーズの明確化（2014年）

目指すべき維持管理レベルの設定．

個別の劣化現象と施設の健全度・余寿命との関係の明確化．

② 維持管理ニーズを踏まえた要素技術の研究開発（2014〜2016年）

センサ，ICT，ロボット，新材料等の要素技術の研究開発を促進．

③ 維持管理技術の実用研究，現場実証（2014〜2018年）

民間等による開発された技術の現場での試行活用により有用性を検証．

開発された要素技術を積極的に現場で試行し検証し，ブラッシュアップ．

公募の結果，トンネル維持管理分野では現場検証対象技術として近接目視の代替または支援8件，打音検査の代替または支援8件を決定した．決定した技術は「インフラ維持管理用ロボット技術開発」，「近接目視・打音検査などを用いた飛行ロボットによる点検システム」，「打音によるコンクリート変状の自動識別システム」，「トンネル覆工コンクリート調査車」などであり，現場での検証に向けて検討が進められている．

なお，本公募と並行して，開発途上の新技術の支援策として，NEDO（独立行政法人　新エネルギー・産業技術総合開発機構）による「インフラ維持管理・更新等の社会課題対応システム開発プログラム」を実施している．

一方、上記プログラムに先立って，国土交通省で公募した「道路トンネルの覆工コンクリートのうき・はく離を検知する新技術」について，点検現場において試行している．上記公募において採用された技術と重複するものもあるが，ここで採用された技術を以下に示す．

① 走行式トンネル壁面うき・はく離疑義箇所点検システム

② HIVIDAS（ヒビダス）

③ 画像から自動抽出したクラック分析による浮き・はく離の検知

④ 走行型高速3Dトンネル点検システムMIMM（ミーム）

⑤ 遠隔計測技術を活用した覆工コンクリートのうき・はく離検査

6.2.2 国際的な動向

国内における社会資本（公共施設・構造物）の建設は，1960年代から1970年代の高度成長期をピークとして以後は減少傾向にあり，全体として社会資本ストックの高齢化が進みつつある．とりわけ，既存のトンネル構造物をみると，1999年には新幹線福岡トンネルにおけるコンクリート塊のはく落事故や銀座下水道の陥没事故，2012年には高速道路笹子トンネルにおける天井板落下事故などが発生し，これまでトンネル技術者が想定していなかった供用中の社会的リスクが顕在化してきている．団塊的に老朽・劣化が進行する施設や構造物を予算制約の中で効率的に維持管理してためには，そのサービス水準を明確にした総合的かつ体系的なマネジメント手法の開発が急がれている．

このような社会背景の中，社会資本のアセットマネジメントシステムの国際プロセス標準となるISO5500Xが2014年1月に発行された．ISO5500Xは，行政や企業が自身の組織が抱える膨大なアセットが直面するリスクポジションを評価し，組織の継続的発展のためにアセットポートフォリオを組み替えることにより，アセットのリニューアルを戦略的に実施するためのマネジメン

トプロセスの標準モデルである．ISO5500X の効用は多様であり，組織ガバナンス(内部統制)を確立して PDCA を機能させる手段および国際建設・エンジニアリング市場における競争力を確立する手段として期待される．近い将来，ISO5500X は国際的なディファクトスタンダードになることが予想され，これを補完する性能規定型契約の枠組み策定，実践的なマネジメント手法の開発ならびに市場開拓が展開されつつある．したがって，独自性をもつ各国の契約制度は遵守しながらも，ISO5500X の枠組みとその中心となる性能規定の考え方を理解しておく必要がある．以降では，ISO5500X アセットマネジメントシステムの概要を紹介する[21),22)]．

(1) 先進国におけるアセットマネジメントの必要性

先進諸国においては，1990 年代初頭から公共施設の建設・運用管理におけるアセットマネジメント技術の必要性が顕在化してきている．

米国では，1920-1930 年代に橋梁建設が集中し，約 50 年後の 1970-1980 年代頃から老朽化が原因で落橋事故が起こった．まさしく，「荒廃するアメリカ」と呼ばれた時代であり，1970 年代から道路予算を削減した結果として，インフラの維持管理を十分に行ってこなかったことが大きな原因であると言われている[23)]．

英国では，1980 年代のサッチャー政権の民営化プログラムを経て，1992 年に PFI (Private Financial Initiative)が導入された．PFI の適用可能性を検討するユニバーサル・テスティングの開始から，アセットを民間企業が適切に維持管理することを求めるための標準化が必要となった．欧州も地域全体の経済活動を効率的に運用するため，技術や制度の標準化が広がった．2004 年には，BSI(British Standards Inspection)が，IAM (The Institute of Asset Management)に委託して，PASS55（英国版アセットマネジメント）が作成された．PAS55 は，マネジメントシステムの仕様書であり，アセットマネジメント関連の様々なツール（価値工学，ライフサイクルコスト，信頼性，リスクに基づく検査，など）が内包されている．しかしながら，ツールを利用するだけでは，アセットマネジメントの成果を挙げることは難しく，メタマネジメントシステムの必要性が認識された．

豪州では，1980 年代の深刻な財政赤字を背景に PFI/PPP (Public-Private Partnership)を強く推進した．その際，行政に民間企業の経営管理手法である NPM (New Public Management)を導入し，競争原理による効率化や質の向上を図ることが要請された．そこで，インフラの実施手順や条件等を標準化する動きがでてきた．このような事情を背景として，国際的なインフラ施設構造物の建設・運用において，性能規定に基づくアセットマネジメントの国際標準化の動きが加速した．

これらを受けて，2009 年，BSI から ISO に新業務項目としてアセットマネジメントシステムの制定が提案され審議を経て，2014 年に ISO5500X が発行された．

(3) ISO5500X アセットマネジメントシステムの概要

a) アセットマネジメントシステムの原則と構成[24)]

ISO5500X アセットマネジメントシステムがその効用として目指すものは，既存構造物の維持管理技術の合理化のみならず，予算執行の効率化，効果化，さらには，運営企業内の内部統制，社会へのアカウンタビリティー等，メタマネジメントと呼ばれる枠組みを目指している．ISO5500X アセットマネジメントシステムの原則を**図-6.2.1** に示す．アセットマネジメントシステムでは，全体的，体系的，組織的・系統的，リスクベース，最適化，持続的，統合性・組織的関与が主要概念要素となり，アセットの総寿命サイクルを通じて厳しい財政の制約のもと，効率的，効果的，かつ計画的に施設・構造物を管理運営することが求められる．アセットマネジメントの実践活動においては，現場の維持管理技術だけで支えられるものではなく，システム化された組織マネジメントとして取り組む必要があることを強調している．ISO5500X の構成は，**表-6.2.1** に示すとおりである．ISO5500X アセットマネジメントシステムは，「何をしなくてはならないのか」が示され，「どのように」は各々の組織の判断に委ねられる．一方，ISO 規格は単に規格指針を示す

ものであるが,「...しなければならない.」と言う強制的な要求事項を含むため,将来は認証ビジネスに繋がる可能性がある.将来,ISO5500X は国際プロジェクト市場に影響を及ぼす[25].このことは,1994 年に公表された世界銀行レポートからも予想できる[26].このため,ISO の枠組みを学び,日本で長年運用してきたインフラ整備で積み重ねてきた,現場データや知識データを国際基準の枠組みで整理し,継続的改善(PDCA)が可能な組織体制を強化する必要がある.

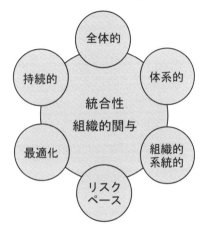

図-6.2.1 アセットマネジメントの原則 [23]

表-6.2.1 ISO5500X の構成(案)

ISO55000	アセットマネジメントシステムの定義,原則,用語の定義
ISO55001	要求事項
ISO55002	要求事項を満たすためのガイドライン

b) アセットマネジメント基本計画プロセス [24]

アセットマネジメントシステムの基本計画プロセスを図-6.2.2 に示す.表-6.2.2 に示す Step1 から Step9 の事項が検討・実施事項となる.アセット(資産)とは組織が有する人材,情報等,有形・無形の資産が内包されるが,インフラ機能の整備においては,基本的に構造物と機能施設が主なアセットとなる.ここで,まずは,組織の内部統制および社会へのアカウンタビリティーのために,Step6 で示される用途に応じた構造物と施設機能のサービス水準ならびに要求性能を規定し,これを明文化(文章化)することが重要となる.また,Step7 のリスクの暴露と評価は,Step6 を明確にすることによって,運用時の個別リスクと体系リスクを顕在化することができる.特に,トンネル構造物のマネジメントプロセスにおいては,要求性能および運用リスクを基本として組織活動の PDCA を実施する必要がある.ここでは,現実の構造物のモニタリングデータに基づいた徹底した現場主義に基づくマネジメント手法の開発,知識マネジメントによるアセットマネジメントの継続的改善,ベンチマーキングを通じた課題の発見と要素技術に基づいた問題解決手法の開発が要請される.

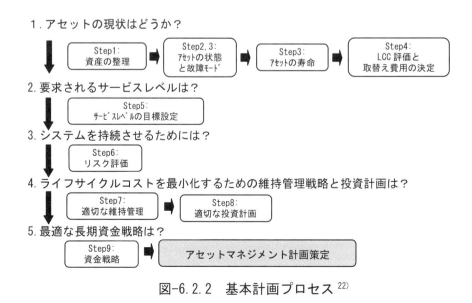

図-6.2.2 基本計画プロセス [22]

表-6.2.2 基本プロセスの検討実施事項

プロセス	検討・実施事項
Step 1	資産の整理(アセットの登録)
Step 2	資産の状態観測(アセットの把握と評価)
Step 3	故障モードと健全性評価(アセットの把握と評価)
Step 4	耐用年数・総寿命(アセットの把握と評価)
Step 5	ライフサイクル費用評価(ライフサイクルコストの算定)
Step 6	サービス水準と要求性能の設定
Step 7	リスクの暴露と評価
Step 8	PDCAサイクルと継続的改善
Step 9	適切な投資計画と資金戦略

　本ライブラリーで示したトンネル構造物の性能規定の考え方と要求性能は，このようなアセットマネジメントシステムの枠組みにおいて，トンネルの用途に応じた要求性能と現行の維持管理技術を活用した評価手法の整合を図り明文化したものとして参考されたい．

(4) ISO5500Xに対するわが国の対応

　ISO5500Xが2014年に発行されたことを踏まえ，わが国においてもこれに対応する動きがある．とりわけ，資産管理が複雑であり，また，一部民営化されている下水道分野において検討が進められている．2013年8月8日，国土交通省は下水道分野におけるISO55001適用ガイドラインの策定に向けた検討委員会[27]を立ち上げている．ISO55001の構成概要は以下の通りとなっている[28]．

1.適用範囲

2.規範参照文献

3.用語の定義

4.組織の状況

4.1 組織とその内外状況の把握

4.2 利害関係あやのニーズ・期待の理解

4.3 マネジメントシステムの適用範囲の決定

4.4 アセットマネジメントシステム（AMS）

5.リーダーシップ

5.1 リーダーシップとコミットメント

5.2 方針

5.3 組織の役割・責任・権限

6.計画策定

6.1 リスクと機会への対応

6.2 AMの目標とその達成計画

7.基礎的事項

7.1 資源

7.2 力量

7.3 自覚

7.4 コミュニケーション

7.5 情報の要求

7.6 文書化

8.運用

8.1 運用計画策定と管理

8.2 変化のマネジメント
8.3 アウトソーシング
9. パフォーマンス評価
9.1 モニタリング・測定・解析・評価
9.2 内部監査
9.3 マネジメントレビュー
10. 改善
10.1 不適合と是正措置
10.2 予防措置
10.3 継続的な改善

　また，その具体的な策定作業として，同年10月4日に開催された第2回検討会で下水道分野におけるISO55001適用ユーザーズガイド（中間報告）を発表している．報告書の構成概要（目次）を以下に示す．

目　次
1 ISO55001 導入のための基礎知識
1-1 規格開発の経緯・背景
1-2 関連規格
1-2-1 ISO5500x シリーズ
1-2-2 ISO55000（概要，原則，用語）
1-2-3 ISO55001（要求事項）
1-2-4 ISO55002（ガイドライン）
1-3 規格のポイント
1-3-1 ISO55001 の意義（文章検討中）
1-3-2 ISO55001 の概要と特徴
1-3-3 ISO におけるマネジメントシステム規格の整合化のための共通要素
2 ISO55001 規格の解説
2-1 「4 組織の状況」
2-1-1 「4.1 組織及びその状況の理解」
2-1-2 「4.2 利害関係者のニーズ及び期待の理解」
2-1-3 「4.3 アセットマネジメントシステムの適用範囲の決定」
2-1-4 「4.4 アセットマネジメントシステム」
2-2 「5 リーダーシップ」
2-2-1 「5.1 リーダーシップとコミットメント」
2-2-2 「5.2 方針」
2-2-3 「5.3 組織の役割，責任，権限」
（以降，「6.計画」「7. 基礎的事項」「8. 運用」「9. パフォーマンス評価」「10.改善」まで，つづく）

　このように，ISO5500X アセットマネジメントシステムは公共事業のメタマネジメントシステムとして標準化が進みつつあり，その認証評価についても検討が進められつつある．したがって，様々な事業における要求事項とそれを担う構造物管理の関係において，構造物の要求性能を具体的に明文化することが強く求められる．

6.2.3 土木学会の役割

ここでは今まさに必要とされているアセットマネジメントを具体的に推進していくために土木学会が果たす役割について考える．

土木学会は，社会基盤施設を造るとともに良質な生活空間を実現するための土木技術を学問として体系的に支えるために1914年11月に社団法人（2011年4月公益社団法人）として設立された．そして，我が国の高度成長を基礎から支える社会基盤の整備に大きな役割を果たしてきた．その特徴は，様々な面から評価できるが，以下のことにもあると思われる．
① 産官学からの幅広い会員で構成されている
② 学術から技術までの幅広い分野を対象としている

こうした特徴は，社会から社会基盤施設の拡充が要請されている間は大いに機能してきた．それは，ある構造物を，あるいはある施設を造り上げるという判りやすい目標があったからである．しかし社会資本整備がかなりの充足率に達した今，しかも低成長下の少子高齢化社会へと大きく変貌した中にあっては，これまでのような大規模な建設投資はあり得ず，建設市場は縮小を余儀なくされた．

一方，この間の土木学会会員数の推移を見てみると，会費未納者の整理による一時的な減少を除くと，停滞時期はあるものの2000年までは基本的には増加を続けてきている．しかしそれ以降は減少傾向が継続し，社会情勢の変化と土木学会の状況が対応していることが判る．すなわち良い意味でも悪い意味でも社会のニーズを反映している組織なのである．そして今，土木学会には華やかな建設の時代に別れを告げ，限られた資源（予算，人材）の下にこれまで造り上げてきた膨大な社会基盤施設の安全性を保ちつつ維持管理していくことが求められている．

社会が低成長時代に入り，公共事業へ向けた予算がひっ迫し，どちらかというと緊急性がないと思われがちな維持管理には，その必要とする膨大な労力の割には予算が投じられてこなかったという社会的問題もあった．このような状況の中，2012年12月中央高速道路笹子トンネルでの天井板落下という悲惨な事故が発生した．この事故の主たる原因は的確な維持管理を行ってこなかったことにあるが，ここに述べたような技術的，社会的課題が背景にあったことを忘れてはならない．

こうした社会情勢の変化に対し，土木学会では2012年末に「社会インフラ維持管理・更新検討タスクフォース」を立ち上げ，2013年7月には「社会インフラ維持管理・更新の重要課題に対する土木学会の取組み戦略」を発表した．その中で以下の項目を重要課題としている．
① 維持管理・更新移管する知の体系化
② 人材確保・育成
③ 制度の構築・組織の支援
④ 入札・契約制度の改善
⑤ 国民の理解・協力を求める活動

これを受けて，2013年9月に開催された第68回年次学術講演会では特別セッションにおいてこの対処戦略が具体的に議論されるとともに，多くのディスカッションセッションにおいて関連したテーマの講演，討論が行われた．学会として維持管理にかかわる課題の解決に向けて大きく舵を切ったことが伺われる．そのタスクフォースで議論されている分野を構造物で見てみると，鉄道コンクリート，下水道施設，道路橋，舗装，石化プラントなど多岐にわたっている．しかし地下構造物についてはテーマに挙がっておらず，地下構造物の維持管理については現状では必ずしも楽観できる状況にはないと考えられる．

土木学会は，様々な社会的要求に応えることができる組織であり，これまでにも大規模な建設プロジェクトに対応してきた．また繰り返される自然災害にも対応してきた．そしてそのような

経験を重ねる度にマニュアル，指針，要領，基準等を整備し，知見を後継者に伝え，講習会などによって育成も行ってきた．したがって今回の合理的な維持管理という新たな社会的要請に対しても的確に応え，上述のような課題を克服した上で，新たな技術基準を提示することができるし，またその義務があると言えよう．

6.3 地下構造物におけるアセットマネジメントの方向性

様々な社会インフラを支えている土木構造物の中でも鉄道や道路の山岳トンネル，都市部の地下鉄，ライフラインそして地下街などの地下構造物の維持管理については，橋梁や舗装とは異なり地下構造物ならではの課題がある．もちろん地下構造物についても，これまで維持補修のための様々な調査や工事は適宜行われてきた．しかし，山岳トンネルにおける変状や覆工コンクリート片のはく落，下水道管の損傷による道路の陥没など，構造物の経年劣化を原因とする事故は後を絶たない．これは現在の維持管理方法が地下構造物の経年劣化とそれに起因する損傷の発生という現状に対応しきれていないことを示している．

そして大きな事故がある度に維持管理に問題があることが指摘され，維持管理手法の見直し，マニュアルの整備，維持管理に関連する新技術の開発などが行われてきたものの，実際には以下のような課題が残されており，根本的な問題の解決には未だ多くの時間と労力を要する．

① 維持管理の基礎となるデータの取得法が確立されてない

例えば地下構造物の主要な構造材料であるコンクリートの健全性を調べるための打音検査．これは第一段階の検査として，より詳細な診断をすべき個所を絞り込むことを目的に行われるが，技術的には検査担当者の経験に負うところが多く，閾値を設けて何かを判定するようなものではない．また打音検査によって的確な判定を行うことのできるような経験を積んだ検査員の育成には多く時間を要する．そして何より地下構造物の性能・機能を評価するにあたって重要な構造物周辺の地盤や岩盤の状況を把握することが非常に難しいという問題がある．これについては様々な研究開発が行われているが，的確な検査，診断方法は未だ確立されたとは言えない状況にある．

② 劣化の特性評価のための経時変化を示すデータがない

維持管理のためには様々な判断のための指標として，その構造物の性能・機能が建設時からどのように変化してきたかを示すデータが不可欠である．しかし，これまでは構造物を造ることに主眼が置かれ，その構造物の完成時はもちろん，供用後のその構造物の性能・機能を示すデータの取得はほとんど行われてこなかった．日常実施されている点検は，地下構造物の外見上の異常，変化を把握し，必要に応じ補修，補強を行う，すなわち事後保全を対象としたものであり，予防保全のための具体的な性能・機能を把握することは困難である．したがって維持管理が社会問題としてクローズアップされ，点検調査が広く行われたとしても現状が判るだけであり，今後それがどうなっていくかについては推測するしかない．

なお，現在では，CIMにより施工時に得られるデータを管理し，それらを維持管理に反映させる試みがなされている．

③ 対策工の効果が不明

上述のように性能や機能を評価するうえでの課題があるため，何か問題があり対策を講じるとしても，その対策がどのくらいの期間，どのような効果を発揮してくれるのかも明確ではない．

ここでは，地下構造物の維持管理における課題を踏まえた上で，地下構造物のアセットマネジメントはどうあるべきかについて考えてみたい．

地下構造物の維持管理について検討を始めてからすでにかなりの年月が経過している．しかしながら，社会インフラに係わる各事業者におけるアセットマネジメントの最新の状況は5章に記載されているとおりであり，着実に進められているものの，格段の進展があったとも言えない状

況にある．

地下構造物のアセットマネジメントの具体化に向けた活動の最大の障害となっているのは，前節でも述べたように基本となるデータの不備である．データそのものが無い，あっても紙ベースであり，利用出来る段階すなわちデータベースの状態に整えるだけでも余りにも多くの労力を必要とするなど，現状には厳しいものがある．とは言え，社会インフラの維持管理が社会問題となった今，こうした状況を認めたうえでアセットマネジメントの構築に向けた具体的な活動を展開していかなければならない．「データがないから判らない」で済ませるのではなく，「少ないデータから何を読み取るか」，「新たなデータを如何に効率的に収集するか」などを検討し，得られた情報を的確に社会に向けて発信していく必要がある．

地下構造物のアセットマネジメントを具体化するに当たって，もう一つ大きな問題がある．それは地下構造物の運用，維持管理の不備に伴う様々な損失，事故などのリスクを想定した上で具体的な維持管理計画を策定する際のカギとなる利害関係者＝ステークホルダーが誰であるのかが明確ではないことである．理論的には，地下構造物の多くは社会基盤施設を構成するものであり，それらが抱えるリスクのステークホルダーは一般市民である．しかし実際には，専門技術者や事業者が想定しているようなリスクは，一般市民にとっては目に見えないものであり，具体的な危険として認識することは難しい．1995年1月17日の阪神大震災や2011年3月11日の東日本大震災などの巨大自然災害や，2012年12月2日に発生した中央高速道路笹子トンネルの崩落事故など，普段思いも予想もしないことが現実のものとなり，多くの被害者が出ることによって初めて現実的なリスクとして認識されるのである．しかし，そのリスクに対する意識もその事象の発生時には確たるものであっても，それ以降の時間の経過とともに当事者とその関係者以外では急速に薄れて行くものであり，継続的な議論は難しい．

だが，こうした現状の問題点を言い訳として，地下構造物の維持管理への取り組みをおろそかにすることはあってはならない．これまで多くの地下構造物を建設してきた土木技術者には，たとえ乏しいデータに基づくものであっても維持管理におけるリスクを評価した上で一般市民に判り易く示し，警鐘を鳴らし続ける義務がある．

もう一つアセットマネジメントを今後とも計画的に行っていくための大きな問題がある．それは，アセットマネジメントを担っていく人と技術の継承，すなわち若手技術者の育成である．数年前の土木学会の年次講演会において維持管理に関するパネルディスカッションを開催した際，フロアーの若手技術者から「これまで多くの構造物を造ってきた技術者はいい．しかし今，維持管理が問題だからと言って，我々若手技術者は維持管理だけをやらなければならないのか」という質問があった．すなわち彼らには，維持管理の重要性は理解できるものの，維持管理に対するインセンティブが感じられないのである．この時，パネリストからこの問いに対する明確な答えを返すことはできなかった．それは，たとえそれが社会的使命であっても維持管理が，その中でも地下構造物の維持管理が特に目立たない，マイナーなものである現状があるからである．こうした現状を打破して行くためには，維持管理への取組みに関する情報を積極的に社会へ向けて発信し，社会的認知度を向上させることによってこれからの維持管理を担う若手にインセンティブを与えることが大事なのである．

さて地下構造物のアセットマネジメントを具体的に進めていく上での課題はデータの不備やステークホルダーの意識だけではない．「データが採られたとして，それをどのように評価するのか」，「どう具体的に維持管理施策に反映させるのか」など維持管理手法そのものにもまだ多くの課題を抱えている．例えば山岳トンネルには道路，鉄道，水路などがあるが，現状その維持管理に関する指針類はそれぞれの事業者で異なっている．また都市部のシールドトンネルについても地下鉄，電力，ガス，上下水道などの事業者ごとに維持管理のための要領が作成されており，

これも山岳トンネルと同様その内容は統一されているとは言えない．この点に関しては，本報告書の中で新たな取組みが行われており，今後の展開が期待される．

　以上述べてきたように，地下構造物のアセットマネジメントは多くの困難な課題はあるものの，必ずやらなければならないものである．たとえデータがなくても，精度が悪くてもやらなければならない．この問題を補うためには，他の橋梁などの構造物への取組み，あるいは様々な事業者のアセットマネジメントへの取り組みに関する情報を開示し，共有する必要がある．一方で，こうした維持管理への取組みを広く社会に公表し，社会的認知度を向上させる必要がある．人材の育成なくしてはマネジメントシステムが機能しないとは言え，これからの若手技術者には設計や施工の経験を積む機会はこれまでの様に多くはない．設計したことも施工したこともないものを維持管理するのは難しい．この根本的な問題については，今後とも委員会として考えて行く必要があろう．

参考文献

1) 村上敬宣，伊東繁：運輸分野の基礎的研究（平成11年度），鉄道・運輸機構，2000．

2) 篠田昌弘，村寛和：レーザーでトンネル表面の欠陥を探る，RRR（Railway ResearchReview），pp.6-9，2009．

3) 園田佳巨：九州大学Seeds集（http//seeds.kyushu-u.ac.jp）．

4) 奥要治，堀地紀行，小泉淳，平岡慎雄：光ファイバーケーブルによるシールド近接交差計測と既設トンネルの断面力解析，土木学会トンネル工学論文集，第15巻，pp.107-114，2005．

5) Mohanmad, H., Bennett ,P.J. ,Soga, K., Mair, R.J. ,Lim, C.S., Knight-Hassell, C.K. ,and Chun：Monitoring tunnel deformation induced by close-proximity bored tunnel using distributed optical fiber strain measurements; International Symposium on Field Measurements in Geome chanics(2007)ASCE. Boston, MA.

6) Gebremichael, Y.M., Meggitt, B.T., Grattan, K.T.V., Boswell, L.F.,(2005)：A field deployable, multiplexed Brgg grating sensor system used in an extensive highway bridge monitoring evaluation test , IEEE Sensor Journal 5(3),pp.510-pp.519.

7) ROBERT MAIR：TUNNELLING IN URBAN AREAS AND EFFECTS ON INFRASTRACTURE chapter 5 , MUIR WOOD LECTURE 2011..

8) 安田亨：7. アセットエンジニアリング，土と基礎 講座「リスク工学と地盤工学」，pp35-42，2004．

9) 安田亨：トンネル構造物の維持管理補修最適化に関する研究，京都大学学位論文，2004．

10) 安田亨，境亮祐，大津宏，大西有三：ポアソン過程によるトンネル構造物の健全度低下モデルの研究，建設技術シンポジウム，pp259-266，2004．

11) （財）道路保全技術センター：山岳トンネルの劣化予測に関する検討報告書，2007．

12) 伊藤正寛，木村定雄：漏水を有するRCセグメントの鉄筋腐食の初期進展に関する実験的研究，土木学会地下空間シンポジウム，Vol.12，pp.213-220， 2007．

13) 小田和伸，乾川尚隆，木村定雄：鉄筋腐食によるRC覆工におけるかぶりコンクリートのはく落現象の目視点検評価手法の検討，土木学会トンネル工学報告集，Vol.17，pp.343-348，2007．

14) 富士通特機システム（株）：走行式トンネル壁面うき・はく離疑義箇所点検システム，NETIS KK-080021-A．

15) 島田義則：レーザを用いた新幹線トンネルコンクリート欠陥検出実験, LASER CROSS, No.291, 2012．

16) 江澤一明，土井恭二，森島弘吉，星島一輝：トンネル覆工コンクリート検査用 3 次元映像化レーダ トンネル覆工コンクリート検査用 3 次元映像化レーダを開発，三井造船技報，No.184，pp.24-31，2005.
17) 一般社団法人 日本建設機械施工協会：電磁波レーダを用いたトンネル覆工検査車の検証，建設の施工企画，No.6，p.34，2011.
18) 国土交通省地方整備局九州技術事務所：走行車両を用いた計測技術（道路）に関する基礎資料作成業務報告書.
19) 国土交通省近畿整備局 新都市社会技術融合創造研究会：走行型計測技術による道路トンネル健全指標化の実用化検討に関する研究，研究成果報告書，2013.
20) 次世代インフラ・復興再生戦略協議会（第 2 回）議事録，2013.
21) 木村定雄：トンネル構造物と機能施設の維持管理マネジメントにおける要求性能規定とリスクの考え方，第 7 回日中シールド技術交流会論文集，pp.119-129，2013.
22) ISO/IEC PDTS 17021-5 : Conformity assessment — Requirements for bodies providing audit and certification of management systems — Part 5: Competence requirements for auditing and certification of asset management systems，2013.
23) Pat Choate & Susan Walter：荒廃するアメリカ，米国州計画機関評議会編，建設行政出版センター，1982.
24) 澤井克紀：アセット・マネジメントシステムの国際標準化，アセットマネジメントサマースクール-国際規格化 ISO5500X に向けて-，京都ビジネスリサーチセンター，2011.
25) 小林潔司：アセットマネジメント概論，アセットマネジメントサマースクール-国際規格化 ISO5500X に向けて-，京都ビジネスリサーチセンター，2011.
26) The World Bank：Infrastructure for Development,，World Development Report,，1994.
27) 下水道分野における ISO55001 適用ガイドライン検討委員会：国土交通省，http://www.mlit.go.jp/mizukokudo/sewerage/mizukokudo_sewerage_tk_000296.html.
28) 堀江信之：アセットマネジメント国際規格 IS55000 シリーズの動向，建設マネジメント技術，pp.35-39，2013.

7. おわりに

　21世紀は，成熟した社会資本の維持管理の時代となると言われて久しい．具体的には，少子高齢化時代を迎えて国・地方公共団体を問わず財政状況が厳しい中で，必要な社会基盤構造物の建設を継続する一方で膨大な既設構造物を維持管理することが求められている．しかし，限られた予算の中で，国民が納得できる安全・安心のレベルを確保しつつ，公共サービスを継続して行くことは非常に困難な課題である．

　本報告書が対象とする地下構造物も同様である．既に様々な用途を持つ多くの構造物が建設され，これからは，供用開始から長い時間を経て性能や機能に劣化を生じたものが加速度的に増えて行く．そればかりでなく，今後も必要に応じて建設が予想され，維持管理対象の範囲も規模も増大していく．一方で建設されたものは年ごとに確実に老朽化する．したがって，万が一の事故の発生を防ぐためには，何かが起こったから補修・補強するという事後保全ではなく，予防保全を前提とした的確な維持補修が不可欠である．これを可能とするためには，効率的で扱いやすいアセットマネジメントシステムを早急に構築し，多種多様の地下構造物の安全・安心を確保する必要がある．

　アセットマネジメントには3つのレベルがある．1つ目は，構造物レベルで，構造物の維持管理を行う現場においては，限られた予算で効率的に対象とする構造物の健全性を保つことが最も重要な仕事である．2つ目は，事業者レベルで，一定のサービス水準を維持することを目的に社会資本を維持・運営する立場から，様々な構造物，機器を含めた全体システムに対する維持管理予算の効率的・効果的な執行が最重要課題となる．3つ目は，社会資本の「選択と集中」戦略を資金調達，人材育成，技術の開発，継承などと合せて議論するものである．米国の舗装マネジメントシステムは実績を重ね，橋梁マネジメントシステム，渋滞マネジメントシステム，交通安全マネジメントシステムなどとともに陸上交通社会資本のマネジメントとして広く展開されている．しかし，我が国はまだこれからである．

　我が国において，アセットマネジメントの地下構造物への適用とその継続的実施にはまだまだ多くの課題がある．

　しかし，一方でアセットマネジメントシステムの国際プロセスの標準化は，着々と進んでいる．国内的には，アセットマネジメントシステムの必要性は認識されながらも，実態はなかなか理論に追いついていない．

　以上のように，混沌とした現状の中で，今後の維持管理における諸課題を解決し，安全・安心な社会基盤構造物を社会に提供することが，これからのメンテナンス技術者の使命であることを意識しつつ，本ライブラリーの結びとしたい．

参考資料

ここでは，参考資料として，本書で使用されている用語をわかりやすく書き下したものである．ただし，これら用語は，組織によって多少解釈が異なっていることに留意されたい．

【ア行】

アセットマネジメント

金融や不動産の分野で「資産の運用」という意味で用いられている．個人や法人の資産運用に伴うリスク（金融分野では不確実性を指す）とリターン（収益）をコントロールすることにより，安定した収益を確保しようとする手法である．

土木工学分野では，公共性の高い土木構造物を国民の財産と考え，安全性や利用者満足を確保しながら，いかに長期的な運用，維持費用を低減し，無駄のない維持管理を行うとする考え方をアセットマネジメントとしている．

アセットマネジメントには現場における施設の点検・修理の合理化レベルから，予算執行者による中期的予算投資戦略さらには財務当局の資産会計における長期計画を含む施設管理計画まで様々なレベルがある．

維持管理

構造物に要求される安全性，機能性及び耐久性を将来に向かって常時保持していくこと．維持管理には現状性能の維持を目標としたものと性能の向上を目的としたものがあり，その技術的内容は点検（調査，評価を含む）技術，補修・補強技術，管理運営技術に大別される．保全，保守ともいう．

維持管理の考え方

構造物の保全行為は，その導入時期によって，事後保全，予防保全，予防管理および保全予防などに分類できる．

①事後保全

トンネルが壊れる，あるいは過大な変形が生じるなど，構造物の機能に具体的な問題が生じた後，すなわち安全に通行できる空間を確保できない程度まで性能が低下し，要求性能レベルを下回った段階で補修や補強等の対策を施す管理手法．突発的に発生する地震災害や洪水等の自然災害後の復旧がこれにあたる．

②予防保全

建設時，または維持段階において，調査や点検を通じて不具合を評価するとともに，保有性能の低下を予測し，要求性能レベルを下回る前に補修や補強などの対策を施す管理手法．構造物の異常を検知するごとに修復し，計画的に機能の低下防止を図る維持管理．構造の損傷状態を監視し，その兆候から機能の低下，停止を予測して事前に維持管理を行うコンディションベースと定期的に維持管理の措置を講じるタイムベースの2方式がある．

③予防管理

トンネル構造物は，周辺地山が安定し，また，漏水などの環境作用がない場合，一般に劣化進展は相当に遅いと考えられることから，当該トンネルの重要度に応じ，良好な環境の場合には，定期的な保全行為を極力少なくして対処療法的に管理する方法．

④保全予防
　　力学性能はもとより，はく落事象などの使用上の安全性能を設計段階からリスクとして捉え，これらを限りなくゼロにするため何らかの対策を新設時に施す保全行為．

【カ行】
会計基準
　財務会計における財務諸表の作成に関するルール．会計基準は，企業会計の実務の中に慣習として発達したもののなかから，一般に公正妥当と認められたところを要約したものであり，財務諸表の作成に関する事実上の法律と位置付けることができる．会計基準は財務諸表の表面的な書式や表示に関する規定ではなく，主に実質的な内容や金額の計算等に関する規定であり，法律ではないが，会社法や証券取引法により，事実上，法体系の中に組み込まれている．

幾何ブラウン運動
　幾何ブラウン運動（GBM：Geometric Brownian Motion）は，対数変動が平均 μ 分散 σ のブラウン運動にしたがう連続時間の確率過程で，金融市場に関するモデルや，金融工学におけるオプション価格のモデルでよく利用されている．GBM の増分が確率過程 St に対する比として表されることから幾何(geometric)の名称がつけられている。

機能
　構造物が本来備えている働き．全体を構成する個々の部分が果たしている固有の役割．

減価償却
　機械，設備等の固定資本はその使用とともに価値を減じる．これを会計上の費用として捉えたものを減価償却といい，一定額で減ずる定額法，一定率で減ずる定率法がある．

健全度
　評価する構造物が有すると考えられる機能や性能，あるいは社会適合性等の状態を示す指標．直接構造物の安定性にかかわる耐荷性能の状態だけでなく，将来にわたる耐久性あるいは構造物としての機能面，美観上の問題を含めて総合的に評価される．

【サ行】
資産
　一般に，個人または法人が所有する金銭・土地・建物・地上権・特許権などの総称であり，その実態にとって有用性を有する物財及び権利で貨幣価値があるものをいう．企業会計では，貸借対照表上の流動資産・固定資産・繰延資産をいう．

資産価値
　資産のもつ経済的価値．資産には，金融資産と実物資産があり，土木工学分野では実物資産が該当する．減価償却，再調達価額，機能的寿命により評価される．

社会資本
　道路・港湾・空港・上下水道・公園・公営住宅・病院・学校など，産業・生活の基盤となる公共施設のこと．

寿命
　構造物が建設されてから撤去あるいは使用中止とされるまでの期間．当初，設計で考慮されている寿命の他に，腐食等のため物理的に耐力不足となる等の安全面から定まる寿命，取替や河川改修のように架設時とは使用条件や環境条件が変化することによる機能面から定まる寿命がある．

ストックマネジメント
　施設機能の診断，施設状態の評価，劣化予測，対策工法の検討及びライフサイクルコストの算定といった一連の作業を行うことにより施設を計画的かつ効率的に管理する仕組み．

性能
　構造物や部材の性質と能力（力学的，化学的等）．

【タ行】

耐用年数
　構造物がその目的とする機能を果たせなくなった時点，またはそれに至る期間．年数が経過するうち構造物の機能が陳腐化し，まだ使用に耐えうる状態のなかで新規の機能に変更する場合の期間．社会環境の変化や技術の革新が原因となる．交通量の増大に伴う橋梁の架替えなどがこれにあたる（機能的寿命に伴う更新）．

　耐用年数にはここで示したような意味の外，税法上の資産の取り扱いに関して財務省令に定められたものがある．すなわち建物・機械など固定資産の税務上の減価償却を行うにあたり価値の減価を各年度に費用配分していく際の減価償却費の計算の基礎となる年数を耐用年数といっており，機能や性能についての工学的な寿命とは異なることに留意する必要がある．

地下構造物
　地下空間を利用するために，地下に築造される構造物の総称．地下構造物は，都市においては生活空間と都市機能の充実のための事業空間とに大別される．また，広く国土全体においては，さらに生産，輸送，防災，エネルギー等の産業空間に大別される．各空間の代表的な地下構造物は，生活空間としての地下街，事業空間としての地下駐車場，高速地下鉄道，地下駅，地下河川，地下変電所，ライフラインとしての送電，配電，ガス，水道，下水道等の地中管路網等がある．また，産業空間としては地下ダム，地下発電所，地下備蓄，LNG 地下タンク等がある．地下構造物の施工法は，開削工法，山岳トンネル工法，シールド工法，沈埋工法によることが多い．地下構造物は，いったん築造してしまうと作り変えることは困難であるため，長期展望にたったマネジメントが必要である．

長寿命化
　補修・補強技術で対症療法的な対策を実施，または，トンネル建設時からの性能を上げておくこと等により，構造物の寿命を延長させること．

点検
　構造物の状態やその周辺の状況を調べる行為．

【ハ行】

PFI (Private Finance Initiative)
　公共施設等の建設，維持管理，運営等を民間の資金，経営能力及び技術的能力を活用して行う手法．民間の資金，経営能力，技術的能力を活用することにより，国や地方公共団体等が直接実施するよりも効率的かつ効果的に公共サービスを提供できる事業について，PFI 手法で実施．日本では，「民間資金等の活用による公共施設等の整備等の促進に関する法律」(PFI 法) が 1999 (平成 11) 年に制定され，2000 (平成 12) 年に PFI の理念とその実現のための方法を示す「基本方針」が策定され，PFI 事業の枠組みが設けられている．

PDCA サイクル
　Plan（計画），Do（実施），Check（評価），Act（改善）を順次行っていく品質向上のためのシステム的考え方．デミング（W.E..Deming）が提唱した概念．管理計画を作成，計画を実行，その結

果を評価，不都合な点を改善したうえでさらに，元の計画に反映させていくことで，螺旋状，継続的に目標達成を図るものである．ある目的を合理的，効率的に達成するために循環的に遂行される一連の過程．

地下構造物のアセットマネジメントにおいても，このPDCAサイクルにより合理性を向上させることが大事とされている．

PPP (Public Private Partnership)
PFIの概念をさらに拡大し，公共サービスに市場メカニズムを導入することを旨として，サービスの属性に応じて民間委託，PFI，独立行政法人化，民営化等の方策を通じて，公共サービスの効率化を図ること．

ファシリティマネジメント
企業・団体等が組織活動のために施設とその環境を総合的に企画，管理，活用する経営活動．対象は，オフィス，工場，店舗，物流施設その他あらゆる業務用施設とその環境．維持，保全のみでなく，「より良いあり方」を追求する仕組み（社団法人日本ファシリティマネジメント推進協会（JFMA））．

プロパティマネジメント
個々の不動産を1つの財産（property）として捉え，価値を高めて投資効率を上げる業務．建物や設備のメンテナンス業務を指示するだけでなく，テナント管理やコスト管理，収益性を高めるためのリニューアルのコンサルティングなども合わせて行う．「物件運営管理」と訳せば，通常の不動産賃貸管理業務に近いともいえるが，キャッシュフロー重視で投資利回りを向上させるという役割もあり，より重要な立場といえる．

ベンチマーク
補修・補強をすべきかの判断をしきい値など，数値であらわす場合，本来，しきい値は，科学的根拠に基づくデータ（一般に実験データ）により，決定することが望ましいが，新たな指標のしきい値の設定では，その根拠が明確ではない場合が多く，過去の実績に基づく統計処理等から確率的にその値を決定する．しかし，その過去データも存在しない場合，確率的評価としては決定的ではないが，少ないデータから仮の値を設定する場合がある．これをベンチマークと呼ぶ．

ポートフォリオ
ポートフォリオは，金融業界では一般的に使用される言葉である．もともとは紙バサミや折りたたみカバンという意味であったが，企業や個人が保有する証券を紙バサミや折りたたみカバンにはさんで保管していたことから，保有者ごとの資産のことを指すようになった．さらに最近では，「様々な種類の資産の組み合わせ」といった意味で使われることが多くなってきている．

ポートフォリオ運用というのは，「トータル・リスクを低減するために，分散投資を意識的かつ継続的に行う運用方法」のことを指す．

モニタリング
構造物の状態やその周辺の状況を調べ（点検），継続的に観察，監視，記録すること．

【マ行】

マルコフ過程
構造物はある状態から周辺環境や外力などによって，別の状態に「遷移」していく．今，ある時間 t_n における状態が過去の t_{n-1} における状態にのみ依存している．

マルコフ性（英: Markov property）とは，確率論における確率過程の持つ特性の一種で，その過程の将来状態の条件付き確率分布が，現在状態のみに依存し，過去のいかなる状態にも依存しない特性を持つことをいう．すなわち，過去の状態が与えられたとき，現在の状態（過程の経路）

は条件付き独立である．マルコフ性のある確率過程をマルコフ過程と呼ぶ．

【ラ行】

ライフサイクル
　構造物やシステムが造られてから運用され，維持管理されて最終的に使われなくなるまで（計画，設計，施工及び供用の全期間）の様々な状態の変化を時間軸とともに見たもの．

ライフサイクルコスト（LCC：Life Cycle Cost）
　構造物やシステム，施設などに掛かる費用（コスト）をそれらの企画から設計，製造（建設），供用，廃棄までのライフサイクルを通してトータルで考えたもの．

　構造物に必要とするコストは初期コスト（計画，調査，設計，建設），運用コスト，維持管理コスト，及び最終の解体撤去，廃棄コストの総計として表す．そのコストを現在価値に等価換算した形で表すこともある．

リスク
　何かを得よう（リターン）とするときに遭遇する可能性のある危険，損失をリスクという．つまりリスクは，起こる可能性と結果として生じる損害で表現できるものである．

　リスクの定義には，「ある事象生起の確からしさと，それによる負の結果の組み合わせ」（JIS Z 8115:2000）とか「事態の確からしさとその結果の組み合わせ，または事態の発生確率とその結果の組み合わせ」（JIS Q2001:2001）などがある．工学的にはこのように悪い結果が生じるときに用いられている．一方，経済学的なリスクは，一般的に「ある事象の変動性に関する不確実性」を指し，工学のように結果と組み合わせない．すなわち金融工学などの分野では，損することばかりでなく利益が出る場合にもリスクの概念を用いており，工学的なリスクと大きく意味が異なることに注意する必要がある．

　その用途に応じて，トンネルの構造・内部施設などは大きく異なる．本来のトンネルの機能(役割)を果たすことを前提にトンネルのリスクを検討する必要がある．

　ここでは，トンネル構造や内部施設群のそれぞれ個々のリスクを対象とするリスクを個別リスクと呼び，トンネル構造からの漏水が施設機器に及ぼす，すなわち，性能評価において，構造や施設群がともに関係しあうリスクをシステムリスク(体系リスク)と呼ぶ．

　道路や鉄道などその公共施設を運用する段階で，考慮すべきリスクを運用リスク（オペレーショナルリスク）といい，管理技術的リスク，人的リスク，経営リスクがこれにあたる．ただし，ここでは，地震，津波，火災など，巨大な自然災害となる原因については，別途取り扱うものとし，通常の運営管理上のリスクを対象とする．

リスクマネジメント
　広義には，リスクを定性的あるいは定量的に評価した上でリスク対応策の必要性を判断し，リスク制御策を選択したうえでその制御効果や公衆衛生，経済，社会，政治面での影響を評価し，とるべき最適の具体的措置を決定，実行するプロセス．

　狭義のリスクマネジメントは構造物の設計，維持管理あるいは企業の存続や事業の継続など物，組織，システムの存続にとって，様々な負の影響を及ぼすような要因を特定しコントロールすること，あるいはコントロールできなかった場合の影響を可能な出来る限り小さくすることによって，ステークホルダー（利害関係者）の利益の極大化を図っていく手法．

レイティング
　定量化が困難，あるいはなじまない性能について，性能評価基準により，数段階に階級区分して定量化すること．

劣化

時間経過に伴う化学的・物理的変化により，性能・機能あるいは美観などが以前よりも損なわれる現象．摩耗，腐食，腐敗，錆，疲労，アルカリ骨材反応等がこれにあたる．

鋼材，コンクリート等の材料の特性が時間とともに損なわれていく現象．劣化を引き起こす誘因には，化学物質，熱，光，水，荷重等があり，これらが重なり合って劣化が進む原因となる場合が多い．

劣化曲線

構造物の性能・機能あるいは美観などの状態が時間とともに劣化していく様子を示す曲線．

【ワ行】

割引率（社会的割引率）

ライフサイクルコストの算定においては，同じ金額の費用や便益であっても，その発現時点により価値が異なると考えられる．費用便益分析では，各コストが発生する時点における1円の価値を揃えておく必要があり，その計算に用いるのが割引率あるいは社会的割引率である．

一般的には，社会的割引率として4％が用いられている．例えば，物価の変動が無いと仮定した場合，評価の基準となる年度の10年後における100万円は（$1,000,000 \div 1.04^{10}$）≒675,564円として評価される（この計算を現在価値化という）．この率の影響は大きく，設定法，使用法についてはまだ多くの課題がある．

土木学会の本

書　名	発行年月	版型:頁数	本体価格
2012年制定　コンクリート標準示方書　[基本原則編]	H25.03	A4:35	2,800
2012年制定　コンクリート標準示方書　[設計編]	H25.03	A4:609	8,000
2012年制定　コンクリート標準示方書　[施工編]	H25.03	A4:389	6,600
2013年制定　コンクリート標準示方書　[維持管理編]	H25.10	A4:299	4,800
2013年制定　コンクリート標準示方書　[ダムコンクリート編]	H25.10	A4:35	2,800
2013年制定　コンクリート標準示方書　[規準編]	H25.11	A4:1510	11,000
2010年制定　土木構造物共通示方書Ⅰ（総則,用語,責任技術者,要求性能,構造計画）	H22.09	A4:163	3,800
2010年制定　土木構造物共通示方書Ⅱ（作用・荷重）	H22.09	A4:197	4,000
2007年制定　舗装標準示方書	H19.03	A4:335	3,800
2006年制定　トンネル標準示方書【山岳工法】・同解説	H18.07	A4:322	6,000
2006年制定　トンネル標準示方書【シールド工法】・同解説	H18.07	A4:303	6,000
2006年制定　トンネル標準示方書【開削工法】・同解説	H18.07	A4:317	6,000
2007年制定　鋼・合成構造標準示方書　総則編・構造計画編・設計編	H19.03	A4:270	3,000
2008年制定　鋼・合成構造標準示方書　耐震設計編	H20.02	A4:176	3,000
2009年制定　鋼・合成構造標準示方書　施工編	H21.07	A4:163	2,700
2013年制定　鋼・合成構造標準示方書　維持管理編	H26.01	A4:344	4,800
鋼構造架設設計施工指針[2012年版]	H24.05	A4:280	4,400
土木製図基準[2009年改訂版]	H21.02	A4:191＋CD-ROM	3,800
コンクリートライブラリー142　災害廃棄物の処分と有効利用－東日本大震災の記録と教訓－	H26.05	A4:232	3,000
コンクリートライブラリー143　トンネル構造物のコンクリートに対する耐火工設計施工指針（案）	H26.06	A4:96	2,800
舗装工学ライブラリー6　積雪寒冷地の舗装	H23.03	A4:207	3,000
舗装工学ライブラリー7　舗装工学の基礎	H24.03	A4:288	3,800
舗装工学ライブラリー8　アスファルト遮水壁工	H24.09	A4:310	5,000

土木学会の本

書名	発行年月	版型:頁数	本体価格
舗装工学ライブラリー9　空港・港湾・鉄道の舗装技術　－設計，材料・施工，維持・管理－	H25.03	A4：271	3,200
舗装工学ライブラリー10　路面テクスチャとすべり	H25.03	A4：139	3,600
舗装工学ライブラリー11　歩行者系舗装入門　－安全で安心な路面を目指して－	H26.11	A4：155	3,000
構造工学シリーズ21　歩道橋の設計ガイドライン	H23.01	A4：324	4,000
構造工学シリーズ23　土木構造物のライフサイクルマネジメント～方法論と実例，ガイドライン～	H25.07	A4：210	2,600
鋼構造シリーズ18　腐食した鋼構造物の耐久性照査マニュアル	H21.03	A4：546	8,000
鋼構造シリーズ19　鋼床版の疲労［2010年改訂版］	H22.12	A4：183	3,000
鋼構造シリーズ20　鋼斜張橋－技術とその変遷－2010年版	H23.02	A4:247＋CD-ROM	3,600
鋼構造シリーズ21　鋼橋の品質確保の手引き［2011年版］	H23.03	A5：220	1,800
鋼構造シリーズ22　鋼橋の疲労対策技術	H25.12	A4:257	2,600
鋼構造シリーズ23　腐食した鋼構造物の性能回復事例と性能回復設計法	H26.08	A4:370	3,800
トンネル・ライブラリー23号　セグメントの設計［改訂版］　－許容応力度設計法から限界状態設計法まで－	H22.02	A4:406	4,410
トンネル・ライブラリー24号　実務者のための山岳トンネルにおける地表面沈下の予測評価と合理的対策工の選定	H24.07	A4:339	3,990
トンネル・ライブラリー25号　山岳トンネルのインバート　－設計・施工から維持管理まで－	H25.11	A4:325	3,600
トンネル・ライブラリー26号　トンネル用語辞典　2013年版　【CD-ROM版】	H25.11	CD-ROM	3,400
地下構造物の耐震性能照査と地震対策ガイドライン（案）	H23.09	A4:519＋CD-ROM	4,000
交通ネットワークを支える免震と制震の技術	H24.07	A5:160	1,600
土木施工なんでも相談室〔仮設工編〕2004年改訂版	H16.05	A4:253	2,500
土木施工なんでも相談室〔土工・掘削編〕2005年改訂版	H17.06	A4:324	2,500
土木施工なんでも相談室〔コンクリート工編〕2006年改訂版	H18.12	A4:287	2,800
土木施工なんでも相談室〔基礎工・地盤改良工編〕2011年改訂版	H23.10	A4:262	2,200
行動する技術者たち　－行動と思考の軌跡－ （創立100周年記念出版）	H26.11	A5:247	1,200
火山工学入門　応用編	H26.12	A5:179	2,000

社会を支える土木学会
頼れるパートナー、土木学会

土木学会は、自然への理解と畏敬のもと、美しく豊かな国土と持続可能な社会づくりに貢献しています。

土木学会の会員になりませんか！

土木学会の取組みと活動
- 防災教育の普及活動
- 学術・技術の進歩への貢献
- 社会への直接的貢献
- 会員の交流と啓発
- 土木学会全国大会（毎年）
- 技術者の資質向上の取組み（資格制度など）
- 土木学会倫理普及活動

土木学会の本
- 土木学会誌（毎月会員に送本）
- 土木学会論文集（構造から環境の分野を全てカバー／J-stageに公開された最新論文の閲覧／論文集購読会員のみ）
- 出版物（示方書から一般的な読み物まで）

公益社団法人 土木學會
TEL：03-3355-3441（代表）／FAX：03-5379-0125
〒160-0004　東京都新宿区四谷1丁目（外濠公園内）

土木学会へご入会ご希望の方は、学会のホームページへアクセスしてください。
http://www.jsce.or.jp/

定価（本体 3,800 円＋税）

地下空間・ライブラリー 第 1 号
地下構造物のアセットマネジメント －導入に向けて－

平成 27 年 2 月 27 日　第 1 版・第 1 刷発行

編集者……公益社団法人　土木学会　地下空間研究委員会
　　　　　維持管理小委員会
　　　　　委員長　大塚　正博
発行者……公益社団法人　土木学会　専務理事　大西　博文

発行所……公益社団法人　土木学会
　　　　　〒160-0004　東京都新宿区四谷 1 丁目（外濠公園内）
　　　　　TEL　03-3355-3444　FAX　03-5379-2769
　　　　　http://www.jsce.or.jp/
発売所……丸善出版株式会社
　　　　　〒101-0051　東京都千代田区神田神保町 2-17　神田神保町ビル
　　　　　TEL　03-3512-3256　FAX　03-3512-3270

©JSCE2015／Committee on Underground Space Research
ISBN978-4-8106-0854-0
印刷・製本・用紙：シンソー印刷株式会社

・本書の内容を複写または転載する場合には、必ず土木学会の許可を得てください。
・本書の内容に関するご質問は、E-mail（pub@jsce.or.jp）にてご連絡ください。